实用
电路
分析与设计

SHIYONG DIANLU FENXI YU SHEJI

刘文胜　编著

华南理工大学出版社
SOUTH CHINA UNIVERSITY OF TECHNOLOGY PRESS

·广州·

图书在版编目（CIP）数据

实用电路分析与设计/刘文胜编著. —广州：华南理工大学出版社，2017.8（2019.8 重印）

ISBN 978 - 7 - 5623 - 5338 - 6

Ⅰ．①实…　Ⅱ．①刘…　Ⅲ．①电路分析 ②电路设计　Ⅳ．①TM133 ②TM02

中国版本图书馆 CIP 数据核字（2017）第 170170 号

实用电路分析与设计

刘文胜　编著

出 版 人：卢家明
出版发行：华南理工大学出版社
　　　　　（广州五山华南理工大学 17 号楼　邮编：510640）
　　　　　http://www.scutpress.com.cn　E-mail: scutc13@ scut.edu.cn
　　　　　营销部电话：020 - 87113487　87111048（传真）
责任编辑：刘　锋　欧建岸
印 刷 者：虎彩印艺股份有限公司
开　　本：787mm×1092mm　1/16　印张：16.75　字数：429 千
版　　次：2017 年 8 月第 1 版　2019 年 8 月第 2 次印刷
定　　价：45.00 元

前　言

本书将常见电子设备归结为电源变换电路、电源控制电路、音响影视电路、电子通信电路、遥测遥控电路等几个部分。局部电路模块的工作原理涉及信号处理（小信号处理、功率放大、信号控制、电子开关）、信号产生与变换、信号采集与量化、数字电路、无线发射与接收、远程测量与遥控、语音电路，等等。虽然市场上有类似书籍，但与本书各自侧重点有着很大的区别。作者在本书的创作与内容选择安排上遵循由浅入深、循序渐进的模式，在复杂电路认识上采用化繁为简、以小见大的方法，力争达到知识和技能融会贯通、事半功倍的目标。

本书旨在使读者将所学基础知识与电子产品和设备联系起来，提高其电路分析能力和电子产品设计能力，避免出现理论知识与实用技术脱节的现象，培养知识、技能全面发展的高技术人才。本书可作为大专院校电学类专业高年级学生的拓展课程教材，亦可作为大学生开展课外科技活动、电子赛事或相关人员的培训教材，还可作为工程技术人员和电子爱好者的自学参考资料。

本书也为"实用电路分析与设计"课程量身打造，"实用电路分析与设计"课程是针对电子与通信等电类专业高年级本科生增设的创新创业、知识技能拓展课程。本课程教学内容依据电信工程技术专业教学标准的要求编写，通过课程学习和课程设计使学生具备读电路图与绘电路图的能力，对电子产品有分析与设计能力、研发与测试能力、试制与排障能力等。该课程以主流电子设备导入的方式组织教学，运用先修课程知识分析具有特定功能的电路与系统。课程内容包括家用电器、办公用品、工程设备等典型应用案例，从而激发读者的学习兴趣和科研热情。

本书第1章至第4章由刘文胜编写，第5章由付芳芳编写，王羽负责课程建设与图书出版的相关工作。全书由刘文胜完成统稿工作。在创作期间，得到多位同仁的帮助与建议，在此深表谢意。在编写中参考了许多文献资料，对以上专家和学者，也一并表示感谢。

　　本书由何志伟教授主审，提出了许多宝贵意见和建议，在出版过程中何教授给与了极大的帮助，在此，表示衷心的感谢。

　　笔者在本书首版使用过程中发现了一些问题，并在第 2 次印刷时对资料中的不足之处和数据错误做了修改，但仍难免有疏漏，欢迎读者批评指正。

作者

2019 年 8 月

目　录

1

① 电源变换电路

电源是所有电器设备正常工作的首要条件。随着电力电子技术的发展，电源技术被广泛应用于计算机、工业仪器仪表、军事、航天等领域，涉及国民经济各行各业。由于各种电子电器的工作原理不同，所需要的电源性质和输出电压也不尽相同，故电源变换电路（AC/DC、DC/DC、DC/AC）的研究开发成为电子产品设计的首要任务。

1.1 直流高压电路的分析与设计

无论是工农业生产、军事、警事或日常生活，直流高压设备（或产品）无处不在，例如：电警棒、电击枪、高压防护网、工业除尘器、诱捕杀虫灯、电子闪光灯等，它们同属于 DC→AC 或 DC→DC 的高压电路。其中，电子灭蚊拍是最常见的典型实例。

电子灭蚊拍俗称电蚊拍，由于具有其经济实用、灭蚊（苍蝇、飞蛾或白蚁等）效果好、无化学污染、安全卫生等优点，因而成为畅销的小家电产品。电蚊拍是一个典型的高压形成电子设备，能够产生几千伏高压消灭害虫。

早期电蚊拍的使用有被电击的危险，因为它类似于电警棒或电击枪，但不会危及生命。目前市面流行的电蚊拍已经升级换代，虽有高压却不会伤人。其防护原理很简单，仔细观察就会发现，电蚊拍的金属网有三层，外面两层金属网的电极在内部其实是连在一起的，属于同电位。由于没有电位差，因此触碰电蚊拍的两个外侧面不会触电。电蚊拍金属网的三层结构，使得只有中间层金属网与外面层金属网之间存在高压，当挥动电蚊拍使蚊蝇陷进金属网中时，构成回路的蚊蝇才会被高压电击毙。

电击过程是瞬间的，消耗的电能极其微小。高压电弧（即电火花）可以使细小昆虫炭化，达到消灭害虫的目的。当电池能量不足或捕捉对象较大时（如白蚁、飞蛾），电击只能使其休克或局部灼伤，它们会在电击后苏醒而逃离。

1.1.1 工作原理

高压产生电路如图 1 - 1 所示，它主要由高频振荡电路、倍压整流电路和高压电击金属网三部分组成。当按下电源开关 SB，由三极管 VT、变压器 B 和 1 kΩ 电阻构成的高频振荡器通电工作，把 3 V 直流电变成上万赫兹的交流电，经 B 升压到 500 V（以 L_3 两端输出实测为准），再经二极管 $VD_1 \sim VD_3$、电容 $C_1 \sim C_3$ 形成的倍压整流电路，将直流输出电压提升到 1 500 V 左右，连接到金属网上形成高压电击区域。当蚊蝇触及金属网丝时，虫体造成电网短路，即会被高压电弧击晕、击毙。

1.1.1.1 高频振荡电路

图 1 - 1 中的高频振荡电路是典型的"变压器反馈式"自激振荡器，振荡电路由三极

管 VT、变压器 B 的 L_1、L_2 绕组、电阻（1 kΩ）和电源组成。通过三极管的基极电流触发、集电极线圈 L_2 "选频"、反馈信号取自基极线圈 L_1 加至 B 极，从而形成自激振荡。在振荡电路中，三极管工作在开关状态，在反馈信号的控制下，集电极与发射极之间不断导通、截止，产生脉动电流而持续工作。

在这个自激振荡电路中，常使人迷惑不解的是"选频电路"源自何方。如我们所知，无论是 RC 振荡器、LC 振荡器，还是晶体振荡器，都少不了一个重要角色——电容，那么图 1-1 中，自激振荡电路所需要的谐振电容在何处？

该振荡电路是高频振荡，所需要电容的容量很小，对振荡频率的精度要求很低，只要能形成自激振荡，产生高压即可。由于电蚊拍属于低价商品，为节省成本而不单独设置电容 C，仅靠布线间的杂散电容①或半导体 PN 结电容（C_j）就能满足振荡要求。

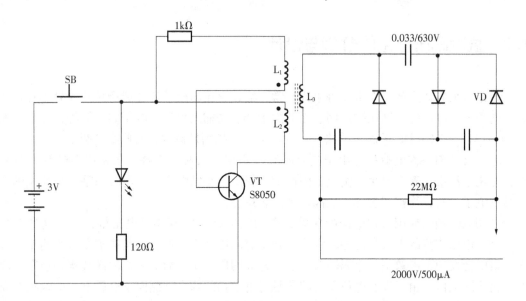

图 1-1　典型电路工作原理图

1. 自激振荡条件

变压器反馈式自激振荡器是电感反馈振荡器的一种实例，电路的起振条件分析与 LC 振荡电路一样，要满足幅度和相位两方面的要求：

（1）自激振荡的起振条件（振幅条件）：$F(j\omega) > 1$；

（2）自激振荡的相位条件（正反馈条件）：

$$\varphi_T = \varphi_f + \varphi_L + \varphi_{F'} = 2n\pi \quad n = 0, 1, 2, \cdots \quad\quad (1-1)$$

同时，在振荡电路正常工作后，由于电源和回路电阻的作用，振荡电路会很快满足信号的幅值平衡条件，实现电路的稳定工作。

电蚊拍的自激振荡是很容易实现的。图 1-1 中变压器的三个绕组，L_1、L_2 用于高频振荡电路，L_3 用于升压作用，其参数分别是：L_1 的线径为 0.21 mm，10 T；L_2 的线径为 0.21 mm，20 T；L_3 的线径为 0.07 mm，1 000 T。

────────────────

①杂散电容是指构成电路的导线之间、元器件之间存在的分布电容。

工程上在计算反馈系数时不考虑 g_{ie} 的影响，反馈系数的大小为

$$K_F = |F(j\omega)| \approx \frac{L_2 + M}{L_1 + M} \qquad (1-2)$$

由于 L_2/L_1 的比值是 2，则 K_F 肯定大于 1，产生自激振荡不是问题。

2．工作频率的分析计算

LC 正弦波振荡电路按其反馈电压的输出方式，可分为变压器反馈式、电感反馈式以及电容反馈式振荡电路。

变压器反馈式振荡电路，又称互感耦合振荡电路，它利用变压器耦合获得适量的正反馈来实现自激振荡。

图 1-2 为共射调集型变压器耦合振荡电路原理图，为方便对问题的分析，图中未画出振荡电路的输出回路（L_3）。在图中，当不考虑反馈时，由于 L_1、C 组成的并联谐振回路作为三极管的集电极负载，因此，这种放大电路具有选频特性，常称为选频放大电路。L_2 为反馈网络，它通过电感耦合取得反馈信号，并将信号的一部分反馈到输入端。显然，该电路具备了振荡电路的组成环节。

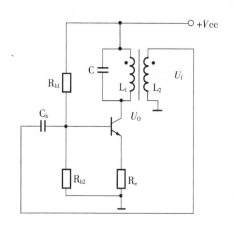

图 1-2　共射调集型变压器反馈振荡电路

在 Q 值足够高和忽略分布参数影响的条件下，电路的振荡频率就是 $L_1 C$ 回路的谐振频率，即

$$f_1 = f_0 = \frac{1}{2\pi\sqrt{LC}} \qquad (1-3)$$

在实际电路中，通常电感是绕在同一带磁芯的骨架上，不同绕组之间存在互感，用互感系数 M 表示。虽然振荡器的振荡频率可以用回路的谐振频率近似表示，但在实际计算时，式（1-3）中的 L 应为回路的总电感，即：

$$L = L_1 + L_2 + 2M \qquad (1-4)$$

振荡电路中晶体管集电极的工作波形（图 1-3）和参数实测如下：

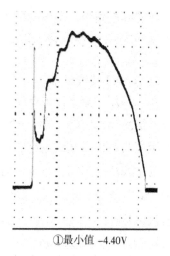

①最小值 -4.40V

图 1-3　由分布参数形成的振荡器波形

工作频率：$f \approx 3.22$ kHz；

晶体管输出电压：$E_c = 45.2$ V；

高压输出：1 500～1 900 V（浮动）。

1.1.1.2　倍压整流电路

在一些需用高电压、小电流的地方，常使用倍压整流电路。"倍压整流"可以把较低的交流电压，用耐压较高的整流二极管和电容器，"整"出一个较高的直流电压。倍压整流电路一般按输出电压是输入电压的多少倍，分为二倍压、三倍压与多倍压整流电路。

1. 二倍压整流电路

图 1-4 所示是二倍压整流电路，由变压器 B、两个整流二极管 D_1、D_2 及两个电容器 C_1、C_2 组成。其工作原理如下：e_2 正半周（上正下负）时，二极管 D_1 导通，D_2 截止，电流经过 D_1 对 C_1 充电，将电容 C_1 上的电压充到接近 e_2 的峰值 $\sqrt{2}E_2$，并基本保持不变。e_2 为负半周（上负下正）时，二极管 D_2 导通，D_1 截止。此时，C_1 上的电压 $U_{C_1} = \sqrt{2}E_2$ 与电源电压 e_2 串联相加，电流经 D_2 对电容 C_2 充电，充电电压 $U_{C_2} = e_2 + U_{C_1} \approx 2\sqrt{2}E_2$。如此反复充电，$C_2$ 上的电压就会稳定在 $2\sqrt{2}E_2$。因为 U_{C_2} 的值是变压器输出电压的两倍，所以叫作二倍压整流电路。

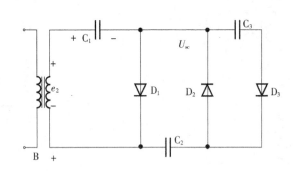

图 1-4　二倍压整流电路

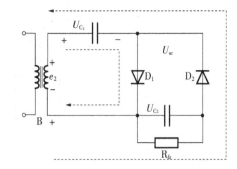

图 1-5　三倍压整流电路

在实际电路中，负载上的电压 $U_{sc} = 2 \times 1.4E_2$，整流二极管 D_1 和 D_2 所承受的最高反向电压均为 U_{sc}。电容器上的直流电压 $U_{C_1} = E_2$，$U_{C_2} = 2E_2$。可以据此设计电路和选择元件。

2. 三倍压整流电路

在二倍压整流电路的基础上，再加一个整流二极管 D_3 和一个滤波电容器 C_3，就可以组成三倍压整流电路（图 1-5）。三倍压整流电路的工作原理是：在 e_2 的第一个半周和第二个半周与二倍压整流电路相同，即 C_1 上的电压被充电到接近 $\sqrt{2}E_2$，C_2 上的电压被充电到接近 $2\sqrt{2}E_2$。当第三个半周时，D_1、D_3 导通，D_2 截止，电流除经 D_1 给 C_1 充电外，又经 D_3 给 C_3 充电，C_3 上的充电电压 $U_{C_3} = e_2 + U_{C_2} - U_{C_1} \approx 2\sqrt{2}E_2$。这样，在 R_{fz} 上就可以输出直流电压 $U_{sc} = U_{C_1} + U_{C_3} \approx 3\sqrt{2}E_2$，实现三倍压整流。在实际电路中，负载电阻上的电压 $U_{fz} \approx 3 \times 1.4E_2$，整流二极管 D_3 所承受的最高反向电压也是该值。

按此工作原理，增加多个二极管和相同数量的电容器，即可以组成多倍压整流电路。

注意：当 n 为奇数时，输出电压从上端输出；当 n 为偶数时，输出电压从下端输出。

必须说明，倍压整流电路只能在负载较轻（即 R_{fz} 较大、输出电流较小）的情况下工作，否则输出电压会降低。倍压次数越高的整流电路，这种因负载电流增大影响输出电压下降的情况越明显。

用于倍压整流电路的二极管，其最高反向电压应大于实际工作电压的要求。对于电警棒等超高压电路，可用高压硅整流堆，其系列型号为 2DL。如 $2DL_2/0.2$，表示最高反向电压为 2 kV，整流电流平均值为 200 mA。倍压整流电路使用的电容器容量比较小，不要用电解电容器。电容器的耐压值要大于 1.5 倍，在使用上才安全可靠。

电蚊拍的第三个重要组成部分是金属网。将金属网与绝缘介质铺垫成间隔 2～3 mm 的叉指式网拍，倍压整流后的高压接至相互绝缘的灭蚊拍网的两端电极即可。

1.1.2 电路设计

在电路设计中，具体参数没有特殊规定，只要能够安全使用、消灭害虫即可。图 1-6 给出的是一个 4 倍压整流实例设计电路图，输出的高压在 1 400 V 左右。

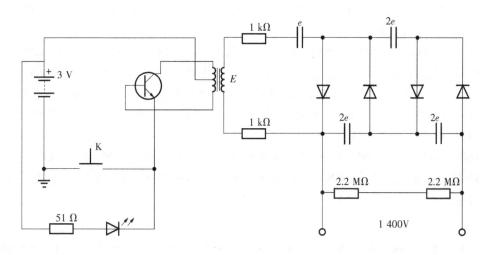

图 1-6　4 倍压实用电路设计——电路图

1. 电路说明

前面分析过的元件功能和作用不再赘述。图中变压器输出端的两个 1 kΩ 电阻称为阻尼电阻，对倍压电路起保护作用，如不想添加它们，可以去除。并联在金属网电极两端的 2.2 MΩ 串联电阻称为泄流电阻，其作用是在不使用电蚊拍时，能够慢慢地将金属网上的高电位电荷释放掉，以免伤害无辜。在除尘器或闪光灯电路中，不设置泄流电阻。

图 1-7 所示为设计印刷电路板。由于小功率直流高压电路的功耗很小，印刷电路的线宽在 1 mm 左右就能满足电路工作的需要，但焊接原件的端点部分，其直径不能低于 3 mm，因为印刷电路的覆铜板面积太小，在焊接元件时铜箔容易剥离基板。

2. 零配件的选用

电路中，发光二极管 D_1 和限流电阻器 R_1 构成指示灯电路，用来指示电路通断状态及显示电池电能的耗损情况。限流电阻的阻值可在 50～120 Ω 之间选择，电阻承受功率在

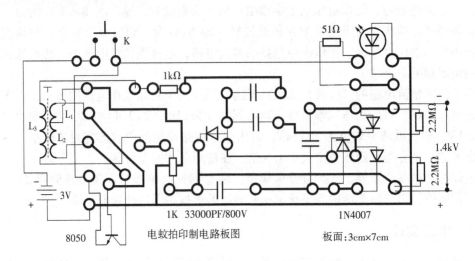

图 1－7　4 倍压实用电路设计——电路板

1/16 W 或 1/8 W。晶体管 Q 选用 2N5609 硅 NPN 中功率三极管，亦可用 8050、9013 型等常用小功率三极管代替。

D$_1$ 用 φ3 mm 红色发光二极管，D$_2$～D$_4$ 用 1N4007 硅整流二极管；R$_2$、R$_3$ 均用 RTX－1/8 W 碳膜电阻；C$_1$～C$_4$ 一律用 0.033 μF/630 V 型涤纶电容器；SB 用 6 mm×6 mm 立式微型轻触开关，由于此开关的使用非常频繁，元件质量和使用寿命直接相关。电路不能工作、指示灯不亮，通常就是 SB 内部的簧片断裂造成的。电源采用 5 号干电池两节串联（配塑料电池架）而成，电压 3 V。

高频变压器 B 可自制：选用 2E19 型铁氧体磁芯及配套塑料骨架，L$_1$ 用 Φ0.22 mm 漆包线绕 22 匝，L$_2$ 用同号线绕 8 匝，L$_3$ 用 Φ0.08 mm 漆包线绕 1 400 匝左右。注意图中黑点为同名端，头尾顺序绕，绕组间每层垫一二层薄绝缘纸。

> 注：微型轻触开关也称为"微动开关"，按键点击的部位是开关里边的触点铜质弹簧片。为增加簧片的弹性，在铜里添加了磷元素，故称为磷铜片。磷元素过少，弹性差；磷元素过多，柔性差，易断裂。计算机配件鼠标里面通常有 3 个微动开关，在出现某个开关敲击没有反应时，同样也是簧片断裂造成的。

3. 安装调试

在实验中，电路的元器件焊接好以后，电路一般都能正常工作。当然，实际的操作过程中，如果元件筛选不够认真，变压器绕组的同名端选择错误等，会导致振荡电路不能起振而无高压输出。以下的检修意见以及电路故障检测流程（图 1－8）可帮助解决这些问题。

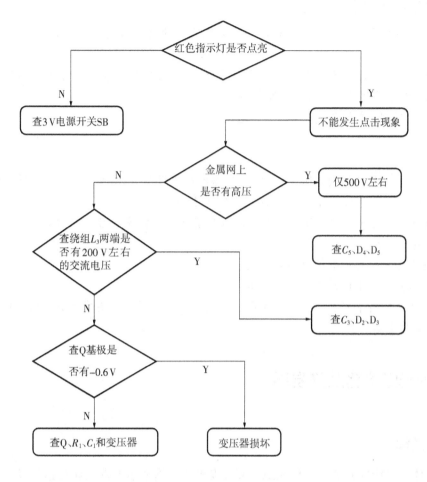

图1-8 电路工作检查流程图

（1）检查电器故障，首先查看电源。用万用表直流电压5 V挡测量电池组，正常值应是3 V左右，低于正常值太多（2.4 V以下）要更换电池，对于生锈的电池夹要用砂布除锈。

（2）检查微动开关接触是否良好。可用万用表欧姆挡测量通断，判断开关能否使用。如果接触良好，发光二极管将被点亮，否则要检查发光二极管和限流电阻。

（3）检查升压变压器的直流电阻。断电情况下，L_1、L_2的阻值接近0，L_3的阻值约为100 Ω。L_3在电路正常工作时，两输出端的交流电压在350 V左右。

（4）检查振荡管。晶体管可采用高频小功率管S8050或5609，注意管脚分布的不同。通电检查集电极（C）的直流电压为0 V，基极（B）为3.4 V，发射极（E）为2.8 V，硅管的发射结电压u_{be}约为0.7 V。

（5）倍压电容的离电测量。用万用表×1 kΩ挡在线测量电容，指针微动后落在电阻无穷大处，表示电容是好的；如果漏电，会呈现低阻值，如果击穿，指针就会偏向零点。电容击穿后，通电会发出明显的吱吱声。

（6）检查升压二极管。用万用表×10 Ω挡在线测量二极管两端，正反向电阻应有显著的差别，如果击穿，指针就会偏向零点。

（7）检查高压电极（网拍）。

① 在断电情况下，用万用表 ×10 kΩ 挡在线测量两高压电极端点，直流电阻约 300 kΩ。

② 通电后，用万用表直流电压 2 500 V 挡在线测量两高压电极，电压指示应在 1 000 V 以上。如果低于 700 V，表示有电容击穿。

高压在线测量时要注意安全，防止电击！

实训练习

1. 高压输出要求达到 3 000 V，振荡电路输出的峰值为 50 V，若采用变压器作为升压原件，设初级绕组是 15 匝，问次级绕组匝数是多少？

2. 变压器输出的电动势 E 为 300 V，若采用三倍压整流电路，它的最后输出电压是多少伏（可忽略小数）？

3. 高压生成电路中的振荡器可以是_____、_____。

4. 写出高压产生电路中对元器件的要求。

5. 设计一个用于安全防范的警用高压电网电路，电网电压要求达到 5 000 V 以上，并要求有声光报警信号。

1.2 荧光灯电路及其发展

1.2.1 光源

凡物体本身能发光者，称作光源，又称发光体。物理学上发光体是指能发出一定波长范围的电磁波（包括可见光与紫外线、红外线、X 射线等不可见光）的物体，通常指能发出可见光的发光体，如太阳、恒星、灯以及燃烧着的物质等都是。

光源可以分为自然（天然）光源和人造光源。此外，根据光的传播方向，光源可分为点光源和平行光源。在我们的日常生活中离不开可见光的光源。可见光以及不可见光的光源还被广泛地应用到工农业、医学和国防现代化等方面。

1. 产生途径

（1）热效应。第一类是热效应产生的光，太阳光就是很好的例子，蜡烛等物品也是，此类光随着温度的变化会改变颜色。

（2）原子跃迁。第二类是原子跃迁发光。荧光灯灯管内壁涂抹的荧光物质被电磁波能量激发而产生光，霓虹灯的原理也是一样。原子发光具有独自的特征谱线，科学家经常利用这个原理鉴别元素种类。

（3）辐射发光。第三类是物质内部带电粒子加速运动时所产生的光。譬如，同步加速器（synchrotron）工作时发出的同步辐射光，同时携带有强大的能量。另外，原子炉（核反应堆）发出的淡蓝色微光（称为切伦科夫辐射）也属于这种。所谓的"切伦科夫辐射"，就是指带电粒子在介质中的速度可能超过介质中的光速，在这种情况下会发生辐射，类似于"音爆"。（注：这不是真正意义上的超光速，真正意义上的超光速是指超过真空中的光速。这种现象被称为切伦科夫效应。）

2．电光源

1）历史起源

18 世纪末，人类对电光源开始研究。

19 世纪初，英国的 H. 戴维发明碳弧灯。

1879 年，美国的 T. A. 爱迪生发明了具有实用价值的碳丝白炽灯，使人类从漫长的火光照明时代进入电气照明时代。1907 年采用拉制的钨丝作为白炽体。

1912 年，美国的 I. 朗缪尔等人对充气白炽灯进行研究，提高了白炽灯的发光效率并延长了寿命，扩大了白炽灯应用范围。

20 世纪 30 年代初，低压钠灯研制成功。

1938 年，欧洲和美国研制出荧光灯，发光效率和寿命均为白炽灯的 3 倍以上，这是电光源技术的一大突破。

1940 年代高压汞灯进入实用阶段。1950 年代末，体积和光衰极小的卤钨灯问世，改变了热辐射光源技术进展滞缓的状态，这是电光源技术的又一重大突破。1960 年代开发了金属卤化物灯和高压钠灯，其发光效率远高于高压汞灯。

1980 年代出现了细管径紧凑型节能荧光灯、小功率高压钠灯和小功率金属卤化物灯，使电光源进入了小型化、节能化和电子化的新时期。

2）电光源的发光效率

电光源的发明促进了电力装置的建设。电光源的转换效率高，电能供给稳定，控制和使用方便，安全可靠，并可方便地用仪器、仪表测量电力耗能，故在其问世后一百多年中，很快得到了普及。它不仅成为人类日常生活的必需品，而且在工业、农业、交通运输以及国防和科学研究中，都发挥着重要作用。

世界上的照明用电（照明光源的耗电量）占总发电量的 10%～20%。在中国，照明用电约占总发电量的 10%。随着中国现代化发展速度的加快，照明用电量逐年上升，而电力增长率又不相适应，因此，研制、开发和推广应用节能型电光源已引起人们的高度重视。

能量的充分利用，主要是提高发光效率，开发体积小的高效节能光源，改善电光源的显色性，延长寿命。达到上述目的的具体途径是开发研制新型材料、采用新工艺，以及进一步研究新的发光机理、开发新型电光源。而最为现实的途径则是改进现有电光源的制造技术，采用新型的、自动化性能好的生产设备。

3）照明光源

电光源按照用途不同可分为：照明光源、辐射光源、稳定光源、背光源等，这里仅介绍用于照明的电光源。

照明光源是以照明为目的，辐射出主要为人眼视觉的可见光谱（波长 380～780 nm）的电光源。其规格品种繁多，功率从 0.1 W 到 20 kW，产量占电光源总产量的 95% 以上。

照明光源品种很多，按发光形式分为热辐射光源、气体放电光源和电致发光光源 3 类。

（1）热辐射光源。指电流流经导电物体，使之在高温下辐射光能的光源。包括白炽灯和卤钨灯两种。

（2）气体放电光源。指电流流经气体或金属蒸气，使之产生气体放电而发光的光源。气体放电有弧光放电和辉光放电两种，放电电压有低气压、高气压和超高气压三种。弧光放电光源包括：荧光灯、低压钠灯等低气压气体放电灯，高压汞灯、高压钠灯、金属卤化物灯等高强度气体放电灯，超高压汞灯等超高压气体放电灯，以及碳弧光、氙、某些光谱光源等放电气压跨度较大的气体放电灯。辉光放电光源包括利用负辉区辉光放电的辉光指示光源和利用正辉区辉光放电的霓虹灯，二者均为低气压放电灯。

（3）电致发光光源。指在电场作用下，使固体物质发光的光源。它将电能直接转变为光能。包括场致发光光源和发光二极管两种。

1.2.2 热光源与冷光源

热光源是通过热能发光的光源。冷光源是通过化学能、生物能发光的光源。

1. 冷光源的定义

冷光源是利用化学能、电能、生物能激发的光源（萤火虫、霓虹灯等），具有十分优良的光学特性。

物体发光时，它的温度并不比环境温度高，这种发光叫冷发光，我们把这类光源叫作冷光源。冷光源是几乎不含红外线光谱的发光光源，比如日光灯，以及现在比较流行的LED 光源就是典型的冷光源。而传统的白炽灯和卤素灯光源则是典型的热光源。

冷光源的显著特点是把能量几乎全部转化为可见光，其它波长的光很少。而热光源就不同，除了有可见光外还有大量的红外光，相当一部分能量转化为对照明没有贡献的红外光。热光源加红外滤波片后出来的光则与冷光源发出的光差不多。

2. 荧光灯

荧光灯就是人们常说的日光灯。在耗电同样瓦数时，日光灯相比白炽灯产生的亮度大得多，以 T - 8 灯管为例，大约 40 lm/W（40 W = 1 600 lm），而白炽灯的 40 W 灯泡只能产生约 400 lm 的亮度。

日光灯管两端装有灯丝，玻璃管内壁涂有一层均匀的薄荧光粉，管内被抽成 $1.33 \times 10^{-2} \sim 1.33 \times 10^{-1}$ Pa 真空以后，充入少量惰性气体（Ar），同时还注入微量的液态水银。两个灯丝之间的气体导电时发出紫外线，经管壁上的荧光粉进行波长转换后，发出柔和的可见光。

> 注：在医院等场所，可以看到一些类似日光灯的灯具，但是灯管是透明的（未涂装荧光粉），那是紫外线消毒设备。这些紫外线消毒设备只允许在无人时才可开启。

传统的日光灯组件包括荧光管、灯架、灯脚、镇流器和启辉器等，电路图如图 1 - 9 所示。镇流器也叫作电感镇流器，是一个含有铁芯的电感线圈。电感的性质是当线圈中的电流发生变化时，线圈中将引起磁通的变化，从而产生感应电动势，其方向与电流的方向相反，因而阻碍着电流变化。在日光灯点燃正常工作之后，该电感线圈起着降压减流的作用，故称镇流器。

启辉器在电路中起开关作用。它由一个氖气放电管与一个电容并联而成。电容的作用

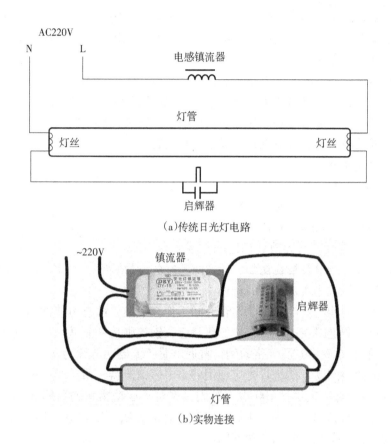

（a）传统日光灯电路

（b）实物连接

图1-9 传统日光灯电路和实物连接

为消除对电源的电磁干扰并与镇流器形成振荡回路，增加启动脉冲电压幅度。氖气放电管中的电极由双金属片电极和静触极组成。

当日光灯接入电路以后，启辉器两个电极间开始辉光放电，使双金属片受热膨胀而与静触极接触，于是电源、镇流器、灯丝和启辉器构成一个闭合回路，回路电流使灯丝预热。启辉器闭合后，两个电极间的辉光放电熄灭。1～3 s后，双金属片冷却而与静触极断开，在两个电极断开的瞬间，电路中的电流突然消失，此时将引起电感镇流器的电流突变并产生高压脉冲，该高压脉冲与电源电压叠加使管内的惰性气体电离而引起弧光放电。

1.2.3　电感镇流器与电子镇流器的比较

传统日光灯使用的镇流器是由线圈和铁芯构成的，由于线圈的电感效应，故称之为电感镇流器。因为电感镇流器的功率因数太低（0.5左右），致使电网能耗过大，属于淘汰对象，但在家庭住宅的照明电路里，这种镇流器还大量存在。

1.2.3.1　电感镇流器

电感镇流器之所以能够长期存在，主要原因是它是一个具有铁芯的铜线绕制线圈，不像电子元件那样脆弱而容易损坏，一个合格的电感镇流器能够使用几十年。

在世界能源日趋紧张的今天，经久耐用、质量可靠、价格便宜的电感镇流器已列入淘汰的名单，其主要原因是功率因数太低。由于全球普遍使用日光灯照明，电感镇流器的低功率因数会带来电网能耗的巨大损失，不符合当今节能减排的能源节约要求。

电感镇流器的缺点如下：

（1）电感镇流器功率因数：电感镇流器的功率因数大约为 0.4，致使大量的无功功率增大了照明线路电流和变压器容量，从而大大增加线路和变压器损耗，即加大了电能损失，同时对电网的运行带来威胁。为提高功率因数，安装补偿电容后，明显加大了谐波电流，因而对电网及网内其它仪器设备造成干扰和危害。

关于功率的计算公式：

视在功率：$S = UI$（VA），

有功功率：$P = UI\cos\varphi = S\cos\varphi$（W），

无功功率：$Q = UI\sin\varphi = S\sin\varphi$（W）。

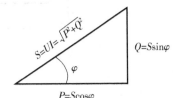

视在功率、有功功率和无功功率之间构成直角三角形。电网传输的容量要求是视在功率，用户所消耗的能量是有功功率，而无功功率占用了电网的传输容量，但未能实现能量的转换。

（2）电感镇流器能耗：电感镇流器长时间工作会发热，即有电能的损耗，包括铜耗和铁耗。铜耗是由线圈电阻在通电时转换的热效应，铁耗则是铁芯涡流产生的热效应，以管形荧光灯最常用的 36 W/40 W 规格为例，普通电感镇流器功耗约为 9 W。

（3）灯光的频闪问题。传统日光灯使用的是电感镇流器，由于受电网交流电过零的影响，50 Hz 电网会使灯产生每秒 100 次的频闪。这对于运动物体的照明和影视拍摄是很不利的，但可以通过摄影棚一半的照明灯用串联电容的方法，使其电流移相近 90° 来弥补这一缺点，同时也提高了双灯的综合功率因数。

（4）电感镇流器发出 50 Hz 的低频噪声，易使人烦躁。50 Hz 的低频噪声是由线圈和铁芯震动所造成的，电感镇流器在使用多年之后，这种噪声特别突出，在夜晚更为明显。

（5）电感镇流器在 + 10 ℃ 以上启动正常，低于 – 5 ℃ 时启动困难；电网电压低于 180 V 难以正常启辉；传统日光灯通常不能一次启动，多次启动易损坏灯管阴极，缩短灯管寿命。

1.2.3.2 电子镇流器

应运而生的电子镇流器已风靡了 10 多年。电子镇流器由电子元件的组合取代了电感镇流器的线圈和铁芯，不仅能量损耗有所下降，而且功率因数大幅提高，降低了无功功率在电网传输时的能量损耗，符合国家节能减排的战略方针。

电子镇流器的工作原理是将工频（50 Hz 或 60 Hz）电源变换成 2 050 kHz 左右高频电源，无须其它限流器件。与电感镇流器相比，电子镇流器具有以下优点：

（1）高功率因数：高性能的电子镇流器功率因数 ≥0.97，即只有 3% 左右的无功损耗，无功节电 45% 以上。

（2）低功耗：电子镇流器的功耗约为 3 W，相比电感镇流器的功耗降低一半之多。但实际上电子镇流器要全面达到预热要求，即 EMI 和 EMS 要求，并要满足功率因数和谐波要求，自身功率大都在 34 W。

电子镇流器的工作频率为 2 050 kHz，灯管在高频下发光效率比工频提高 10%；另电子镇流器自身耗电少。在同等亮度下，采用电子镇流器比电感镇流器节电 20%～30%；

注：电磁兼容性 EMC（electro magnetic compatibility），是指设备或系统在其电磁环境中符合要求运行并不对其环境中的任何设备产生无法忍受的电磁干扰的能力。因此，EMC 包括两个方面的要求：一方面是指设备在正常运行过程中对所在环境产生的电磁干扰（EMI）不能超过一定的限值；另一方面是指器具对所在环境中存在的电磁干扰具有一定程度的抗扰度，即电磁敏感性（EMS）。

电磁干扰由无线电骚扰、谐波电流、电压波动和闪烁等形成。电磁骚扰波通过沿电源线发射骚扰电源网络，向周围空间发射电磁骚扰波。

（3）谐波含量小，使输入电流波形畸变小，对电网几乎无污染；并且可减少供电设备的增容。

（4）工作环境要求低：电子镇流器适应宽电压工作范围，低电压可启动点燃灯管；在 -10 ~ 50 ℃环境下可正常工作，安全可靠。

（5）舒适：电子镇流器日光灯系统无须启辉器，通电即亮，无频闪，无噪声。

但是电子镇流器也有它的致命缺点，如节能灯等照明灯具。首先，由晶体管等构成的电子器件在高压下的易损性，常常导致电子镇流器损坏而不能工作，电子镇流器的寿命较短。其次，它开机时的浪涌电流很大。这一指标与电源内阻抗有关。当电源容量在 50 kVA（电源内阻抗约为 1 Ω 时在 0.1 s 时间内）时，电感镇流器的开机瞬时浪涌电流约为正常线电流的 1.5 倍，而国产标准型电子镇流器为正常过线电流的 10 ~ 15 倍，进口高档电子镇流器为正常过线电流的 8 ~ 10 倍，而国产低档 H 型电子镇流器为正常进线电流的 15 ~ 20 倍。对于大面积照明场合，往往采用一个开关控制几十支日光灯，浪涌电流会使开关触点过早损坏，甚至使线路过流保护器动作。

1.2.4　电子镇流器的分析与设计

电子镇流器可由分立元件构成，也可利用电子镇流器专用芯片——IR2155 来实现。使用 IR2155 芯片设计的日光灯电子镇流器和其它电子镇流器相比，其突出的优点就是结构简单、工作可靠、功率因数高、调试安装方便、经济实用。

1.2.4.1　IR2155 芯片简介

1. 管脚封装和功能

IR2155 是高压、高速 MOS 栅驱动集成电路，主要应用于高频开关电源、交流与直流电机驱动器、荧光灯交流电子镇流器及高频变换器中。IR2155 驱动器采用 8 脚 DIP 封装，其引脚配置与内部原理电路如图 1 – 10a、b 所示。

第 1 脚 V_{cc} 为 IC 电源电压输入端，它与第 4 脚 COM 之间接有一只稳压管，稳压值为 16.5 V。第 2 脚和第 3 脚分别接电阻 R_T 和电容 C_T，改变其值则可改变振荡频率。第 7 脚和第 5 脚分别为振荡器高频、低频信号输出端，驱动外接的 2 只功率开关管 MOSFET/IGBT。在高频和低频电路中，设有死区时间控制电路，防止电源短路。

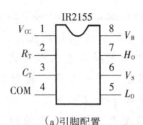

（a）引脚配置

1—电源端V_{CC}；2—外接定时电阻端R_T；3—外接定时电容C_T；4—公共端COM；

5—低电平输出端L_O；6—悬浮电源端V_S；7—高电平输出端H_O；8—高压悬浮端V_B

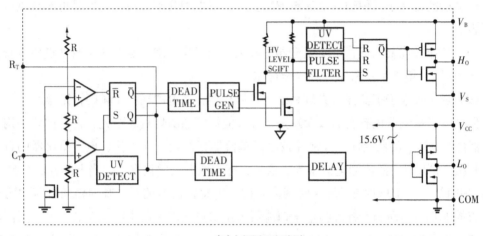

（b）内部原理电路图

图 1-10　电子镇流器专用芯片——IR2155

2. IR2155 结构特点和主要参数

IR2155 内部设有振荡器，主要由两个比较器和 RS 触发器组成。由振荡器输出的信号控制高电平输出 H_o 和低电平输出 L_o，从而可直接驱动外接的两只 MOSFET[①] 管或 IGBT[②] 管。在高电平输出支路中设有脉冲发生器、大电流脉冲缓冲电路和驱动电路。为了防止高电平输出端及低电平输出端同时导通，两条支路均设有 1.2 s 的互锁死区截止时间。在低电平输出支路中还设有延时电路。这样，当脉冲占空比为 50% 时，可以简化开关电源电路。当 V_{cc} 端的电压低于 9 V 时，能够自动切断两路的输出信号。芯片内 V_{cc} 端并联的稳压管击穿电压为 15.6 V，V_{cc} 欠压保护门限电压为 8.4 V，高端悬浮输出电压 V_{HO} 约为 61.5 V，低端输出电压 V_{LO} 为 15 V，振荡频率在 $R_T = 35.8$ kΩ、$C_T = 1\,000$ pF 时为 20 kHz，在 $R_T =$

①MOSFET（metal - oxide - semiconductor field - effect transistor），即金属 - 氧化层 - 半导体场效晶体管，简称金氧半场效晶体管，是一种可以广泛使用在模拟电路与数字电路的场效晶体管（field - effect transistor）。

②IGBT（insulated gate bipolar transistor）是大功率的开关器件，专业名字为绝缘栅双极型功率管。IGBT 是由 BJT（双极型三极管）和 MOS（绝缘栅型场效应管）组成的复合全控型电压驱动式电力半导体器件，兼有 MOSFET 的高输入阻抗和电力双极型晶体管（GTR）的低导通压降两方面的优点。GTR 是一种耐高压、能承受大电流的双极型晶体管，也称为 BJT，简称为电力晶体管。它与晶闸管不同，具有线性放大特性，但在电力电子应用中工作在开关状态，从而减小功耗。GTR 可通过基极控制其开通和关断，是典型的自关断器件。

7. 12 kΩ、$C_T = 100$ pF 时为 100 kHz。电源最大输出电流 I_{LO} 为 50 mA。工作环境温度为 $-40\ ℃ \sim 125\ ℃$。

1.2.4.2　利用 IR2155 实现的电子镇流器

日光灯电子镇流器电路主要由电源噪声滤波器电路和 IR2155 芯片构成的电子镇流器两部分构成。

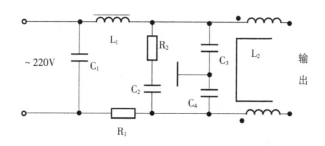

图 1 - 11　电源噪声滤波器电路

1. 电源噪声滤波器电路

为了防止电网噪声干扰该电路，同时也为了防止该电路产生的瞬变电压噪声干扰电网，在该电子镇流器市电输入端设计了电源噪声滤波器，其内部电路如图 1 - 11 所示。正态扼流圈 L_2 对共模信号呈很大感抗，使之不易通过。C_3 和 C_4 跨接在输入端，经分压后接地，也能有效抑制共模干扰，最好采用高频陶瓷电容器。C_1 和 L_1 是为了抑制差模干扰，其中 C_1 最好使用薄膜电容器，且采用多个并联以减少引入电感，使效果更佳。各元件参数为 $L_1 = 15$ mH，$C_1 = C_2 = 0.1\ \mu F$，$C_3 = C_4 = 2.2\ \mu F$，$R_2 = 1$ kΩ，$L_2 = 0.5$ mH。

2. 集成电路芯片构成的电子镇流器

利用 IR2155 电子镇流器专用芯片设计出的电子镇流器如图 1 - 12 所示。市电经电源噪声滤波器，而未经工频变压器直接由全桥二极管整流得到脉动直流电压，实现了 AC→DC 的初步转换。由电感器 L_1、二极管 D_5、电容器 C_5 和 MOSFET 管 T_1 等，构成一个升压式（BOOST）有源功率因数补偿器（APFC），使交流输入电压和输入电流同波形且同相位，达到提高功率因数的目的。

具体工作原理如下：由 IR2155 的 5 脚输出的脉冲信号，一方面驱动 T_3 管，另一方面使升压管 T_1 工作于开关状态，当 T_1 导通时，D_5 截止；当 T_1 截止时，D_5 则导通。全波整流后的脉动直流电压，被 T_1 斩波、C_5 滤波后，得到的平滑直流电压作为驱动管 T_2 和 T_3 电源，同时经 R_3 和 C_9 给芯片提供电源。这样就使全桥整流二极管的导通角增大，输入的交流电流连续，基本上是正弦波，并且和输入交流电压同相位，达到校正功率因数的目的。

3. 参数调整与检测

对于不大于 40 W 的日光灯，经实测，该电子镇流器功率因数可达到 0.95 以上，电流的谐波明显减小。改变定时元件 R_2 和 C_4 可以改变 IR2155 内部振荡器的工作频率，图 1 - 12 中所示 R_2、C_4 参数，振荡频率为 45 kHz 左右。又因为负载电路呈串联谐振，而 L_2 的感抗为 $X_L = 2\pi fL$，故电感器的感抗取决于相应的电流频率。调节 R_2 的阻值，即改变了开

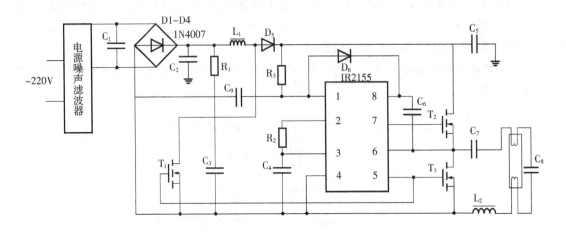

图 1 - 12　利用 IR2155 实现的高功率因数电子镇流器电路

关频率 f，使 L_2 的感抗起相应的变化，从而可起到调节灯管两端功率的作用。原则上该电路可以配接不同功率的荧光灯管。元件参数为 $C_1 = C_2 = 0.1\ \mu F/250\ V$，$C_3 = C_5 = 47\ \mu F$，$C_6 = C_7 = 0.1\ \mu F$，$C_4 = 0.01\ \mu F$，$C_8 = 33\ 000\ pF/630\ V$，$C_9 = 12\ \mu F$，$L_1 = 600\ \mu H$，$L_2 = 3\ mH$，$T_1$、$T_2$、$T_3$ 型号为 IR720，D_1、D_2、D_3、D_4、D_5、D_6 型号为 1N4007。

注：晶体管参数

晶体管型号	反压 V_{bco}	电流 I_{cm}	功率 P_{cm}	放大系数	特征频率	管子类型
IR720	400 V	3.3A	50 W	*	*	NMOS 场效应

1.2.5　卤素灯（石英灯）电子变压器

电子镇流器实质上就是一个电源变换电路，常见的卤素灯也有一个与之相仿的电源电路。

卤素灯又称石英灯，具有聚光性好、亮度高、显色性好、外形新颖和寿命长等优点，广泛应用于舞厅、宾馆和商场等场所作局部照明，在汽车的灯光照明中也广泛使用。常见的卤素灯外形如图 1 - 13 所示。左图是用在汽车灯光中的卤素灯，右图是用于装饰照明的聚光卤素灯。

由于普通卤素灯工作电压为 12 V，需要配备电源变压器才能使用。虽然使用工频变压器简单易用，但因效率低、体积重量大等原因而逐渐较少使用。近年来，电子变压器以其高效率、小体积等优势已被大量用于低压卤素灯照明场合。

1．工作原理

卤素灯电子变压器电路如图 1 - 14 所示，包括高压桥式整流、RC 启动电路、高频开关电路、变压器输出四个单元。该电路结构简单、性能稳定、使用可靠。

电子变压器工作原理与开关电源相似。电路中，由 $VD_1 \sim VD_4$ 将市电整流为直流；R_2、C_1、VD_5 为启动触发电路。C_2、C_3、L_1、L_2、L_3、VT_1、VT_2 构成高频振荡部分，晶体管工作于开关状态，把整流输出的直流变成几十千赫兹的高频电流，然后用铁氧体变压器

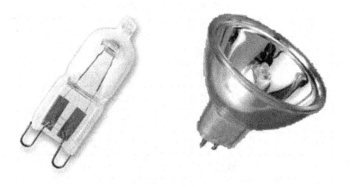

图 1 - 13　12 V 工作电压的卤素灯

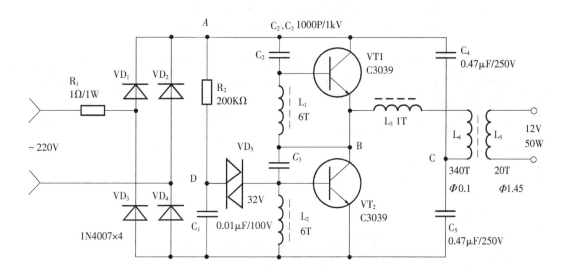

图 1 - 14　卤素灯电子变压器

对高频、高压脉冲降压，在 L_5 端输出卤素灯所需要的 12 V 工作电压。

2. 元器件清单

电路元件的参数可参见表 1-1。其中，L_1、L_2、L_3 分别绕在 H7 mm×4 mm×2 mm 的磁环上，L_1、L_2 绕6匝；L_3 绕1匝。L_4、L_5 绕在 H31 mm×18 mm×7 mm 的磁环上，L_4 用 $\Phi = 0.1$ mm 的高强度线绕 340 匝；L_5 用 $\Phi = 1.45$ mm 的高强度线绕 20 匝。VT_1、VT_2 选用耐压 $V_{(BR)ceo} \geqslant 350$ V 大功率硅管。其它元件无特殊要求。

3. 工作参数

电路正常工作时，A 点工作电压约为 215 V，B 点约为 108 V，C 点约为 10 V，D 点约为 25 V，L_5 两端有 12 V 高频交流电输出。

表 1-1　卤素灯电子变压器元件参数表

编　号	名　称	型　号	数　量
R_1	电阻	1 Ω/1 W	1
R_2	电阻	200 kΩ	1
C_1	涤纶电容	0.01 μF/100 V	1
C_2、C_3	涤纶电容	1 000 pF/1 kV	2
C_4、C_5	涤纶电容	0.47 μF/250 V	2
$VD_1 \sim VD_4$	整流二极管	IN4007	4
VD_5	触发二极管	32 V	1
VT_1、VT_2	晶体三极管	C3039	2
L_1、L_2、L_3（一体）	振荡变压器		1
L_4、L_5	高频变压器		1

如果 L_5 两端没有 12 V 输出，则说明电路没有起振，开关电路没有正常工作。可能是振荡电路的反馈形式错误，可检查 VT_1、VT_2 及 L_1、L_2、L_3 的相位是否正常，其方法是：调换 L_3 的两根接线。

改变 L_5 的匝数可改变输出电压。

实训练习

1. 何为冷光源？
2. 写出卤素灯的性能和特点。
3. 电子镇流器日光灯电路包括＿＿＿＿、＿＿＿＿、＿＿＿＿。
4. 采用电子镇流器的日光灯具有哪些优点？
5. 设计一个用集成电路 IR2155 构成的电子镇流器电路。

1.3　LED 照明

LED 灯具的出现，极大地降低照明所需要的电力，同样功率的 LED 灯，所需电力只有白炽灯泡的 1/10。同时 LED 具有寿命长、环保、免维护等优点，迅速取代白炽灯的位置。2012 年，中国政府宣布，全面禁止销售和进口 100 W 以上的普通照明用白炽灯。

2015 年底，国家发改委确定了"七大重大工程"，包括信息电网油气等重大网络、健康养老服务、生态环保、清洁能源、粮食水利、交通、油气及矿产资源保障，总投资额逾 10 万亿元，其中 2015 年投资超过 7 万亿元。预计 LED 照明将能从中分一杯羹，尤其是工程照明大有前途。

近年，LED 企业发展迅猛，从工程照明到家庭用电，从路灯照明到街景美化，从全彩 LED 显示屏到汽车灯光的应用，LED 的光彩无处不见。

1.3.1 LED 技术简介

LED（light emitting diode），发光二极管，是一种能够将电能转化为可见光的固态的半导体器件，它可以直接把电转化为光。

LED 的心脏是一个半导体的晶片。晶片由两部分组成，一部分是 P 型半导体，空穴占主导地位；另一部分是 N 型半导体，电子占主导地位。这两种半导体连接起来就形成一个 PN 结。当外加正向电场作用于晶片的 PN 结时，电子就会被推向 P 区，在 P 区里电子跟空穴复合，则电子跃迁时多余的能量将以光子的形式发出，这就是 LED 发光的原理。LED 结构示意图如图 1 – 15 所示。

电子不同能量级的跃迁会产生不同波长的光，而光的波长也就是眼睛感觉出的颜色，它是由形成 PN 结的材料所决定的。图 1 – 16 显示的是彩色屏幕中使用的单珠全彩 LED。

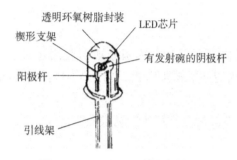

图 1 – 15　发光二极管的结构图

图 1 – 16　5 mm 全彩雾状共阳（共阴）红绿蓝发光二极管（超亮磨砂散光）

对于一般照明而言，人们更需要白色的光源。1998 年，发白光的 LED 开发成功。这种 LED 是将 GaN 芯片和钇铝石榴石（YAG）封装在一起做成。GaN 芯片发蓝光（$\lambda_p = 465$ nm，$\mu = 30$ nm），高温烧结制成的含铈离子（Ce^{3+}）的 YAG 荧光粉受此蓝光激发后发出黄色光，峰值 550 nm。蓝光 LED 基片安装在碗形反射腔中，覆盖以混有 YAG 的树脂薄层，200～500 nm。LED 基片发出的蓝光部分被荧光粉吸收，另一部分蓝光与荧光粉发出的黄光混合，可以得到白光。对于 InGaN/YAG 白色 LED，通过改变 YAG 荧光粉的化学组成和调节荧光粉层的厚度，可以获得色温 3 500～10 000 K 的各色白光。这种通过蓝光 LED 得到白光的方法，构造简单、成本低廉、技术成熟，因此运用最多。

最初 LED 用作仪器仪表的指示光源，后来各种光色的 LED 在交通信号灯和大面积显示屏中得到了广泛应用，产生了很好的经济效益和社会效益。以 12 英寸[①]的红色交通信号灯为例，在美国本来是采用长寿命、低光视效能的 140 W 白炽灯作为光源，它产生 2 000 lm 的白光。经红色滤光片后，光损失 90%，只剩下 200 lm 的红光。而在新设计的信号灯中，Lumileds 公司采用了 18 个红色 LED 光源，包括电路损失在内，共耗电 14 W，即可产生同样的光效，节电 90%。

①英寸，英美制长度单位，1 英寸约合 2.54 cm。

注：• GaN 即氮化镓，属第三代半导体材料，六角纤锌矿结构。GaN 具有禁带宽度大、热导率高、耐高温、抗辐射、耐酸碱、高强度和高硬度等特性，是目前世界上人们最感兴趣的半导体材料之一。GaN 基材料在高亮度蓝、绿、紫和白光二极管，蓝、紫色激光器，以及抗辐射、高温大功率微波器件等领域有着广泛的应用潜力和良好的市场前景。

• 2014 年诺贝尔物理学奖授予了日本科学家赤崎勇、天野浩和美籍日裔科学家中村修二，以表彰他们发明了蓝色发光二极管，并因此带来的新型节能光源。这三位诺贝尔奖得主分别来自日本名城大学、名古屋大学和美国加州大学圣芭芭拉分校。有趣的是，得主之中的前二人为师徒关系。1989 年，天野浩在时任名古屋大学教授赤崎勇的研究室中攻读博士学位时，两人共同发明了蓝色发光二极管。

1.3.2　LED 灯具的特点

LED 灯具的基本结构是一块电致发光的半导体材料芯片，用银胶或白胶固定到支架上，再用银线或金线连接芯片和电路板，然后四周用环氧树脂密封，起到保护内部芯线的作用，最后安装外壳。LED 灯的抗震性能很好。

图 1 - 17 中，左图为家用 3 W LED 照明灯，右图为楼堂馆所的场景照明灯。

图 1 - 17　由 LED 构成的照明灯具

相比其它照明灯具，LED 灯具有以下特点：

（1）新型绿色环保光源：LED 运用冷光源，炫光小，无辐射，使用过程中不产生有害物质。LED 的工作电压低，采用直流驱动方式，超低功耗（单管 0.03 ～ 0.06 W），电光功率转换接近 100%，在相同照明效果下比传统光源节能 80% 以上。LED 的环保效益更佳，光谱中没有紫外线和红外线，而且废弃物可回收，没有污染，不含汞元素，可以安全触摸，属于典型的绿色照明光源。

（2）宽电压范围：85 ～ 264 VAC 全电压范围恒流，保证寿命及亮度不受电压波动影响。

（3）寿命长：LED 为固体冷光源，环氧树脂封装，抗震动，灯体内也没有松动的部分，不存在灯丝发光易烧、热沉积、光衰等缺点，使用寿命可达 6 万～10 万小时，是传统光源使用寿命的 10 倍以上。LED 性能稳定，可在 -30～50 ℃环境下正常工作。

（4）多变换：LED 光源可利用红、绿、蓝三基色原理，在计算机技术控制下使三种颜色具有 256 级灰度并任意混合，即可产生 256×256×256（即 16 777 216）种颜色，形成不同光色的组合。LED 组合的光色变化多端，可实现丰富多彩的动态变化效果及各种图像。

（5）高新技术：与传统光源的发光效果相比，LED 光源是低压微电子产品，成功地融合了计算机技术、网络通信技术、图像处理技术和嵌入式控制技术等。传统 LED 灯中使用的芯片尺寸为 0.25 mm×0.25 mm，而照明用 LED 的尺寸一般都要在 1.0 mm×1.0 mm 以上。LED 裸片成型的工作台式结构、倒金字塔结构和倒装芯片设计能够改善其发光效率，从而发出更多的光。LED 封装设计方面的革新包括高传导率金属块基底、倒装芯片设计和裸盘浇铸式引线框等，采用这些方法都能设计出高功率、低热阻的器件，而且这些器件的照度比传统 LED 产品的照度更大。

一个典型的高光通量 LED 器件能够产生几流明到数十流明的光通量，更新的设计可以在一个器件中集成更多的 LED，或者在单个组装件中安装多个器件，从而使输出的光通量相当于 40 W 日光灯。例如，一个高功率的 12 芯片单色 LED 器件能够输出 200 lm 的光能量，所消耗的功率在 10～15 W 之间。

LED 光源的应用非常灵活，可以做成点、线、面各种形式的轻薄短小产品。LED 的控制极为方便，只要调整电流，就可以随意调光；不同光色的组合变化多端，利用时序控制电路，更能达到丰富多彩的动态变化效果。LED 光源已经被广泛应用于各种照明设备中，如电池供电的闪光灯、微型声控灯、安全照明灯、室内楼梯照明灯，以及城市道路和隧道照明。

当然，LED 照明灯具的缺点也比较明显：添加晶体管电路后，价格高、寿命短是它的软肋。

1.3.3 LED 灯在亮度和节能方面与其它照明灯的比较

LED 光源发光效率高，可达到 80～200 lm/W，而且发光的单色性好，光谱窄，无需过滤，可直接发出有色可见光。而白炽灯光效在 10～15 lm/W，卤钨灯光效为 12～24 lm/W，荧光灯 50～90 lm/W，钠灯 90～140 lm/W，这些灯具所消耗的大部分电功率变成了热量损耗。

LED 与节能灯和白炽灯的比较如下：

1 W LED ＝3 W CFL（节能灯）＝15 W 白炽灯

3 W LED ＝8 W CFL（节能灯）＝25 W 白炽灯

4 W LED ＝11 W CFL（节能灯）＝40 W 白炽灯

8 W LED ＝15 W CFL（节能灯）＝75 W 白炽灯

12 W LED ＝20 W CFL（节能灯）＝100 W 白炽灯

1.3.4　LED 灯具的电源供给

大功率 LED 发展非常迅速，已经在各种照明场合成为主流照明光源，了解和熟悉 LED 驱动电源的性能是十分必要的。毫不夸张地说，LED 驱动电源将直接决定 LED 灯的可靠性与寿命，故电路设计要缜密周全。关于 LED 驱动电源的分类及其特性如下：

1. 按驱动方式

按驱动方式可分为恒流式和稳压式两大类。

（1）恒流式电路的特点：① 恒流驱动电路输出的电流是恒定的，而输出的直流电压却随着负载阻值的大小不同在一定范围内变化，负载阻值小，输出电压就低，负载阻值越大，输出电压也就越高；② 恒流电路不怕负载短路，但严禁负载完全开路；③ 恒流驱动电路驱动 LED 是较为理想的，但相对而言价格较高；④ 应注意所使用最大承受电流及电压值，它限制了 LED 的使用数量。

（2）稳压式电路的特点：① 当稳压电路各项参数确定以后，输出的电压是固定的，而输出的电流却随着负载的增减而变化；② 稳压电路不怕负载开路，但严禁负载完全短路；③ 以稳压驱动电路驱动 LED，每串 LED 需要加上合适的电阻方可使其亮度显示平均；④ 亮度会受整流而来的电压变化影响。

2. 按电路结构方式分类

（1）电阻、电容降压方式：通过电容降压，在闪动使用时，由于充放电的作用，通过 LED 的瞬间电流极大，容易损坏芯片。易受电网电压波动的影响，电源效率低、可靠性低。

（2）电阻降压方式：通过电阻降压，受电网电压变化的干扰较大，不容易做成稳压电源，降压电阻要消耗很大部分的能量，所以这种供电方式电源效率很低，而且系统的可靠性也较低。

（3）常规变压器降压方式：电源体积小、重量偏重、电源效率也很低、一般只有 45%～60%，所以很少用，可靠性不高。

（4）电子变压器降压方式：电源效率较低，电压范围也不宽，一般 180～240 V，波纹干扰大。

（5）RCC 降压方式开关电源：稳压范围比较宽、电源效率比较高，一般可以做到 70%～80%，应用也较广。由于这种控制方式的振荡频率不连续，开关频率不容易控制，负载电压波纹系数也比较大，异常负载适应性差。

（6）PWM 控制方式开关电源：主要由四部分组成，输入整流滤波部分、输出整流滤波部分、PWM 稳压控制部分、开关能量转换部分。PWM 开关稳压的基本工作原理就是在输入电压、内部参数及外接负载变化的情况下，控制电路通过被控制信号与基准信号的差值进行闭环反馈，调节主电路开关器件导通的脉冲宽度，使得开关电源的输出电压或电流稳定（即相应稳压电源或恒流电源）。电源效率极高，一般可以做到 80%～90%，输出电压、电流稳定。一般这种电路都有完善的保护措施，属高可靠性电源。

通过上述分析，可见由 PWM 控制方式设计的 LED 电源是比较理想的。

3. LED 驱动电路分析

下面就电路进行定性分析，讨论信号的控制过程，对具体参数暂不讨论。图 1-18 是一个 LED 驱动电路原理图，这是一款可 AC/DC 输入的 LED 驱动电路，使用无电解电容。是比较典型的 LED 驱动电路。

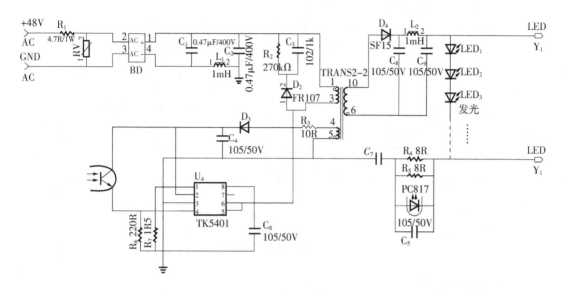

图 1-18　LED 驱动电路原理图

上述 LED 驱动电路由输入过压保护单元、整流滤波单元、钳位吸收单元、集成电路主控单元、输出整流单元和恒流电路几个部分构成。

1）输入过压保护

输入过压保护电路如图 1-19 所示，该电路主要用来防护雷击或者市电冲击带来的浪涌现象所产生的危害。

该电路有 AC/DC 两种电源输入方式。如果是 DC 电压从 "+48 V""GNG" 两端送入，直流电通过电阻 R_1，此电阻的作用是限流。若后面的线路出现短路时，R_1 流过的电流就会增大，随之两端压降跟着增大，当超过 1 W 时就会自动断开，阻值增加至无穷大，从而达到保护输入电路 +48 V 电源不会受到负载的影响。

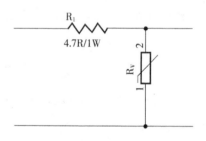

图 1-19　简单的过流过压保护电路

如果输入的是交流电，AC 经限流后进入整流桥，R_1 与 R_V 构成了一个简单过压保护电路。R_V 是一个压敏元件，利用具有非线性的半导体材料制作而成，其伏安特性与稳压二极管差不多，正常情况显高阻抗状态，流过的电流很少，当电压高到一定的程度（主要是指尖峰浪涌，如打雷时高压脉冲通过市电网的串入），R_V 会显现短路状态，直接泄放掉输入的总电流，使后面的电路停止工作。此时，由于所有电流将流过 R_1 和 R_V，R_1 只有 1 W 的功率，因此瞬间视为开路，从而保护了整个电路不被损坏。

2）整流滤波电路

桥式整流器是利用四只二极管构成的简便实用全波整流电路，当使用交流电（AC）输入时，它将交流电高效地转变为直流电。

对于 +48 V 直流电源的输入，整流桥仅起到电源极性的保护作用，无论输入是上正下负、还是上负下正，都不会损坏驱动电源。

交流电整流以后，通过 C_1、C_2、L_1 进行滤波，图 1-20 所示是一个由 LC 构成的 Π 型滤波电路，滤除整流后脉动直流的交流分量，得到理想的直流电源。

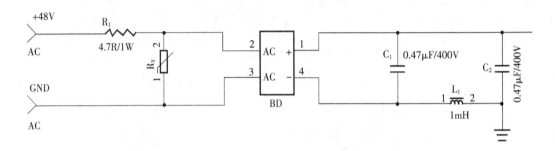

图 1-20 整流滤波电路

3）钳位吸收电路

图 1-21 的虚线框内为钳位吸收电路。在电路中添加钳位电路的理由就是为了保护 IC 里面的 MOS 管，其工作过程为：

经过整流滤波以后有两条支路存在，一路通过变压器绕组的 1、3 端进入集成电路（U_1）TK5401 的第 7、8 脚；另一路加在钳位电路的上端。钳位电路由 R_2、C_3、D_2 构成，电流通过 R_2、C_3、D_2 之后也连到 U_1 的 7、8 脚。

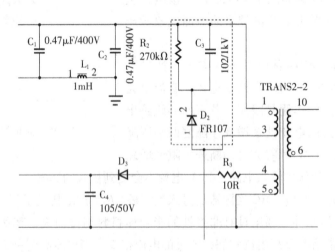

图 1-21 钳位吸收电路

注：短路保护（SCP）、电流过高保护（OCP）、电压过高保护（OVP）

元件参数：10 R/1 206（10 Ω/1% 误差）；105/50 V（0.1 μF/50 V）；1R2（1.2 Ω）

R_2、C_3、D_2 的连接组成了一个简单的钳位电路，主要功能是用来吸收尖峰和浪涌。与 R_V 压敏电阻作用不同的是，R_V 主要是对打雷或者市电冲击起到保护作用，而钳位电路的功能是吸收变压器 TRANS2 − 2 绕组两端的反向电动势，消除自激振荡，起到快速复位的作用，为变压器工作的下一个周期做准备。如果变压器得不到复位就会饱和，磁饱和的变压器是没有能量传输的。

R_2 和 C_3 组成一个 RC 充放电回路，用来积累反向电动势，D_2 主要是隔离作用。变压器在正半周、感应电动势为上正下负时，D_2 处于反偏，整个钳位环路处于断开状态；当进入负半周时，D_2 处于正向偏置而导通，变压器绕组给钳位电路提供通路，快速将电动势释放，从而达到保护 IC 内部的 MOS 管不被尖峰击穿而损坏。

4）U_1 的工作原理

LED 驱动器 IC——TK5401 的内部结构和管脚功能如图 1 − 22 所示，其主要的特点是该电路具有高低电压过流保护补偿作用，专为在应用电路上不加装电解电容而设计的。

TK5401 内置高压大功率 MOS 管 650，支持宽交流输入电压 85 ～ 265 V。第 1 脚为 S/OCP 端子，是自动输入补偿的过电流保护（OCP）回路。MOSFET 漏极电流的检测，是通过在 MOSFET 的源极（即 S/OCP 端子）与 GND 之间所接的电流检测电阻 R，当检测电阻 R 两端的压降达到 OCP 门坎电压值时，MOSFET 即被关断。

简单而言，该电路的变压器采用反激式工作方式，即变压器的初级绕组和次级绕组的相位是相反的。在同一时刻，1 和 10 端的相位相差 180°。变压器的同相位端如图 1 − 23 所示。

交流电源经整流滤波后，通过变压器绕组进入 IC 的 7、8 脚。7、8 脚在内部并联接至 IC 里面 MOS 管的漏极（D），接地的是源极（S），MOS 管在控制电路的作用下处于开关工作状态，MOS 管的反复接通和断开使变压器实现"电—磁—电"的能量转换，实现电源电压的变换，其工作过程如下：

（1）第一次变换的建立：在接通电源开关时，整流后的直流电源给 U_1 供电，通过 7、8 脚连通的内部电路启动，使 U_1 开始工作。此时 U_1 将输出方波脉冲传递给 U_1 内部 MOS 管的栅极（G），MOS 管的正向偏置电压使 D 极和 S 极导通，这时 D 和 S 等电位，而 S 极的接地，等于把变压器的一端瞬间接地，从而产生回路。

变压器是感性元件，其特点是电流不能突变，所以它自身会产生感抗来阻止电流突变。感抗是一个时间函数，按照线性的曲线进行变化，慢慢上升，为了能够阻止电流的突变，由电感线圈的电磁感应现象证明，它将产生一个自感电动势来抑制电流变化。这样一来，下面的反馈绕组和次级绕组的输出绕组同样会产生电磁感应现象，对于负载电路产生输出电压，提供电能。

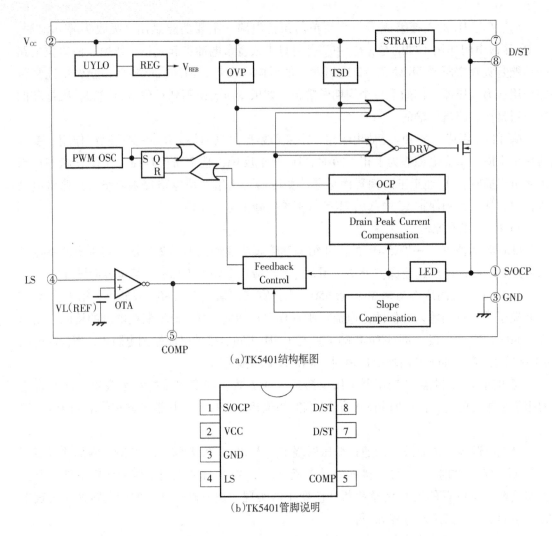

（a）TK5401结构框图

（b）TK5401管脚说明

S/OCP—功率 MOS 管源极连接电流限定；VCC—电源；GND—地；LS—LED 电流输出；

COMP—ErrAmp 输出/相位补偿；D/ST—启动电流的功率 MOS 管漏极输入

图 1 - 22　TK5401 结构框图和管脚说明

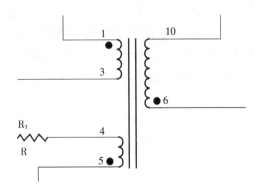

图 1 - 23　开关变压器的同相位端提示

（2）第二次变换的建立：当变压器下面的绕组产生电动势以后（通常称为正反馈供电绕组），通过 D_3 整流，R_3 限流，再经 C_4 滤波后分成二路进行供电，一路给 U_1 的第 2 脚供电，另一路给光电耦合器件 PC817 供电。当第 2 脚开始供电时，U_1 内部的整个 PWM 供电控制系统将自动转到由正反馈绕组供电，使内部振荡电路继续工作，从而输出第 2 个脉冲控制信息，使 MOS 管处于开关状态。受 MOS 管的漏极电流控制，开关变压器持续地进行"电—磁—电"的能量转换，TK5401 工作时序如图 1 – 24 所示。

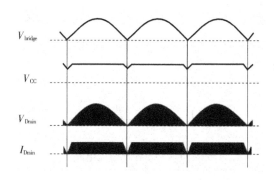

V_{bridge}—整流桥输出电压；V_{Drain}—漏极电压；I_{Drain}—漏极电流

图 1 – 24　TK5401 工作时序

> 注：PWM（pulse width modulation）是脉冲宽度调制的英文缩写。脉宽调制 PWM 是开关型稳压电源中的术语，按稳压的控制方式分类，除了 PWM 型，还有 PFM（pulse frequency modulation，脉冲频率调制）型和 PWM、PFM 混合型。脉冲宽度调制式开关型稳压电路是在控制电路输出频率不变的情况下，通过电压反馈调整其占空比，从而达到稳定输出电压的目的。
>
> 方波高电平时间跟周期的比例叫占空比，例如 1 s 高电平 1 s 低电平的 PWM 波占空比是 50%。

5）输出整流电路

如图 1 – 25 所示为整流输出单元电路。通电以后，开关变压器的次级输出电压通过 D_4 整流，再经过 C_8、C_9 和 L_1 构成的 Π 型滤波器的滤波，直接给 LED 进行供电。这里的 L_1 除了能够滤波，还有续流的作用，即保持输出电流的一致性，同样是利用电感中的电流不能突变这一特性。

6）恒流电路

LED 的最佳工作状态需要恒流电源的支持。如图 1 – 26 所示，恒流电路由电流检测电路、光耦反馈电路、RC 振荡器等几个单元电路组成。IC 的第 1 脚外接电阻 R_7、第 5 脚外接电容 C，它们和 IC 内部的运算放大器组成了 RC 振荡电路，RC 的时间常数决定了振荡器的工作频率。一般地，电容的充电时间对应的是 MOS 管的接通时间，电容的放电时间对应的是 MOS 管的断开时间。第 4 脚是电压检测脚，通过对第 4 脚的电压值监测，控制输出脉冲的占空比。第 4 脚外接的光耦 PC817 的另一半和输出电路 R_4 两端相并联，R_4 在

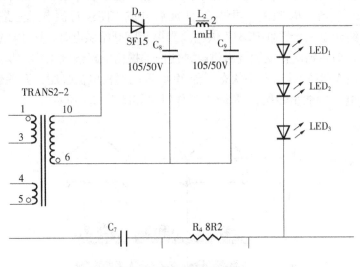

图 1－25　输出整流电路

这里是起到检测电流的作用。回路的电流越大，R_4 两端的电压就会越大，那么并联到 R_4 两端的 PC817 也会随着电压的提升而导通，光耦的副边 R_V 也会随之导通，即内阻下降，导致第 4 脚的电压随之上升。提升的电压与 U_1 里面的参考电压进行比对，然后直接输出一个信号使 MOS 管提前关断，从而达到稳压恒流的目的。

LED 只有在恒流电源的驱动下，才能保证其亮度的均匀，长期可靠地发光。

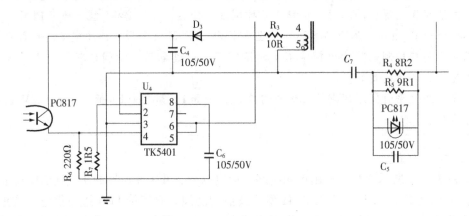

图 1－26　恒流电路

1.3.5　LED 灯闪烁的常见原因与处理办法

通常人眼能够感知到频率达 70 Hz 的光闪烁，高于这个频率则感知不到。故在 LED 照明应用中，如果脉冲信号出现频率低于 70 Hz 的低频分量，人眼就会感受到闪烁。当然，在具体应用中，有多种因素可能导致 LED 灯闪烁。例如，在离线式低功率 LED 照明应用中，一种常见的电源拓扑结构是隔离型反激拓扑结构。以符合"能源之星"固态照明标准的 8 W 离线型 LED 驱动器 GreenPoint&reg 参考设计为例，由于反激稳压器的正弦方波功率转换并未给初级偏置提供恒定能量，动态自供电（DSS）电路可能会激活并引发光闪烁。为了避免这个问题，必须使初级偏置能够在每个半周期部分放电，相应地，需要恰当选择构成这偏置电路的电容和电阻的量值。

另外，即使是在使用提供极佳功率因素校正、支持 TRIAC 调光的 LED 驱动应用中，也要求有电磁干扰（EMI）滤波器。由 TRIAC 阶跃（step）引起的瞬态电流会激发 EMI 滤波器中电感和电容的自然谐振。如果这谐振特性导致输入电流降至 TRIAC 维持电流之下，TRIAC 将会关闭。短暂延时后，TRIAC 通常又会导通，激发同样的谐振。在输入电源波形的一个半周期内，这系列事件可能会重复多次，从而形成可见的 LED 闪烁。为了应对这个问题，TRIAC 调光的一项关键要求就是 EMI 滤波器的输入电容极低，且这电容要能够通过 TRIAC 及绕线阻抗解耦。分析可知，调光模块中电容减小，就能够增大谐振电路的电阻，原理上就抑制振荡，恢复理想的工作状态。

实训练习

1. 2012 年，全面禁止销售和进口_____瓦以上的普通照明用白炽灯。

2. 电子不同_____级的跃迁会产生不同的光波长，而光的_____也就是眼睛感觉出的颜色，它是由形成 PN 结的_____所决定的。

3. LED 驱动电路由输入过压保护单元、_____、钳位吸收单元、集成电路主控单元、输出整流单元和_____几个部分构成。

4. 通常人眼能够感知到频率达_____Hz 的光闪烁，高于这个频率则感知不到。

5. 以 12 英寸的红色交通信号灯为例，采用长寿命、低光视效能的 140 W 白炽灯作为光源，它产生 2 000 lm 的白光。经红色滤光片后，光损失 90%，只剩下 200 lm 的红光。而在新设计的信号灯中，采用了 18 个红色 LED 光源，包括电路损失在内，共耗电 14 W，即可产生同样的光效，节电百分之多少？

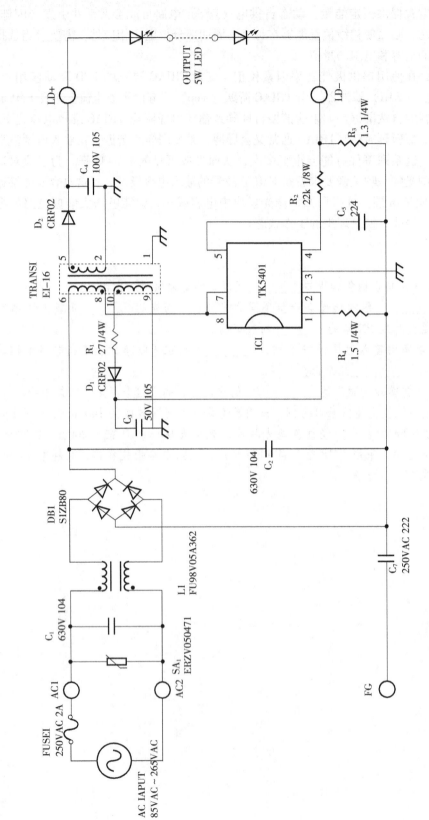

应用电路实例1（非隔离性的通用交流线,3~8W的应用）

使用条件

AC INPUT VOLTAGE 85VAC ~ 265VAC

LED OUTPUT 3 ~ 8W

ex) $V_f=19.2V, I_f=260mA$

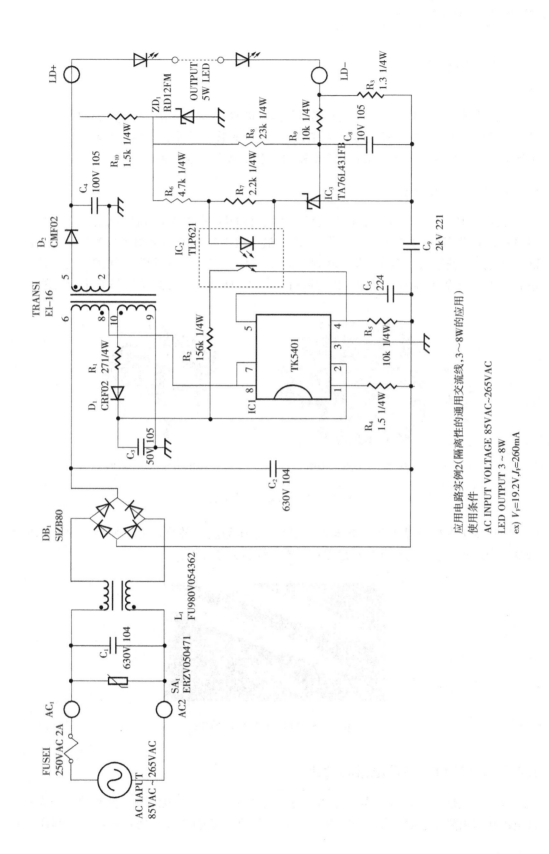

应用电路实例2(隔离性的通用交流线,3~8W的应用)

使用条件

AC INPUT VOLTAGE 85VAC~265VAC

LED OUTPUT 3 ~ 8W

ex) $V_f=19.2V, I_f=260mA$

1.4 LED 日光灯

日常生活中，家庭、学校及其它场所的照明依然有不少采用传统荧光管的方式，但以 LED 组成的日光灯管正在逐步取代传统的汞蒸气荧光管。目前，我们所看到的日光灯，在驱动形式上有电感镇流器、电子镇流器和 LED 恒流源驱动器三种。

1.4.1 LED 日光灯管

作为第四代新型节能光源，LED 光源诞生之时即被用来作各类灯具的发光光源。0.06 W 的白光 LED 草帽灯、"食人鱼"（图 1 – 27）最早被用在 LED 日光灯的发光灯条上，每个 LED 日光灯管使用数量不等，从 280 到 360 颗。目前，新一代的 LED 日光灯发光灯条上使用的是从 0.06 W 到 1 W，显示颜色为纯白、青白、暖白、冷白的贴片 LED 平面光源。

（a）LED集成灯珠（10～100W）　　　　（b）LED"食人鱼"灯（单珠）

图 1 – 27　"食人鱼"灯珠

LED 属于低压驱动电致发光器件，220 V 电压需经过转化后方可使用。图 1 – 28 是 LED 日光灯管的主要组成部件示意图：总成、灯芯和电源板。

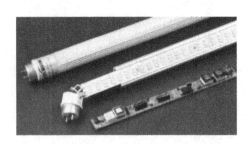

图 1 – 28　LED 日光灯管的剖析

1.4.2 PWM LED 电源电路的设计

LED 日光灯管的 LED 灯条电源驱动方案有很多种，从市电的隔离性来看，分为隔离性电源和非隔离性电源。隔离和非隔离的最大区别，是隔离方案使灯具和市电高压通过

"高压交流电→磁→直流电"的方式来连接；而非隔离方案则直接与高压市电连接，中间没有隔离变压器，对于用户"手边"的电气设备存在着触电风险。隔离方案的原理比较复杂，所用元器件较多，成本高、价格贵，但安全性比非隔离电源要高。

LED 日光灯管通常是悬挂在空中的非触摸式照明设备，目前采用非隔离方案设计的 LED 电源占多数。相对于隔离式，非隔离式电源具有体积相对较小、价格较低、效率相对较高的优点。但是，非隔离式对灯具的安全规范要求高，对人可以触摸到的非安全规范认证材料部分与电路部分需要加强绝缘。

1.4.2.1　PWM LED 驱动控制器 PT4107

在 LED 日光灯驱动电源的设计中，采用 PWM LED（脉冲宽度调整型 LED）驱动控制器的方案占绝大多数。集成电路 IC—PT4107 是一个典型的 PWM LED 驱动控制器，其内部拓扑结构如图 1-29 所示。

PT4107 是一款高压降压式 PWM LED 驱动控制器，通过外部电阻和内部的齐纳二极管，可以将经过整流的 110 V 或 220 V 交流电压钳位于 20 V。当 V_{in} 上的电压超过欠压闭锁阈值 18 V 后，芯片开始工作，按照峰值电流控制的模式来驱动外部的 MOSFET。在外部 MOSFET 的源端和地之间接有电流采样电阻，该电阻上的电压直接传递到 PT4107 芯片的 CS 端。当 CS 端电压超过内部的电流采样阈值电压后，GATE 端的驱动信号终止，外部 MOSFET 关断。阈值电压可以由内部设定，或者通过在 LD 端施加电压来控制。如果要求软启动，可以在 LD 端并联电容，以得到需要的电压上升速度，并和 LED 电流上升速度相一致。

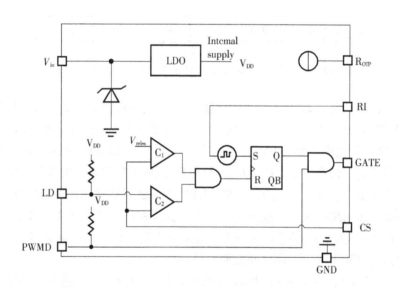

图 1-29　PT4107 内部拓扑结构

PT4107 的主要技术特点：从 18～450 V 的宽电压输入范围，恒流输出；采用频率抖动减少电磁干扰，利用随机源来调制振荡频率，这样可以扩展音频能量谱，扩展后的能量谱可以有效减小带内电磁干扰，降低系统级设计难度；可用线性及 PWM 调光，支持上百个 0.06 W LED 的驱动应用，工作频率 25～300 kHz，可通过外部电阻 R 来设定。

PT4107 封装如图 1 - 30 所示，各引脚功能如下：

① GND　芯片接地端；

② CS　LED 峰值电流采样输入端；

③ LD　线性调光接入端；

④ RI　振荡电阻接入端；

⑤ ROTP　过温保护设定端；

⑥ PWMD PWM　调光兼使能输入端，芯片内部有 100 kΩ 上拉电阻；

⑦ VIN　芯片电源端；

⑧ GATE　驱动外挂 MOSFET 栅极。

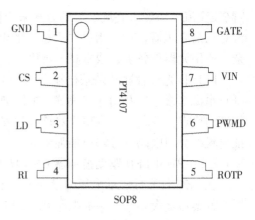

图 1 - 30　PT4107 的封装

1.4.2.2　全电压 20 W 日光灯开关恒流源的设计

以 AC 85～245 V 全电压输入为例，采用 PT4107 PWM LED 驱动控制器做 LED 日光灯驱动电源的主芯片，设计一个比较理想的实际应用电路，性能要求如图 1 - 31 所示。该方案全电路由抗浪涌保护、EMC 滤波、全桥整流、无源功率因数校正（PFC）、降压稳压器、PWM LED 驱动控制器、扩流恒流电路组成。

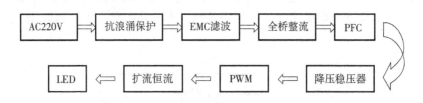

图 1 - 31　全电压 20 W LED 日光灯开关恒流源设计方案

按此理念，设计完成 20 W LED 日光灯驱动电源电路如图 1 - 32 所示。从左向右描述，AC 是 220 V 交流市电接入端口。入口接有 1A 保险丝（FS1）和抗浪涌负温度系数热敏电阻（NTC），之后是电磁干扰（EMI）滤波器，由 L_1、L_2 和 CX_1 组成。BD_1 是整流全桥，内部是 4 个高压硅二极管。C_1、C_2、R_1、D_1～D_3 组成无源功率因数校正电路。

PT4107 芯片由 T_1、D_4、C_4、R_2～R_4 组成的电子滤波器降压稳压后供电，这个滤波器输入阻抗很高，输出阻抗很小，整流后近 300 V 直流高压经此三极管降压向 PT4107 V_{in} 提供 18～20 V 稳定电压，确保芯片在全电压范围里稳定工作。该电路的设计，避免了像其它方案直接由电阻降压的电路那样耗能而发烫。

PWM 控制芯片 U_1（PT4107）和功率 MOS 管 Q_1、镇流功率电感 L_3、续流二极管 D_5 组成降压稳压输出电路。U_1 采集采样电阻 R_6～R_9 上的峰值电流，由内部逻辑电路在单周期内控制 GATE 脚信号的脉冲占空比进行恒流控制。输出恒流与 D_5、L_3 的续流电路合并向 LED 光源恒流供电。改变电阻 R_6～R_9 的阻值可改变整个电路的输出电流，但 D_5、L_3 也要随之改动。

R_5 是芯片振荡电路的一部分，改变它可调节振荡频率。电位器 RT 在本电路中不是用来调光，而是用来微调恒流源的电流，使电路达到设计的输出功率值。由于元器件的离散

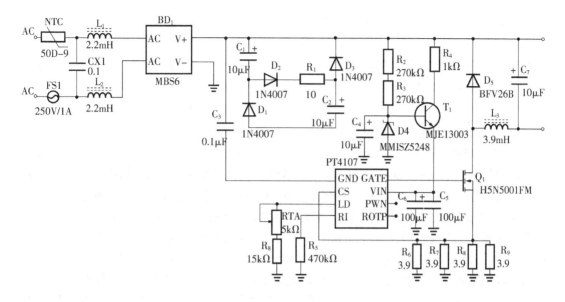

图 1-32　全电压 20 W LED 日光灯开关恒流源电路

性，批量生产时每一块电源板的输出电流会略有偏差，在生产线上可用此电位器来调整每块电源板的输出电流。为保证已调好电源板的稳定性，一定要选用涡轮涡杆微调电位器，并在调好后滴胶固封。

图 1-32 电路的参数是按每串 22 个 0.06 W LED，共 15 串并联，驱动 330 个 60 mW 的白光 LED 负载设计的，每串的电流是 17.8 mA，设计输出为 36～80 V/250 mA。如果改变 LED 数量，则需修正采样电阻 R_6～R_9 的参数。PCB 板的排列是做好产品的关键，因此 PCB 板的走线要按规范要求来设计。本电路可用于 T10、T8 日光灯管，因两管空间大小不同，两块 PCB 板的宽度将不同，需要降低所有零件的高度，以便放入 T10、T8 灯管。图 1-33 是 T10 恒流源板的实物照片，33 个元件安装在 235 mm×25 mm×0.8 mm 的环氧单面印制板上。

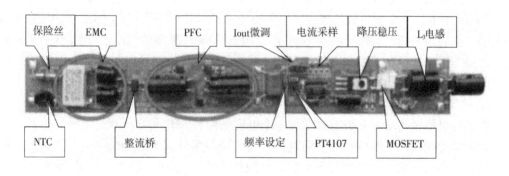

图 1-33　全电压 20 W LED 日光灯恒流源实物

注：T5、T8、T10 表示日光灯管的具体尺寸。T 代表 "Tube"，表示管状的；1 T 表示 1 英寸，等于 25.4 mm；则 T8 灯管的直径就是（8/8）×25.4 = 25.4（mm），即 1 英寸灯管。常用日光灯管长度与功率举例：20 W 灯管长 620 mm，T4 型灯管的直径是（4/8）×25.4 = 12.7（mm）。

1.4.2.3　设计的关键和应考虑因素

1. 抗浪涌的 NTC

抗浪涌的 NTC（negative temperature coefficient，负温度系数）选用 300 Ω/0.3 A 热敏电阻，改变此方案的输出，比如增大电流，则 NTC 的电流也要选大一些，以免过流自发热。

NTC 热敏电阻器是一种以过渡金属氧化物为主要原材料，采用电子陶瓷工艺制成的热敏陶瓷组件，它的电阻值随温度的升高而降低。利用这一特性既可制成测温、温度补偿和控温组件，又可以制成功率型组件，抑制电路的浪涌电流。并且在完成抑制浪涌电流作用以后，利用电流的持续作用，将 NTC 热敏电阻器的电阻值下降到非常小的程度。

这是由于 NTC 热敏电阻器有一个额定的零功率电阻值，当其串联在电源回路中时，就可以有效地抑制开机浪涌电流

2. EMC 滤波

在交流电源输入端，一般需要增加由共轭电感、X 电容和 Y 电容组成的滤波器，以增加整个电路抗 EMI 的效果，滤除掉传导干扰信号和辐射噪声。

电源滤波器是低通滤波器，电容对高频干扰信号而言是低阻抗，所以电容起到旁路和去耦高频干扰信号的作用；电感对高频干扰信号而言是高阻抗，所以电感起到反射和吸收高频干扰信号的作用。电感和电容形成组合滤波器，会使滤波效果更好，电感电容起作用的频段也不同，共模电感和 Y 电容起到滤除共模干扰的作用，一般认为在 1 MHz 以上。X 电容的主要作用是短路差模干扰信号，减小 X 模信号流过的路径，进而减少电路中寄生参数引起的振荡造成高频发射。

本电路采用共轭电感加 X 电容器的简洁方式，主要是出于整体成本的考虑，本着够用就好的设计原则。X 电容器应标有安全认证标志和耐压 AC275 V 字样，其真正的直流耐压在 2 000 V 以上，外观多为橙色或蓝色。共轭电感是绕在同一个磁芯上的两个电感量相同的电感，主要用来抑制共模干扰，电感量在 10～30 mH 范围内选取。为缩小体积和提高滤波效果，优先选用高导磁率微晶材料磁芯制作的产品，电感量应尽量选较大的值。可以使用两个相同电感替代一个共轭电感，以降低成本。

※ 关于电源输入端的 X、Y 安全电容

在交流电源输入端，一般需要增加三个电容来抑制 EMI 传导干扰。

交流电源的输入一般可分为三根线：火线（L）/零线（N）/地线（G）。在火线和地线之间及在零线和地线之间并接的电容，一般称之为 Y 电容。这两个 Y 电容连接的位置比较关键，必须符合相关安全标准，以防引起电子设备漏电或机壳带电而危及人身安全，所以它们都属于安全电容，要求电容值不能偏大，而耐压必须较高。一般地，工作在亚热带的机器，要求对地漏电电流不能超过 0.7 mA；工作在温带的机器，要求对地漏电电流不能超过 0.35 mA。因此，Y 电容的总容量一般都不能超过 4 700 pF。

Y 电容为安全电容，必须取得安全检测机构的认证。Y 电容的耐压一般都标有安全认证标识（如 UL、CSA 等）和 AC250 V 或 AC275 V 字样，但其真正的直流耐压高达 5 000 V 以上。因此，Y 电容不能随意使用标称耐压 AC250 V 或 DC400 V 之类的普通电容来代用。

在火线和零线之间并联的抑制电容，一般称之为 X 电容。由于这个电容连接的位置也比较关键，同样需要符合安全标准。因此，X 电容同样也属于安全电容之一。X 电容的容值允许比 Y 电容大，但必须在 X 电容的两端并联一个安全电阻，用于防止电源线拔插时，由于该电容的充放电过程而导致电源线插头长时间带电。安全标准规定，当正在工作之中的机器电源线被拔掉时，在两秒钟内，电源线插头两端带电的电压（或对地电位）必须小于原来额定工作电压的 30%。

同理，X 电容也是安全电容，必须取得安全检测机构的认证。X 电容的耐压一般都标有安全认证标志和 AC250 V 或 AC275 V 字样，但其真正的直流耐压高达 2 000 V 以上，使用时不要随意用标称耐压 AC250 V 或 DC400 V 之类的的普通电容来代替。

X 电容一般都选用纹波电流比较大的聚脂薄膜类电容，这种电容体积一般都很大，但其允许瞬间充放电的电流也很大，而其内阻相应较小。普通电容纹波电流的指标都很低，动态内阻较高。用普通电容代替 X 电容，除了耐压条件不能满足以外，一般纹波电流指标也是难以满足要求的。

实际上，仅仅依赖于 Y 电容和 X 电容来完全滤除传导干扰信号是不太可能的。因为干扰信号的频谱非常宽，基本覆盖了几十千赫兹到几百兆赫兹，甚至上千兆赫兹的频率范围。通常，对低端干扰信号的滤除需要很大容量的滤波电容，但受到安全条件的限制，Y 电容和 X 电容的容量都不能太大。对高端干扰信号的滤除，大容量电容的滤波性能又极差，特别是聚脂薄膜电容的高频性能一般都比较差，因为它是用卷绕工艺生产的，且聚脂薄膜介质高频响应特性与陶瓷或云母相比相差很远。一般聚脂薄膜介质都具有吸附效应，它会降低电容器的工作频率，聚脂薄膜电容工作频率范围大约为 1 MHz，超过 1 MHz 其阻抗将显著增加。

因此，为抑制电子设备产生的传导干扰，除了选用 Y 电容和 X 电容之外，还要同时选用多个类型的电感滤波器，组合起来一起滤除干扰。电感滤波器多属于低通滤波器，但电感滤波器也有很多规格类型，如差模、共模，以及高频、低频等。每种电感主要都是针对某一小段频率的干扰信号起作用，对其它频率的干扰信号的滤除效果不大。通常，电感量很大的电感，其线圈匝数较多，那么电感的分布电容也很大。高频干扰信号将通过分布电容旁路滤除掉。而且，导磁率很高的磁芯，其工作频率则较低。

目前，大量使用的电感滤波器磁芯的工作频率大多数都在 75MHz 以下。对于工作频率要求比较高的场合，必须选用高频环形磁芯，高频环形磁芯导磁率一般都不高，但漏感特别小，比如非晶合金磁芯、坡莫合金等。

3. 全桥整流器

全桥整流器 BD_1 主要进行 AC/DC 变换，因此需要给予 1.5 系数的安全余量，建议选用 600 V/1 A。

4. 无源 PFC

普通的桥式整流器整流后输出的电流是脉动直流，电流不连续，谐波失真大，功率因数低，因此需要增加低成本的无源功率因数补偿电路，如图 1-34 所示。这个电路称作平衡半桥补偿电路，C_1 和 D_1 组成半桥的一臂，C_2 和 D_2 组成半桥的另一臂，D_3 和 R 组成充电连接通路，利用填谷原理进行补偿。滤波电容 C_1 和 C_2 串联，电容上的电压最高充到输入电压的一半，一旦线电压降到输入电压的一半以下，二极管 D_1 和 D_2 就会被正向偏置，使 C_1 和 C_2 开始并联放电。这样，正半周输入电流的导通角从原来的 $75°\sim105°$ 上升到 $30°\sim150°$；负半周输入电流的导通角从原来的 $255°\sim285°$ 上升到 $210°\sim330°$（图 1-35）。与 D_3 串联的电阻 R 有助于平滑输入电流尖峰，还可以通过限制流入电容 C_1 和 C_2 的电流来改善功率因数。采用这个电路后，系统的功率因数从 0.6 提高到 0.89。R 有浪涌缓冲和限流功能，因此不宜省略。

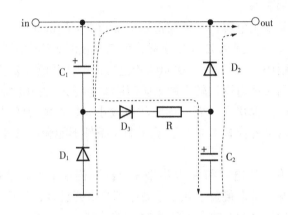

图 1-34 平衡半桥 PFC 电路

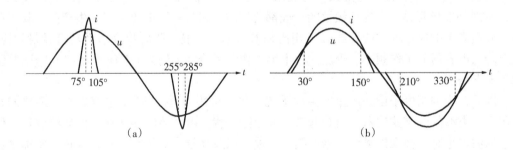

（a）   （b）

图 1-35 平衡半桥 PFC 电路的效果

注：PFC（power factor correction，功率因数校正）功率因数指的是有效功率与总耗电量（视在功率）之间的关系，也就是有效功率除以总耗电量（视在功率）的比值。基本上功率因数可以衡量电力被有效利用的程度，当功率因数值越大，代表其电力利用率越高。

功率因数是用来衡量设备用电效率的参数，低功率因数代表低电力效能。为了提高设备功率因数的技术就称为功率因数校正。

5. 降压稳压电路

给 PT4107 供电的电路是倍容式纹波滤波器（图 1-36），具有电容倍增式低通滤波器和串联稳压调整器双重作用。在射极输出器的基极与地之间接一个电容 C_4，由于基极电流只有射极电流的 $1/(1+\beta)$，相当于在发射极接了一个值为 $(1+\beta)C_4$ 的大电容，这就是电容倍增式滤波器的原理。如果在基极到地之间再连接一个齐纳二极管，就是一个简单的串联稳压器，该电路能有效地消除高频开关纹波。注意：T_1 要选择双极型晶体管的 $V_{bceo}=$ 500 V，$I_c=100$ mA。稳压二极管 D_4 要用 20 V、1/4 W 任何型号的小功率稳压管。

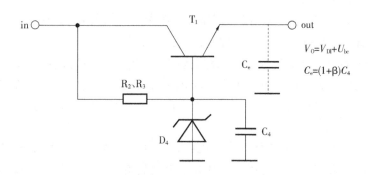

图 1-36 倍容式纹波滤波器

6. 镇流功率电感

镇流功率电感 L_3 与 Q_1 MOS 管，以及 R_6、R_7、R_8、R_9 并联的电流采样电阻，是此电路恒流输出的三大关键元件。镇流功率电感 L_3 要求 Q 值高、饱和电流大、电阻小。标称 3.9 mH 的电感，在 40～100 kHz 频率范围里 Q 值应大于 90。设计时要选用饱和电流是正常工作电流 2 倍的功率电感。本电路设计输出电流 250 mA，因此选 500 mA。选用功率电感的绕线电阻要小于 2 Ω、居里温度大于 400 ℃的优质功率电感。一旦电感发生饱和，MOS 管、LED 光源、PWM 控制芯片就会瞬间烧毁。建议使用高导磁率微晶材料的功率电感，它可以确保恒流源长期安全可靠地工作。

L_3 电感要选用 EE13 磁芯的磁路闭合电感器，或高度低一点的 EPC13 磁芯（图 1-37）。现在 LED 日光灯大多数选用半铝半 PV 塑料的灯管，以帮助 LED 光源散热。工字磁芯电感器的磁路是开放的，当使用工字磁芯电感器的电源驱动板进入半铝半 PV 塑料灯管时，由于金属铝能使其磁路发生变化，往往会使已调试好的电源驱动板输出电流变小。

图 1-37 EPC13 磁芯

7. 续流二极管

续流二极管 D_5 一定要选用快速恢复二极管，它要跟上 MOS 管的开关周期。如果在此使用 1N4007，那么在工作时会被烧毁。此外，续流二极管通过的电流应是 LED 光源负载电流的 1.5～2 倍，本电路要选用 1 A 的快速恢复二极管。

8. PT4107 开关频率设定

PT4107 开关频率的高低决定功率电感 L_3 和输入滤波电容器 C_1、C_2、C_3 的大小。如果开关频率高，则可选用更小体积的电感器和电容器，但 Q_1 MOSFET 管的开关损耗也将增大，导致效率下降。因此，对 AC 220 V 的电源输入来说，50 kHz ～ 100 kHz 是比较适合的。PT4107 开关频率设定电阻 R_5 计算公式如下：

$$f = \frac{25\ 000}{R}(\text{kHz}) \tag{1-5}$$

$$R = \frac{25\ 000}{f}(\text{k}\Omega) \tag{1-6}$$

当 $f = 50$ kHz 时，$R_5 = 500$ kΩ。

9. MOSFET 管的选择

MOSFET 管 Q_1 是本电路输出的关键器件。首先，它的 RDS（ON）要小，这样它工作时本身的功耗就小。另外，它的耐压要高，这样在工作中遇到高压浪涌不易被击穿。

在 MOSFET 的每次开关过程中，采样电阻 $R_6 \sim R_9$ 上将不可避免地出现电流尖峰。为避免这种情况发生，芯片内部设置了 400 ns 的采样延迟时间。因此，传统的 RC 滤波器可以被省去。在这段延迟时间内，比较器将失去作用，不能控制 GATE 引脚的输出。

10. 电流采样电阻

电阻 R_6、R_7、R_8、R_9 并联作为采样电阻，这样可以减小电阻精度和温度对输出电流的影响，并且可以方便地改变其中一个或几个电阻的阻值，达到修改电流的目的。建议选用千分之一精度、温度系数为 50×10^{-6} 的 SMD（1206）1/4 W 电阻。电流采样电阻 $R_6 \sim R_9$ 的总阻值设定和功率选用，要按整个电路的 LED 光源负载电流为依据来计算。

$$R_{(6\sim9)} = 0.275/I_{\text{LED}} \tag{1-7}$$

$$P_{R(6-9)} = I_{\text{LED}}^2 \times R_{(6\sim9)} \tag{1-8}$$

10. 电解电容器

LED 光源是一种长寿命光源，理论寿命可达 50 000 h。若应用电路设计不合理、电路元器件选用不当、LED 光源散热不好，都会影响它的使用寿命。特别是在驱动电源电路里，作为 AC/DC 整流桥的输出滤波器的电解电容器，它的使用寿命在 5 000 h 以下，这就成了制造长寿命 LED 灯具的拦路虎。本电路设计使用了 C_1、C_2、C_4、C_5、C_7 多个铝电解电容器。

铝电解电容器的寿命与使用环境温度有很大关系，环境温度升高，电解质的损耗加快，环境温度每升高 6 ℃，电解电容器寿命就会减少一半。LED 日光灯管内温度因空气不易流动，如电源驱动板设计不合理，管内温度会比较高，电解电容器的寿命因此大打折扣。若选用固态电解电容器，可以大大延长整机寿命，但会导致成本上升。

应用 PT4107 可以设计以多个 0.06 W LED 光源串并联为负载的，电压输入为 AC 110 V 或 AC 220 V 的 T10、T8、T5 的 LED 日光灯方案，以及类似应用的吸顶灯、满天星灯、野外照明工作灯、球泡灯等，也可设计以高亮度 1 W WLED 光源串联为负载的 LED 庭园灯、LED 路灯、LED 隧道灯。

实训练习

1. 目前，新一代的 LED 日光灯发光灯条上使用的是从 0.06 W 到 1 W，显示颜色为纯白、青白、暖白、冷白的贴片 LED _____ 光源。

2. 在交流电源输入端，一般需要增加_____个电容来抑制 EMI 传导干扰。

3. LED 日光灯管的主要组成部件有总成、_____和电源板。

4. NTC 热敏电阻器是一种以过渡金属氧化物为主要原材料，采用电子陶瓷工艺制成的热敏陶瓷组件，它的电阻值随温度的升高而_____。

5. 在交流电源输入端，一般需要增加由共轭电感、X 电容和 Y 电容组成的_____，以增加整个电路抗 EMI 的效果，滤除掉传导_____和辐射噪声。

1.5　计算机电源

有别于前面所讲的小功率供电设备，家庭和办公所用的台式计算机则属于中功率供电设备。为了计算机的稳定工作，建议台式计算机的电源输出功率在 250 ~ 300 W 为好。并且，由于计算机工作频率非常高（> 10^9 Hz），因此对电源的品质要求非常苛刻。

计算机是数字运算电路，属于弱电产品。除电源外，其它部件的工作电压比较低，一般在 12 V 以内。计算机的核心部件（CPU 等）集成度非常高，在 486 CPU 芯片之后，一个芯片的集成度已经超多了 1 亿个晶体元件。从第二代奔腾芯片开始，由于 CPU 的运算速度越来越快，Intel 公司为了降低能耗，把 CPU 的电压降到了 3.3 V 以下。为了减少主板产生热量和节省能源，现在的电源直接提供 3.3 V 电压，经主板的电压转换电路变换后用于驱动 CPU、内存等电路。

计算机电源采用的是开关电路，负责将交流市电转为直流，再通过斩波控制电压，将不同的电压分别输出给主板、硬盘、光驱、风扇等计算机部件。

1.5.1　ATX 电源的工作原理

早期的计算机（PC486）使用的是 AT 电源，Intel 在 1997 年 2 月推出 ATX 2.01 标准，和 AT 电源相比，其外形尺寸没有变化，主要是增加了 + 3.3 V 和 + 5 V StandBy 两路输出和一个 PS - ON 信号，输出线改用一个 20 芯线插头给主板供电，如图 1 - 38 所示。

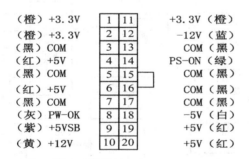

图 1 - 38　ATX 电源输出端子标示

1.5.1.1　ATX 电源的控制信号：+ 5VSB、PS - ON、PW - OK

ATX 开关电源与 AT 电源最显著的区别是，前者取消了传统的市电机械开关，依靠 + 5VSB、PS - ON 控制信号的组合来实现电源的开启和关闭。+ 5VSB 是供主机系统在 ATX 待机状态时的电源，以及开闭自动管理和远程唤醒通信联络相关电路的工作电源，在待机及受控启动状态下，其输出电压均为 5 V 高电平，使用紫色线由 ATX 插头 9 脚引出。

PS - ON 为主机启闭电源或网络计算机远程唤醒电源的控制信号。不同型号的 ATX 开关电源，待机时电压值为 3 V、3.6 V、4.6 V，各不相同。当按下主机面板的 POWER 开关或实现网络唤醒远程开机受控启动后，PS - ON 由主板的电子开关接地，使用绿色线从 ATX 插头 14 脚输入低电平。PW - OK（或 P. G,）是供主板检测电源好坏的输出信号，使用灰色线由 ATX 插头 8 脚引出，待机状态为零电平，受控启动电压输出稳定后为 5 V 高电平。

P. G 信号由电源控制，代表电源电压是否准备好。2.4～6 V，开启状态；0～0.4 V，待命状态。

ATX 电源除了具有自动关机的功能之外，还能够支持系统休眠和 STR（一种新的休眠技术，休眠之后主机和硬盘全被关闭，只对内存供电，从而使内存中的数据不丢失，开机时可瞬间进入操作系统，无需自检过程）。如果利用在线式 UPS 供电，当 UPS 蓄电池电量即将耗尽时还能实现自动报警和关机。

辅助电源 +5VSB 始终是工作的，也就是说计算机在接入交流电以后是待机状态，即使不开启电脑，也会有 5 W 左右的功耗。为实现计算机断电功能，部分 ATX 电源在交流电接入插座下面增加了一个翘板开关。

1.5.1.2 工作原理简述

计算机电源也是采用开关电路。采用开关变换的显著优点是大大提高了电能的转换效率，典型的 PC 电源效率为 70%～75%，而相应的线性稳压电源的效率仅有 50% 左右。

ATX 电源的工作原理框图如图 1 - 39 所示。交流电 220 V 经过"第一、二级 EMI 滤波"后变成较纯净的 50 Hz 交流电，经"全桥整流和滤波"后输出 300 V 的直流电压。

300 V 直流电压同时加到主开关管、主开关变压器、待机电源开关管、待机电源开关变压器。由于此时"主开关管"没有开关信号的驱动，处于截止状态，因此主电源开关变压器上没有电压输出，图中的 - 12 V ～ + 3.3 V 的 5 组直流电压均没有输出。

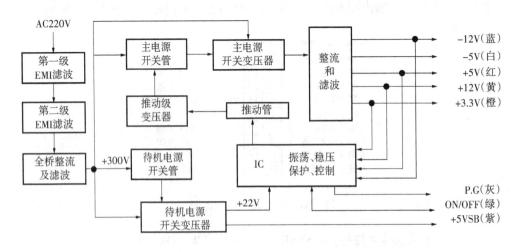

图 1 - 39 ATX 电源工作原理图

在电路中，300 V 直流电加到"待机电源开关管"和"待机电源开关变压器"后，由于待机电源开关管被设计成自激式振荡方式，待机电源开关管立即开始工作，在待机电源开关变压器的次级绕组上输出二组交流电压，经整流滤波后，输出 +5VSB 和 +22 V 电压，+22 V 电压是专门为主控 IC 供电的。+5VSB 电压为待机电压，输出到主板上。ATX 电源应该能够提供 720 mA/ +5VSB 的电流，这样才能与主板配合实现多种软开机功能。

当用户按动机箱面板的 POWER 启动按钮后，主板向电源发出开机信号。此时，PS - ON（绿线）处于低电平，主控 IC 内部的振荡电路立即启动，产生脉冲信号，经 "推动管" 放大后，通过 "推动变压器" 加到主开关管的基极，使主开关管工作在高频开关状态。主开关变压器输出各组电压，经整流、滤波和稳压后，得到各组直流电压，输出到电脑主板，但此时主板上的 CPU 仍未启动。为保证 CPU 芯片的计算准确性，必须等到 +5 V 的电压从零上升到 95% 后，即 IC 检测到的 +5 V 电平上升到 4.75 V 时，IC 发出 P. G 信号，使 CPU 启动，电脑才进入正常工作状态。在系统关机时，由于 PS - ON 处于高电平，IC 内部立即停止振荡，主开关管因没有脉冲信号的驱动而停止工作，−12 ～ +3.3 V 的各组电压随之降至为零，电脑系统关机，电源处于待机状态。

表 1 - 2 所示为某品牌 ATX 电源电压、电流的标称值。

表 1 - 2　ATX 电源各档电压与输出电流标称值

电源型号	+3.3 V	+12 V	−12 V	+5 V	−5 V	+5 VSB
ATX - 315 标准版	12 A	4.5 A	0.5 A	12 A	0.5 A	1 A
ATX - 325 普通黄金版	15 A	10 A	0.5 A	25 A	0.5 A	1 A
ST - ATX - 320 沙漠之舟宽频电源	14 A	8 A	0.5 A	20 A	0.5 A	2 A
ST - ATX - 325 冷房黄金版	15 A	10 A	0.5 A	25 A	0.5 A	1 A
ST - ATX - 330 冷房钻石版	28 A	10 A	0.8 A	30 A	0.5 A	3 A

附：电源各输出电压的用途（ +3.3 V 和 +5VSB 已在前面述及）

+5 V：用于驱动除磁盘、光盘驱动器电机以外的大部分电路。包括磁盘、光盘驱动器的控制电路。

+12 V：用于驱动磁盘驱动器电机、散热风扇，或通过主板的总线槽来驱动其它板卡。在最新的 P4 系统中，由于 P4 处理器对能源的需求很大，电源专门增加了一个 4PIN 的插头，提供 +12 V 电压给主板，经主板变换后提供给 CPU 和其它电路。所以 P4 结构的电源 +12 V 输出较大，P4 结构电源也称为 ATX12V。

−12 V：主要用于某些串口电路，其放大电路需要用到 +12 V 和 −12 V，通常输出小于 1 A。

−5 V：在较早的 PC 中用于软驱控制器及某些 ISA 总线板卡电路，通常输出电流小于 1 A。在许多新系统中已经不再使用 −5 V 电压，现在的某些形式电源一般不再提供 −5 V 输出。

电压允许的动态范围：电源输出的正电压，合理的波动范围在 −5% ～ +5% 之内，而负电压的合理波动范围在 −10% ～ +10%。

+5 V：4.75 ～ 5.25 V；　+3.3 V：3.14 ～ 3.46 V；　+12 V：11.4 ～ 12.6 V

−5 V：−4.5 ～ −5.5 V；　−12 V：−10.8 ～ −13.2 V

计算机电源对输出电压的稳定性要求非常高。电路中，高压直流到低压多路直流的DC - DC 变换过程，由脉冲宽度自动控制单元和功率转换单元等组成，ATX 电源的核心技术依然采用的是脉宽调制（PWM）电路，下面对各单元电路逐一分析。

1.5.2 单元电路分析

ATX 电源的参考电路如图 1 - 40 所示，可以看到其电路结构较为复杂。但整个电路通常可以分成两大部分：一部分为开关变压器 T_3 以后的电路，不和交流 220 V 直接相连，称为低压侧电路；另一部分为从电源输入到开关变压器 T_3 之前的电路（包括辅助电源的原边电路），该部分电路和交流 220 V 电压直接相连，触及会受到电击，称为高压侧电路。二者通过 C_2、C_3、高压瓷片电容构成回路，以消除静电干扰。

ATX 电源的功能电路有：交流输入整流滤波电路、脉冲半桥功率变换电路、辅助电源电路、脉宽调制控制电路、PS - ON 和 PW - OK 产生电路、自动稳压与保护控制电路、多路直流稳压输出电路。

1. EMI 滤波电路

EMI 滤波器处于交流输入部分（图 1 - 41），主要作用是滤除外界电网的高频脉冲对电源的干扰，同时也起到减少开关电源本身对外界的电磁干扰作用。实际上它是利用电感和电容的特性，使频率为 50 Hz 左右的交流电可以顺利通过滤波器，但高于 50 Hz 的高频干扰杂波被滤波器滤除，故 EMI 滤波器又称为低通滤波器。EMI 滤波电路如下：C_1 和 L_1 组成第一级 EMI 滤波，C_2、C_3、C_4 与 L_2 组成第二级滤波。

在优质电源中，都有两道 EMI 滤波电路，其中一路在电源插座处，另外一路在电源的PCB 板上（也有把两道 EMI 滤波电路都做在 PCB 板上）。这两道 EMI 电路，可以很好地滤除电网中的高频杂波和同相干扰电流，同时把电源中产生的电磁辐射削减到最低限度，使泄漏到电源外的电磁辐射量不至于对人体或其它设备造成不良影响。

2. 桥式整流和滤波

整流电路如图 1 - 42 所示，电路结构目前有两种形式，一种是用四个二极管组成桥式整流电路；另一种是将四个二极管封装在一起。两种接法效果都一样，二极管的正向导通电流不小于 1 A，反向击穿电压不小于 700 V。

高压部分的滤波主要由电容组成，一般有两个电容：200 W 电源，电容≥330 μF；250 W 电源，电容≥470 μF；300 W 电源，电容≥680 μF。参考电路如图 1 - 42，L_1 和 C_3 组成无源 PFC（功率因数校正）电路，C_1、C_2 为滤波电容。

市面上的劣质电源使用小容量的滤波电容，以降低成本，如 200 W 只用 220 μF，300 W 只用 470 μF，甚至使用旧电容；PFC 电感量不足或省掉 PFC。

3. PFC 电路

目前 PFC 电路有两种方式：无源 PFC（被动式 PFC）和有源 PFC（主动式 PFC）。

1）无源 PFC

通过一个笨重的工频电感来补偿交流输入的基波电流与电压的相位差，强逼电流与电压相位一致。无源 PFC 效率较低，一般只有 65%～70%，且所用工频电感又大又笨重，但由于其成本低，许多 ATX 电源都采用这种方式。

2）有源 PFC

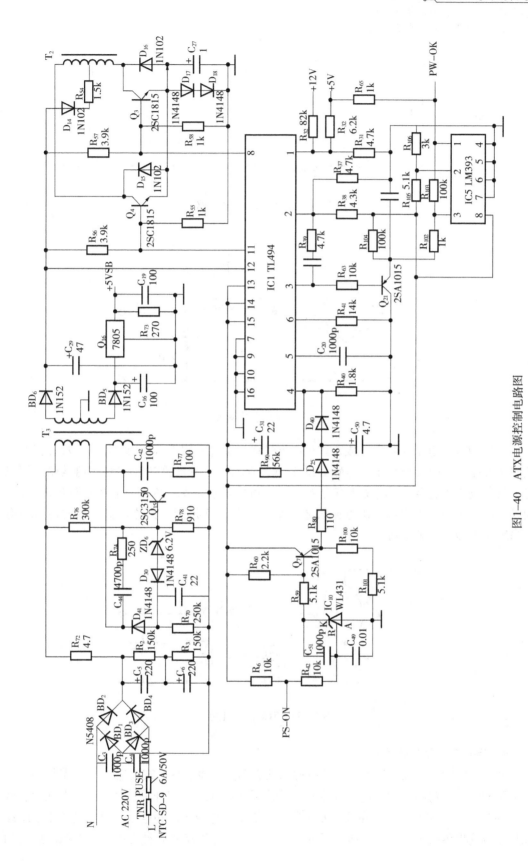

图1-40 ATX电源控制电路图

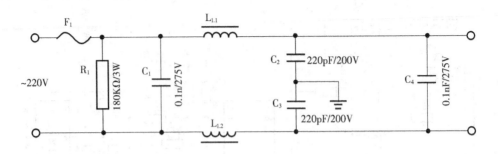

图 1 – 41　二级 EMI 滤波电路

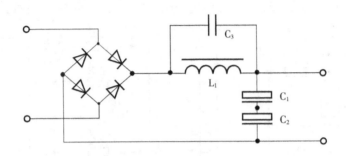

图 1 – 42　整流与滤波电路

有源 PFC 由电子元器件组成，体积小重量轻，通过专用的 IC 去调整电流波形的相位，效率大大提高，达 95% 以上，电路如图 1 – 43 所示。采用有源 PFC 的电源通常输入端只有一只高压滤波电容，同时由于有源 PFC 本身可作辅助电源，因而可省去待机电源电路，而且采用有源 PFC 的电源输出电压纹波极小。但由于有源 PFC 成本较高，因此通常只有在高级应用场合才能见到。

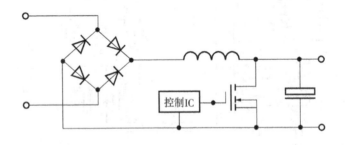

图 1 – 43　有源 PFC 电路

4. 开关三极管与开关变压器

开关三极管和开关变压器是开关电源的核心部件，通过自激式或它激式（需要一个独立的脉冲信号振荡器，ATX 电源的主开关管采用这种方式）使开关三极管工作在饱和、截止（即开、关）状态，从而在开关变压器的副绕组上感应出高频电压，再经过整流、滤波和稳压后输出各路直流电压。所以开关三极管和开关变压器的质量直接影响电源的质量和使用寿命，尤其是开关三极管，工作在高反压状态下，没有足够的保护电路，很容易击穿烧毁。开关三极管的控制电路在后面将专门介绍。

5. 稳压和保护电路

稳压电路通常是从电源输出端的输出电压取样出部分电压与标准电压作比较，比较出的差值经过放大后去调节开关管的占空比（频率 f = 占空比 δ/脉冲宽度 t），从而达到电压的稳定。保护电路的作用是通过检测各端输出电压或电流的变化，当输出端发生短路、过压、过流、过载、欠压等现象时，保护电路动作，切断开关管的激励信号，使开关管停振，输出电压和电流为零，起到功率转换电路的保护作用。稳压、保护、振荡电路、控制电路均集成在一块 IC 上。

关于保护电路的设计参考：

（1）输入端过压保护：可在电源的高压滤波电路边上，设置两个压敏电阻，其耐压值为 270 V，当市电电压超过 270 V 时，压敏电阻就会被击穿，从而保护电源其它电路以及电脑配件的安全。

（2）输入端过流保护：可在第二道 EMI 滤波电容旁边，设置一根保险丝，当瞬间电流非常大时，保险丝就会熔断，从而保护电源和电脑。

（3）输出端过流保护：过电流会损伤电源和配件。可设置两根细导线连接控制电路部分和驱动变压器，当控制电路监测到输出端有过大的电流时，通过导线反馈到驱动变压器，驱动变压器就会相应动作，关断电源的输出。

（4）输出端过压保护：输出端输出过高的电压，会对电脑配件造成致命的损害，因此防止输出过压是非常重要的功能。可设置一块 IC（355）电路于输出端的控制电路中，添加稳压管做基准电压。当比较器检测到的输出电压与基准电压偏差较大时，稳压管就会对电压进行调整。

（5）输出端过载保护：电源是能量的转换设备，而不像电池只能存储能量，因此其输出不受额定功率的限制，比如额定 150 W 的电源，可以提供 200 W 甚至更高的功率，但此时输出电压将出现很大的波动，跌出正常的 5% 的范围，并且产生的热量甚至可以烧毁电源内的大功率器件，因此不设过载保护的电源是危险的。过载保护的机理与过流保护一样，也是由控制电路和驱动变压器进行的。

（6）输出端短路保护：输出端短路时，设置的集成电路 LM339N 的比较器会侦测到电流的变化，并通过驱动变压器、PWM 关断开关管的输出。

1.5.3 控制电路分析

ATX 开关电源的核心是控制电路。电路按其组成功能分为：辅助电源电路、脉宽调制控制电路、PS – ON 和 PW – OK 产生电路、自动稳压与保护控制电路。

1. 辅助电源电路

ATX 开关电源的辅助电源为开关电源的控制电路提供工作电压。市电经高压整流、滤波，输出约 300 V 直流脉动电压，一路（图 1 – 40）经 R_{72}、R_{76} 至辅助电源开关管 Q_{15} 基极，另一路经 T_3 开关变压器的初级绕组加至 Q_{15} 集电极，使 Q_{15} 导通。T_3 反馈绕组的感应电势（上正下负）通过正反馈支路 C_{44}、R_{74} 加至 Q_{15} 基极，使 Q_{15} 饱和导通。反馈电流通过 R_{74}、R_{78}、Q_{15} 的 b、e 极等效电阻对电容 C_{44} 充电，随着 C_{44} 充电电压增加，流经 Q_{15} 基极的电流逐渐减小，T_3 反馈绕组感应电势反相（上负下正），与 C_{44} 电压叠加至 Q_{15} 基极，Q_{15} 基极电位变负，开关管迅速截止。

Q_{15} 截止时，ZD_6、D_{30}、C_{41}、R_{70} 组成 Q_{15} 基极负偏压截止电路。反馈绕组感应电势的正端经 C_{41}、R_{70}、D_{41} 至感应电势负端形成充电回路，C_{41} 负极负电压，Q_{15} 基极电位由于 D_{30}、ZD_6 的导通，被钳位在比 C_{41} 负电压高约 6.8 V（二极管压降和稳压值）的负电位上。同时正反馈支路 C_{44} 的充电电压经 T_3 反馈绕组，R_{78}，Q_{15} 的 b、e 极等效电阻，R_{74} 形成放电回路。随着 C_{41} 充电电流逐渐减小，U_b 电位上升，当 U_b 电位增加到 Q_{15} 的 b、e 极的开启电压时，Q_{15} 再次导通，又进入下一个周期的振荡。

Q_{15} 饱和期间，T_3 二次绕组输出端的感应电势为负，整流管截止，流经一次绕组的导通电流以磁能的形式储存在 T_3 辅助电源变压器中。当 Q_{15} 由饱和转向截止时，二次绕组两个输出端的感应电势为正，T_3 储存的磁能转化为电能经 BD_5、BD_6 整流输出。其中 BD_5 整流输出电压供 Q_{16} 三端稳压器 7805 工作，Q_{16} 输出 +5VSB。若该电压丢失，主板就不会自动唤醒 ATX 电源启动。BD6 整流输出电压供给 IC_1 脉宽调制 TL494 的 12 脚电源输入端，该芯片的 14 脚输出稳压 5 V，提供 ATX 开关电源控制电路所有元件的工作电压。

2. PS - ON 和 PW - OK 控制信号

1）PS - ON 控制信号

PS - ON 信号控制 IC_1 的 4 脚死区电压，待机时，主板启闭控制电路的电子开关断开，PS - ON 信号高电平 3.6 V，IC_{10} 精密稳压电路 WL431 的 U_r 电位上升，U_k 电位下降，Q_7 导通，稳压 5 V 通过 Q_7 的 e、c 极，R_{80}、D_{25} 和 D_{40} 送入 IC_1 的 4 脚，当 4 脚电压超过 3 V 时，封锁 8、11 脚的调制脉宽输出，使 T_2 推动变压器、T_1 主电源开关变压器停振，停止提供 +3.3 V、±5 V、±12 V 的输出电压。

受控启动后，PS - ON 信号由主板启闭控制电路的电子开关接地，IC_{10} 的 U_r 为零电位，U_k 电位升至 +5 V，Q_7 截止，c 极为零电位，IC_1 的 4 脚低电平，允许 8、11 脚输出脉宽调制信号。IC_1 的输出方式控制端 13 脚接稳压 5 V，脉宽调制器为并联推挽式输出，8、11 脚输出相位差 180° 的脉宽调制控制信号，输出频率为 IC_1 的 5、6 脚外接定时阻容元件的振荡频率的一半，控制 Q_3、Q_4 的 c 极所接 T_2 推动变压器初级绕组的激励振荡，T_2 次级它激振荡产生的感应电势作用于 T_1 主电源开关变压器的一次绕组，二次绕组的感应电势经整流形成 +3.3 V、±5 V、±12 V 的输出电压。

推动管 Q_3、Q_4 发射极所接的 D_{17}、D_{18} 以及 C_{17} 用于抬高 Q_3、Q_4 发射极电平，使 Q_3、Q_4 基极有低电平脉冲时能可靠截止。C_{31} 用于通电瞬间封锁 IC_1 的 8、11 脚输出脉冲，ATX 电源带电瞬间，由于 C_{31} 两端电压不能突变，IC_1 的 4 脚出现高电平，8、11 脚无驱动脉冲输出。随着 C_{31} 的充电，IC_1 的启动由 PS - ON 信号控制。

2）PW - OK 控制信号

PW - OK 产生电路由 IC_5 电压比较器 LM393、Q_{21}、C_{60} 及其周边元件构成。待机时 IC_1 的反馈控制端 3 脚为低电平，Q_{21} 饱和导通，IC_5 的 3 脚正端输入低电位，小于 2 脚负端输入的固定分压比，1 脚低电位，PW - OK 向主机输出零电平的电源自检信号，主机停止工作，处于待命休闲状态。受控启动后 IC_1 的 3 脚电位上升，Q_{21} 由饱和导通进入放大状态，e 极电位由稳压 5 V 经 R_{104} 对 C_{60} 充电来建立，随着 C_{60} 充电的逐渐进行，IC_5 的 3 脚控制电平逐渐上升，一旦 IC_5 的 3 脚电位大于 2 脚的固定分压比，经正反馈的迟滞比较器，1 脚输出高电平的 PW - OK 信号。该信号相当于 AT 电源的 P. G 信号，在开关电源输出电压稳定后再延迟几百毫秒由零电平起跳到 +5 V，主机检测到 PW - OK 电源完好的信号后启动系统。在主机运行过程中若遇市电掉电或用户关机时，ATX 开关电源 +5 V 输出端电压必下跌，这种幅值变小的反馈信号被送到 IC$_1$ 组件的电压取样放大器同相端 1 脚后，将引起如下的连锁反应：使 IC$_1$ 的反馈控制端 3 脚电位下降，经 R$_{63}$ 耦合到 Q$_{21}$ 的基极，随着 Q$_{21}$ 基极电位下降，一旦 Q$_{21}$ 的 e、b 极电位达到 0.7 V，Q$_{21}$ 饱和导通，IC$_5$ 的 3 脚电位迅速下降，当 3 脚电位小于 2 脚的固定分压电平时，IC$_5$ 的输出端 1 脚将立即从 5 V 下跳到零电平，关机时 PW - OK 输出信号比 ATX 开关电源 +5 V 输出电压提前几百毫秒消失，该信号通知主机触发系统在电源断电前自动关闭，防止突然掉电时硬盘磁头来不及移至着陆区而划伤硬盘。

3. 自动稳压控制电路

自动稳压控制电路即脉宽调制电路。IC$_1$ 的 1、2 脚电压取样放大器正、负输入端，取样电阻 R$_{31}$、R$_{32}$、R$_{33}$ 构成 +5 V、+12 V 自动稳压电路。当输出电压升高时（+5 V 或 +12 V），由 R$_{31}$ 取得采样电压送到 IC$_1$ 的 1 脚和 2 脚基准电压相比较，输出误差电压与芯片内锯齿波产生电路的振荡脉冲在 PWM 比较器进行比较放大，使 8、11 脚输出脉冲宽度降低（即占空比减小），输出电压回落至标准值的范围内；反之稳压控制过程相反，从而使开关电源输出电压稳定。IC$_1$ 的电流取样放大器负端输入 15 脚接稳压 5 V，正端输入 16 脚接地，电流取样放大器在脉宽调制控制电路中没有使用。

4. 关于温度控制

电脑电源的转换效率通常在 70% ~ 80% 之间，这就意味着相当一部分能量将转化为热量，热量积聚在电源中如不能及时散发，会使电源局部温度过高，从而对电源造成损害。一些电源设计了温控电路，散热片附近的温度探头会检测电源内部温度，并智能地调整风扇转速，对电源内部温度进行控制。

电源的散热风扇不仅可以冷却电源内部元件，而且可以起到冷却整个计算机系统的作用，但要定期清洁，如果使用中感觉风扇噪声变大，应清理风扇及周边的灰尘（或换一个质量好的风扇），以提高电源工作时的稳定性。

1.5.4　电源的性能指标

在设计或购买电源时要注意电源功率大小、交流输入电压和直流输出电压等详细指标。此外，还要注意一下电源的认证情况，进口电源还标有国际认证的 FCC A 和 FCC B 标准，在国内也有国标 A（工业级）和国标 B 级（家用电器级）标准。

1. 电源的功率

电源能够输出的功率，与开关管、开关变压器、电源的散热设计等都有关系，其中，开关管是关键部件。三极管输出电流越大、内阻越小，电源输出的功率就会越大。使用两个 KSE13007 三极管作为开关管，采用 TO - 220 的封装，个头较小，使用这种元件的电源，其输出功率范围在 200 ~ 250 W；而使用 TO - 03 封装的 2SC2625 三极管的电源可以提供 250 ~ 300 W 的输出功率，这种三极管的个头要大一些，可以通过三极管外形快速地区分电源最大输出功率。还有很多电源采用 13009 三极管，通常用在 250 ~ 300 W 的电源上。

2. 电压的波动

电压的波动与电源的负载有很大关系，随着硬件数量的增加，耗电量也随之增加，电源各个输出端的输出电流也会明显增加，而电源固有的内阻将会损耗掉部分能量而导致输出电压逐渐降低，当负载超过电源的限度时其输出电压就会产生明显的下降。

为了保证输出电压的稳定，ATX 电源内部设计了一套补偿电路，能够根据输出电压下跌的幅度自动进行补偿以抵消输出电压的下降，但通常 ATX 电源并没有为每一路输出电压提供单独的稳压电路，而是同时补偿。比如 +3.3 V、+5 V 和 +12 V 中的 +5 V 因为负载太大而导致输出电压开始下降，电源会同时增加这三路的输出电压，并不会单独对 +5 V 进行控制，其结果必然导致 +3.3 V 和 +12 V 的输出电压过度补偿而超过额定的电压，当电源设计欠佳或输出功率不足时，这种特有的现象就更加明显。

系统 BIOS 显示的电压以及一些检测软件检测的电压，往往与实际电压并不完全相等，而是存在着一定的误差，而且这种误差随着负载的增加而逐渐加大。所以主板监控到的电压高低只是一个参考，还是使用万用表测量更加准确。

> 3C 认证，就是中国强制性产品认证制度，英文名称 China Compulsory Certification，缩写 CCC。它是中国政府为保护消费者人身安全和国家安全、加强产品质量管理，依照法律法规实施的一种产品合格评定制度。

ATX 电源检修判别方法简介

检修 ATX 开关电源，从 +5VSB、PS – ON 和 PW – OK 信号入手来定位故障区域，是快速检修中行之有效的方法。脱机带电检测 ATX 电源，首先测量在待机状态下的 PS – ON 和 PW – OK 信号，前者为高电平，后者为低电平，除插头 9 脚输出 +5VSB 外，不输出其它电压。

其次是将 ATX 开关电源人为唤醒，用一根导线把 ATX 插头的 14 脚 PS – ON 信号，与任一地端（3、5、7、13、15、16、17）中的一脚短接，这一步是检测的关键。加电后，可将 ATX 电源由待机状态唤醒为启动受控状态，此时 PS – ON 信号为低电平（接地），PW – OK、+5VSB 信号为高电平，ATX 插头 +3.3 V、±5 V、±12 V 有输出，开关电源风扇旋转。

实训练习

1. ATX 主要增加了 +3.3 V 和 +5 V SB 两路输出和一个_____信号。

2. ATX 电源的输出线改用一个_____芯线插头给主板供电，

3. PW – OK（或 P. G）是供主板检测电源_____的输出信号。

4. ATX 电源的人为唤醒，可将一根导线把电源插头的_____脚 PS – ON 信号与地短接。

5. 简述如何识别一个未知好坏的 ATX 电源。

1.6 变频技术与应用

变频器以其优越的调速和起保停①性能、高效率、高功率因数与显著的节电效果而广泛应用于大、中型交流电机，如电力机车、电动汽车、电梯、工矿企业的动力变速设备等，被公认为是最有发展前途的调速控制设备。甚至在生活中的空调、冰箱、洗衣机、微波炉、电饭煲等也不乏它的身影。

变频器（variable-frequency drive，VFD）是应用变频技术与微电子技术，通过改变电机工作电源频率的方式来控制交流电动机的电力控制设备。变频器主要由整流（交流变直流）、滤波、再次整流（直流变交流）、制动单元、驱动单元、检测单元、微处理单元等组成。通过改变电源的频率来达到改变电源电压的目的；根据电机的实际需要提供其所需要的电源电压和频率，进而达到节能、调速的目的。另外，变频器还有很多的保护功能，如过流保护、过压保护、过载保护等等。随着工业自动化程度的不断提高，变频器也得到了非常广泛的应用。

1.6.1 变频空调电气控制基本原理

近年来，耳熟能详的变频技术应用当属"变频空调"，因其具有节能、低噪声、较高的温控精度及快速的调温速度等优点被炒得炙热。现以美的变频空调器的典型电气控制电路为例，分析其工作原理。

普通家用空调的制冷能力随着室外温度的上升而下降，而家用变频空调通过压缩机转速的变化，可以实现制冷量随室外温度的上升而上升、下降而下降，这样就实现了制冷量与房间热荷的自动匹配，改善了舒适性，也节省了电力。

变频空调系统包括制冷系统和控制系统（图1-44）。制冷系统由室内机和室外机组成，两者之间通过制冷剂管道和通信线连接起来；室外制冷系统由变频压缩机、四通阀、电子膨胀阀、室内换热器、室外换热器和外风机等组成，其中压缩机为三相异步交流电机。控制系统包括室外控制电路和室内控制电路，室外控制电路的主要组成部分包括室外电源板和变频模块板，室内控制电路的主要组成部分包括遥控器、室内主控板、室内显示板。

1.6.2 变频空调器控制电路分析

美的系列变频空调器的电气控制原理大致相同，此处以美的系列 KFR-32GW/BPY 变频空调器为例分析控制电路基本原理。

1. 室内机控制电路分析

美的 KFR-32GW/BPY 变频空调器的室内机主芯片采用东芝公司的产品 MP275028，其控制电路如图1-45所示。市电220 V 经 T_1、B801 整流，集成稳压块 7805 输出 +12 V 直流电，供各种继电器等执行电路使用，稳压质量较低的 +12 V 直流电再经 C_{21}、C_{11} 滤波

①起动、保持、停止控制电路简称起保停电路。

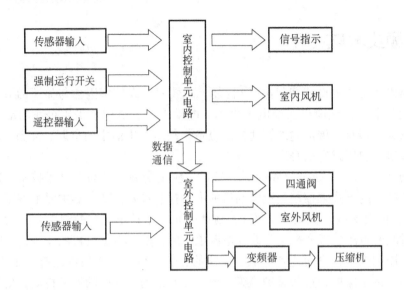

图 1-44　变频式空调器电气控制系统结构框图

供给 IC_3 集成块 7812，输出质量高的 +5 V 直流电供给主芯片使用。主芯片的 5 脚为蜂鸣器驱动信号，输出低电平有效。14 脚、15 脚与 X_1 晶体振荡器产生 4.19 MHz 的主频振荡信号，作为空调器内的时钟频率发生器计时。

13 脚为主芯片的复位输入，通过 IC_5 在开始状态产生低电位信号给主芯片复位，在正常工作时为 +5 V。放置于蒸发器表面的热敏电阻和冷凝器出口的热敏电阻感测温度变化之后产生阻值变化，通过 TC 与 TA 等电流互感器的电磁感应，转换为较大的电流变化，再经集成运放电路 CN03、CN01 处理，进入主芯片的 24 脚、25 脚的温度传感器接口作为外部输入信号，33 脚为室内机转速检测接口，风机（FAN）的转速通过 R_{28} 反馈到主芯片作出相应的判断。

39 脚为室内风机驱动信号，当外部输入改变风机速度的驱动信号时，IC_4 中的双向晶闸管导通，39 脚电位改变。36 ~ 43 脚为导风板驱动信号，通过 N_3 反相器为步进电动机 M_1 提供信号。52 脚、53 脚、54 脚、57 脚、58 脚、59 脚为发光二极管驱动输出，低电平有效。其中 52 脚为自动指示灯、53 脚为定时指示灯、54 脚为化霜指示灯、59 脚为经济运行指示灯、57 脚、59 脚为运行指示灯、62 脚、63 脚为通信输入与输出接口。

2．室外机控制电路分析

美的 KFR-32GW/BPY 变频空调器室外机控制电路，主芯片采用具有变频功能特性的专用集成块，其控制电路如图 1-46 所示。

市电 220 V，经变压器 T_3 降压，D83 桥式整流，再经过 IC_7、IC_8、IC_{12} 稳压向主芯片、执行电路及功率模块提供电源。主芯片 AN6 为电流检测输入接口，通过 CT 感应出压缩机状态电流，经 D_6 整流、C_8 滤波向 AN6 提供电流检测信号。12 脚，4 脚为温度传感器接口，通过 TR、TC 把温度变化的电阻值转变为电压变化值，进入主芯片经比较放大，使 CPU 感知室外空气温度及室外热交换的温度。19 脚为复位端口，主芯片工作初始时，由 IC_9 向主芯片提供一个低电平信号，使主芯片复位，正常工作时为 +5 V 电压。17 脚、8

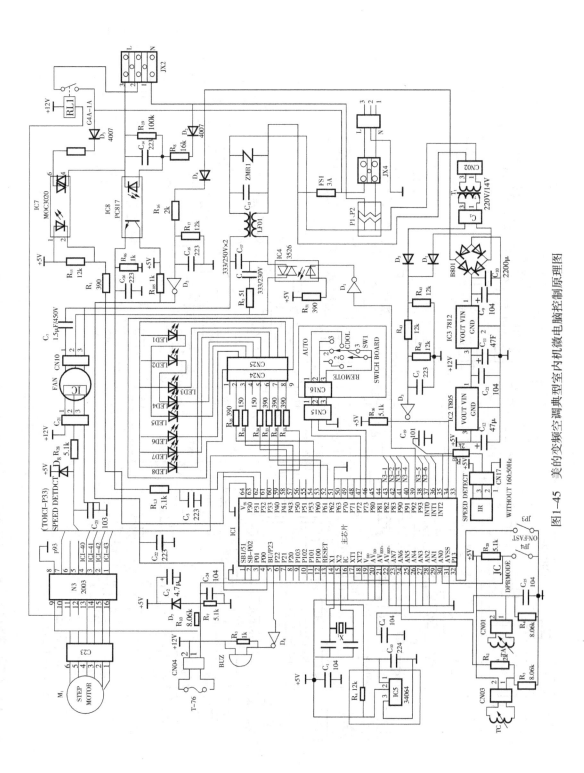

图1-45 美的变频空调典型室内机微电脑控制原理图

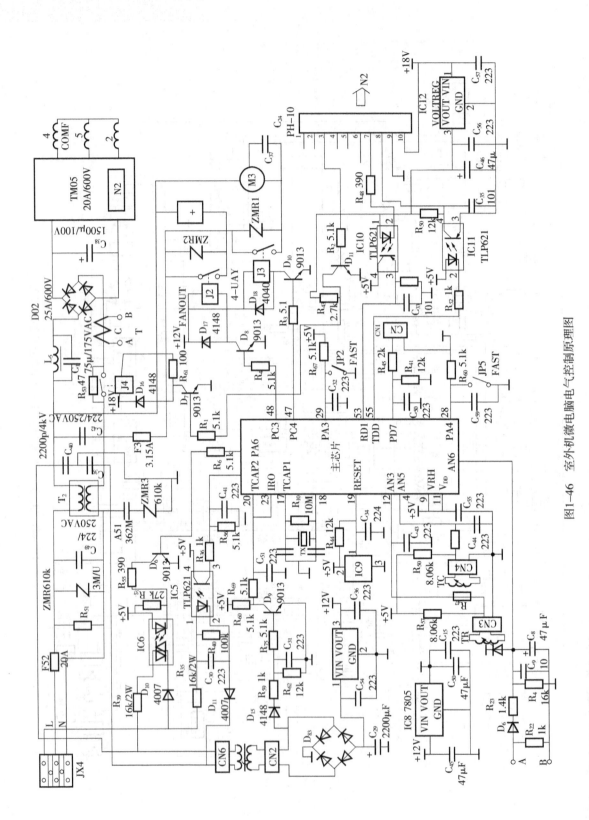

图1-46 室外机微电脑电气控制原理图

脚为外部晶体振荡器接口。20 脚、23 脚为延时输入，低电平有效。

IC$_5$ 为通信信号光耦合器。55 脚向功率模块提供电源开关信号。53 脚为功率模块状态信号接口。J$_3$ 为风扇电动机继电器，J$_2$ 为四通阀继电器。

四通阀工作原理简介：

四通阀（图 1-47）由三个部分组成：先导阀、主阀和电磁线圈。电磁线圈可以拆卸；先导阀与主阀焊接成一体。工作原理为通过电磁线圈电流的通断，来启闭左或右阀塞，从而可以用左、右毛细管来控制阀体两侧的压力，使阀体中的滑块在压力差的作用下左右滑动从而转换制冷剂的流向，达到制冷或制热的目的。

图 1-47　空调四通阀

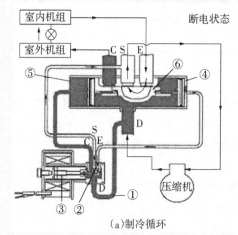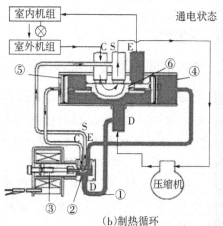

图 1-48　四通阀的工作原理

当电磁线圈处于断电状态时，空调处于制冷循环，气体流动如图 1-48a 所示。先导滑阀（pilotslidevalve）②在压缩弹簧（compressspring）③驱动下左移，高压气体进入毛细管（capillarytube）①后进入活塞腔④，另一方面，活塞腔⑤（pistonchamber）的气体排出，由于活塞两端存在压差，活塞及主滑阀⑥（bodyslidevalve）左移，使 E、S接管相通，D、C 接管相通，于是形成制冷循环。

当电磁线圈处于通电状态时，空调处于制热循环，气体流动如图 1-48b 所示。先导滑阀②在电磁线圈产生的磁力作用下克服压缩弹簧③的张力而右移，高压气体进入毛细管①后进入活塞腔⑤，另一方面，活塞腔④的气体排出，由于活塞两端存在压差，活塞及主滑阀⑥右移，使 S、C 接管相通，D、E 接管相通，于是形成制热循环。

1）压缩机工作过程

压缩机启动时，频率从 0 以 10 Hz/s 速率上升，当升到 60 Hz 时保持运转 1 min，而后再以 2 Hz/s 的速率上升或下降，直到达到目标频率。当压缩机速率下降时，在大于 60 Hz

频率的情况下，以 3 Hz/s 的速率下降到 60 Hz 频率时，再以 2 Hz/s 的速率下降，直至达到目标频率。一般情况下，室外风机与压缩机同时开启，而关闭时压缩机停止 30 s 后室外风机才停止运转。

2）保护装置原理

（1）压缩机高温保护：当压缩机高温保护时，压缩机关闭，30 s 后风机也自动关闭，同时室内机的故障信号指示灯亮。当高温保护解除时，继续按照室内机设置的指令工作。

（2）变频模块超温、过电流或欠电压保护：当变频模块自身保护时，压缩机关闭，2.5 min 后室外机再次启动，如连续四次压缩机启动后，30 s 内变频器保护，检测端口信号为低电平，则 CPU 判断为异常，立即关机不再开机，并通过信号线发送到室内机显示故障。

（3）室外机过电流保护：当室外机检测口检测到电流 > 15 A 时，室外风机、压缩机、四通阀同时关闭，2.5 min 后再次起动。若压缩机连续四次起动后，30 s 内电流再次高于 15 A，则判断为异常，立即关机不再开机，故障信号发送到室内机并显示故障，压缩机再次起动时必须等待 3 min 以后。

1.6.3　变频空调典型故障维修案例

变频空调电路复杂，室内室外控制电路主板上都嵌有微电脑自动控制单元，故在检修分析时，要依据其工作原理，认真检查处理。

1．室外电源主继电器故障造成整机出现 P1 电压过高或过低保护

产品型号：KFR – 72LW/BP2DY – E

故障现象：新装机，开机运行，整机频繁出现 P1 电压过高或过低保护

故障范围：室外电控、PFC 模块、变频模块

故障处理的思路及步骤：

步骤一：查故障代码确定此机显示 P1 是电压过高或过低保护。上门测量用户电源电压，待机状态为 225 V，满足变频空调运行要求（图 1 – 49）。

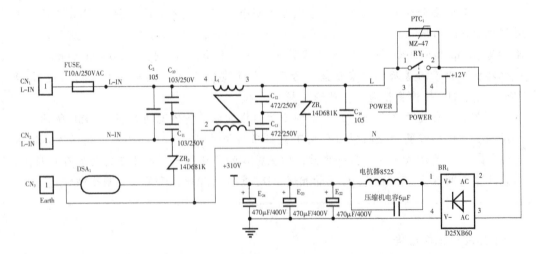

图 1 – 49　变频空调室外机电源电路

步骤二：用万用表检测室外机 L、N 接线端子，室内主板有 225 V 电压输出，当测量模块 P、N 直流 300 V 输入端时发现直流母线电压不稳定，经监测模块 P、N 电压反复地由 300 V 慢慢下降，当降到低于 113 V 时，整机报 P1 电压过高或过低保护，最后模块 P、N 电压为 0 V。过几分钟后，模块 P、N 又有 300 V 直流输入电压。

步骤三：根据此现象，初步判定故障点在室外主电源供电线路，经进一步测试发现室外主电源继电器无吸合，输入端有 220 V 输入，输出端无 220 V 电压，且旁边的 PTC 热敏电阻发热严重，测量继电器绕组阻值为无穷大，线圈开路。将接在主继电器的端子接在另外一端（短接继电器），机器运行稳定，制冷效果很好，当恢复此继电器接线端子为正常安装状态试机时，故障再现，故确定故障点是外机电控板上的主继电器不良。

处理措施：

更换室外机电路板，空调上电运行正常。

2. 室外过欠压检测电路故障导致整机出现 P1 电压过高或过低保护

产品型号：KFR－35GW/BP2DY－M

故障现象：开机运行，整机出现 P1 电压过高或过低保护

故障范围：室外电控、PFC 模块、变频模块

故障处理的思路及步骤：

步骤一：查故障代码确定此机显示 P1 是电压过高或过低保护。上门测量用户电源电压，待机状态为 220 V，满足变频空调运行要求。

步骤二：用万用表检测室外机 L、N 接线端子，室内主板有 225 V 电压输出，模块 P、N 直流母线电压 300 V 输入电压稳定。

步骤三：连接变频空调检测仪，观察变频检测小板的直流母线电压采样的值，将小板查询功能转换至 "Ir341"，小板检测的电压值比用万用表测试的值小 50 V，初步确定故障点在室外电控板电压采样电路上。

处理措施：

更换室外机电路板，空调上电运行正常。

3. KFR－75LW 柜式空调器压缩机不工作

分析与检测：测量电源电压，良好。卸下室外机外壳，测量压缩机启动电容及压缩机线圈均正常，测量室外机控制的电流检测电路的电阻 R_{312}、R_{322}，电阻值参数正常，测量滤波电容 C_{302}，良好；测量整流二极管 D_{305}（图 1－50），正反向电阻值为无穷大，说明已损坏。

维修方法：更换同型号的整流二极管后，故障被排除。

经验与体会：此空调器采用电流感应保护电路保护压缩机，通过 TT_1 来检测压缩机的启动及运转电流，从而在 TT_1 的副绕组上产生一个相对应的感应电压，通过 D_{305} 整流，C_{302} 滤波后输入主芯片 IC_3（HD4073445）的第 12 脚进行电压比较。当压缩机的电流变大时，TT_1 的副绕组所产生的感应电压会升高，输入主芯片 IC_3 的第 12 脚的电压也会升高，当压缩机的电流变大致使主芯片 IC_3 第 12 脚的电压值过高超过程序设定值时，则执行相应保护动作（D_{304} 起钳位作用）。

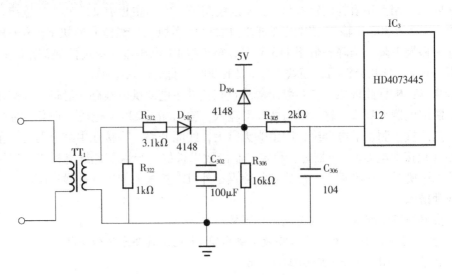

图 1 – 50　美的 KFR – 75LW 柜式空调电流检测电路图

4. KFR-75LW 柜式空调器整机不工作

分析与检测：测量漏电保护器下端口电源电压，良好。卸下室内机外壳，测量电控板的保险熔丝管，良好，测量变压器的次级绕组，有 + 13 V 交流电压输出，测量稳压器 7805 输出端，有 + 5 V 直流电压输出，说明直流电压正常情况，当测量晶振电路电容 C_1 时，发现漏电（图 1 – 51）。

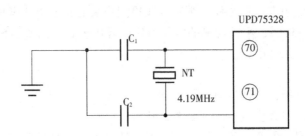

图 1 – 51　美的 KFR-75LW 柜式空调器晶振电路图

维修方法：更换电容 C_1 后，故障被排除。

经验与体会：UPD 的 70 脚为时钟电路的输入脚，71 脚为时钟电路的输出脚，正常工作时，70 脚、71 脚对地电压均在 2.0 ～ 2.6 V 之间，电容 C_1 损坏致使 CPU 无时钟脉冲信号，造成 CPU 不工作。

在维修变频空调的具体工作过程中，应遵循先外后内、先硬件后软件、先电气系统再到制冷系统的顺序，从简单到复杂逐步考虑维修思路，不要一开始就把问题复杂化。维修过程中，尽量把握能不动的就不动、必须动的尽量少动的原则，结合变频空调电气控制线路的基本工作原理，逐点认真分析，故障和问题会展现在我们面前。

※ 变频空调"一定省电"的误区

"变频空调一天只用一度电"，这是司空见惯的广告用语，是真的，也是假的。实现

"一天一度电"的要求是密闭、无热源房间，测试的环境温度是"保持"状态，这样的实验是成立的。表1-3给出的是定频和变频空调参数比较。

表1-3 定频空调与变频空调的性能特点对比

序 号	对比项目	定频空调	变频空调
1	适应负荷的能力	不能自动适应负荷的变化	自动适应
2	温控精度	开/关控制，温度波动范围达2～3 ℃	降频控制，温度波动范围为0.5～1 ℃
3	启动性能	启动电流是额定电流的数倍	软启动，启动电流小
4	节能性	开/关控制，不省电	自动以低频维持，省电达到30%～50%
5	低电压运转性能	180 V下难以运转	在150 V时可正常运转
6	制冷、制热速度	慢	快
7	热/冷量比	小于120%	大于140%
8	低温制热效果	0 ℃以下效果差	可保证－15 ℃时仍能制热
9	化霜性能	差	准确而快速，只需定频空调一半的时间
10	除湿性能	定时开/关控制，除湿时有冷感	低频运转，只除湿不降温
11	负荷运转	无此功能	自动以高频强劲运转
12	保护功能	简单	全面

变频空调是不是真的省电？要看使用时间的长短。变频空调只有长时间不间断使用，其节能效果才会凸显，如果开机时间不长、断断续续，就不省电。因为变频空调启动时的高频运转是靠高能耗来实现的，此时的能效比非常低。按实验室测出的数据来看，如果每天平均使用不到8个小时的话，变频空调的优势根本发挥不出来。从经济的角度看，定频空调的价格不足变频空调的2/3，读者可根据自己的要求选择。

1.6.4 变频调速在电力机车上的应用

电学知识告诉我们，电机的转速与旋转磁场密切相关，当改变交流电的工作频率时，就可以改变电机的旋转速度。在动力机车上使用变频器可以去除沉重的变速箱，运行起来舒适爽快。

1. 变频调速的原理

变频调速是通过改变电机定子绕组供电的频率来达到调速的目的，常用的有三相交流异步电动机，俗称鼠笼型电动机。当在定子绕组上接入三相交流电时，在定子与转子之间的空气隙内产生一个旋转磁场，它与转子绕组产生相对运动，使转子绕组产生感应电势，出现感应电流，此电流与旋转磁场相互作用，产生电磁转矩，使电机转动起来。电机磁场的转速称为同步转速，用n_1表示，

$$n_1 = 60f/p \, (\text{r/min}) \tag{1-9}$$

式中，f为三相交流电源频率，一般为50 Hz；p为磁极对数。

当 $p=1$ 时，$n_1 = 3\,000$ r/min；$p=2$ 时，$n_1 = 1\,500$ r/min。可见磁极对数 p 越大，转速 n_1 越慢。

转子的实际转速 n 比磁场的同步转速 n_1 要慢一点，所以称为异步电机，这个差别用转差率 s 表示：

$$s = \left[(n_1 - n)/n_1 \right] \times 100\% \qquad (1-10)$$

当加上电源但转子尚未转动的瞬间，$n=0$，这时 $s=1$；起动后的极端情况 $n=n_1$，则 $s=0$，即 s 在 $0 \sim 1$ 之间变化。一般异步电机在额定负载下的 $s = 1\% \sim 6\%$。

综合式（1-9）和式（1-10）可以得出：

$$n = 60f(1-s)/p \qquad (1-11)$$

由式（1-11）可以看出，对于成品电机，其磁极对数 p 已经确定，转差率 s 变化不大，则电机的转速 n 与电源频率 f 成正比，因此，改变输入电源的频率就可以改变电机的同步转速，进而达到异步电机调速的目的。

传统的变频器，采用 50 Hz 市电的变频范围是 30 ～ 130 Hz，电压适应范围是 142 ～ 270 V。按照 2015 年的技术水品，调频范围达到 1 ～ 400 Hz，高铁实现 500 km 的时速轻而易举。

2. 电动汽车

矢量变频器（电机控制器）在电动汽车中是将直流动力源转变为交流输出驱动三相电机，进而将电能转变成机械能驱动汽车运行。它是整个电驱动系统的核心部分，因此它控制性能的好坏直接关系到驱动电机能否可靠、高效地运行，会影响到整个车辆的动力性能和乘客的舒适感。

变频器产品应用于电动汽车的主要优点在于：

（1）可靠性：三重过流保护、三重过压保护、三重驱动保护，保证电机控制器可靠稳定运行。

（2）控制策略优越：电机控制器采用矢量控制技术，性能优越，可靠性高，适用于交流异步或永磁同步电机。

（3）大容量输出能力：使得电机输出端无须配备变速箱或减速器，大大地降低了故障点及机械传动系统的噪声，节省成本，控制模式简单，可靠性更高，车辆运行平稳性好。

（4）动力性能优良：加速性能好（15 s 内 0 ～ 50 km/h），更有良好的经济性能（0.9 kW·h/km、40 km/h）。

（5）故障诊断及处理：为提高整车的可靠性，电机控制系统必须有故障诊断功能，并能对故障进行保存，方便日后分析；另外，通过诊断端口可以在线实施调试电机控制器、记录各种运行曲线，方便优化整个控制系统。

（6）高效制动能量回收：充分发挥纯电动汽车动力系统结构优势，提高能源的利用率，电机控制系统须具有制动能量回收功能。

（7）简易性：电机控制器质量可靠，具有重量轻、易于布置、接线维护方便等特点，产业化前景非常好。

1.6.5　变频器工作原理

变频器不能等同于变频电源，变频电源的输出参数比变频器要高得多。变频电源是由整个电路构成"交流→直流→交流→滤波"的变频装置，变频电源是非常接近于理想的交流电源，能提供纯净可靠的、低谐波失真的、高稳定的电压和频率的正弦波电源输出，可以与任何国家的电网电压和频率相匹配。

变频器是由"交流→直流→交流（调制波）"等电路构成的，变频器的标准名称应为变频调速器。其输出电压的波形为脉冲方波，且谐波成分多，电压和频率同时按比例变化，不可分别调整，不符合交流电源的要求。

1. 变频器的结构分析

变频器的电路主要由整流电路、限流电路、滤波电路、制动电路、逆变电路和检测取样电路组成。图 1-52 是其结构图。

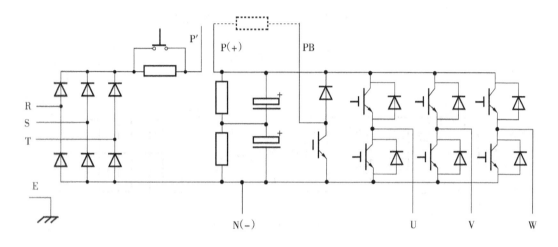

图 1-52 变频器电路结构图

1）驱动电路

驱动电路是将主控电路中 CPU 产生的六个 PWM（脉冲宽度调制）信号，经光电隔离和放大后，为逆变电路的换流器件（逆变模块）提供驱动信号。

对驱动电路的各种要求，因换流器件的不同而异。同时，一些开发商开发了许多适宜各种换流器件的专用驱动模块。有些品牌、型号的变频器直接采用专用驱动模块。但是，大部分的变频器采用驱动电路。图 1-53 是较常见的驱动电路（驱动电路的电源如图 1-54 所示）。

驱动电路由隔离放大电路、驱动放大电路和驱动电路电源组成。三个上桥臂驱动电路是三个独立驱动电源电路，三个下桥臂驱动电路是一个公共的驱动电源电路。

2）保护电路

当变频器出现异常时，为了使变频器因异常造成的损失减少到最小，甚至减少到零。每个品牌的变频器都很重视保护功能，都设法增加保护功能，提高保护功能的有效性。

在变频器保护功能的领域，各厂家的设计电路有所不同，形成了变频器保护电路的多样性和复杂性。有常规的检测保护电路、软件综合保护功能。有些变频器的驱动电路模块、智能功率模块、整流逆变组合模块等，内部都具有保护功能。图 1-55 所示的电路是较典型的过流检测保护电路。由电流取样、信号隔离放大、信号放大输出三部分组成。

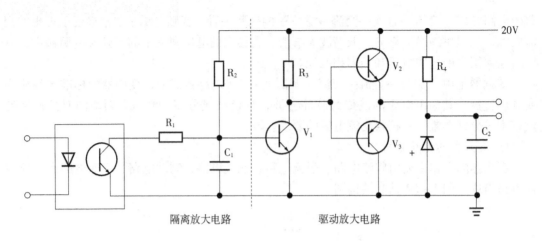

图 1-53 驱动电路

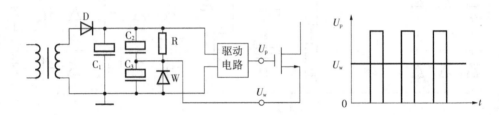

图 1-54 驱动电路的电源供给

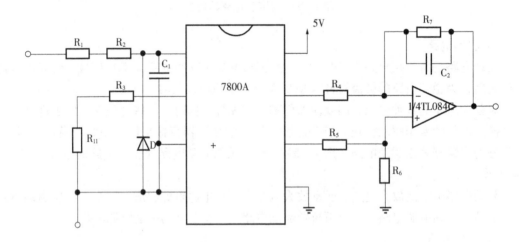

图 1-55 电流检测保护电路（U）相

3）开关电源电路

开关电源电路向操作面板、主控板、驱动电路及风机等电路提供低压电源。图 1-56 所示是富士 G11 型开关电源电路组成的结构图。

直流高压 P 端加到高频脉冲变压器初级端，开关调整管串接脉冲变压器另一个初级端后，再接到直流高压 N 端。开关管周期性地导通、截止，使初级直流电压换成矩形波。由脉冲变压器耦合到次级，再经整流滤波后，获得相应的直流输出电压。再对输出电压取样比较，去控制脉冲调宽电路，以改变脉冲宽度的方式，使输出电压稳定。

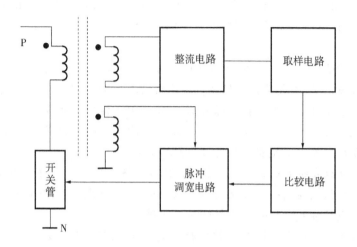

图 1-56　开关电路结构图

4）主控板上通信电路

当变频器由可编程（PLC）或上位计算机、人机界面等进行控制时，必须通过通信接口相互传递信号。图 1-57 是 LG 变频器的通信接口电路。

变频器通信时，通常采用两线制的 RS485 接口。西门子变频器也是一样。两线分别用于传递和接收信号。变频器在接收到信号后传递信号之前，这两种信号都经过缓冲器 A1701、75176B 等集成电路，以保证良好的通信效果。所以，变频器主控板上的通信接口电路主要是指这部分电路，还有信号的抗干扰电路。

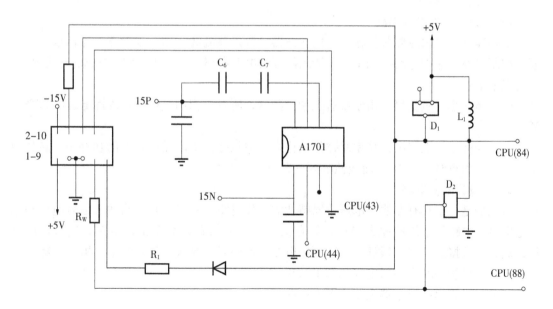

图 1-57　变频器通信接口

注：RS485 通信接口

在工业控制场合，RS485 总线因其接口简单，组网方便，传输距离远等特点而得到广泛应用。RS485 采用差分信号负逻辑，+2～+6 V 表示"0"，-6 V～-2 V 表示"1"。RS485 有两线制和四线制两种接线，四线制是全双工通信方式，两线制是半双工通信方式。

RS485 和 RS232 一样都是基于串口的通信接口，数据收发的操作是一致的，所以使用的是同样 WinCE 的底层驱动程序。但是它们在实际应用中通信模式却有着很大的区别，RS232 接口为全双工数据通信模式，而 RS485 接口的半双工数据通信模式，数据的收发不能同时进行，为了保证数据收发的不冲突，硬件上是通过方向切换来实现的，相应也要求软件上必须将收发的过程严格地分开。

RS485 接口组成的半双工网络一般是两线制，多采用屏蔽双绞线传输。这种接线方式为总线式拓扑结构在同一总线上最多可以挂接 32 个节点。在 RS485 通信网络中一般采用的是主从通信方式，即一个主机带多个从机。

很多情况下，连接 RS485 通信链路时只是简单地用一对双绞线将各个接口的"A""B"端连接起来。RS485 接口连接器采用 DB-9 的 9 芯插头座，与智能终端 RS485 接口采用 DB-9（孔），与键盘连接的键盘接口 RS485 采用 DB-9（针）。

5）外部控制电路

变频器外部控制电路主要是指频率设定电压输入，频率设定电流输入、正转、反转、点动与停止运行控制，以及多挡转速控制。频率设定电压（电流）输入信号通过变频器内的 A/D 转换电路进入 CPU。其它一些控制通过变频器内输入电路的光耦隔离传递到 CPU 中。

2. 变频器电路分析

1）变频器开关电源电路

变频器开关电源主要包括输入电网滤波器、输入整流滤波器、变换器、输出整流滤波器、控制电路、保护电路。图 1-58 所示的开关电源电路，是由 UC3844 组成的开关电路。其特点如下：

（1）体积小，重量轻。由于没有工频变频器，所以体积和重量只有线性电源的 20%～30%。

（2）功耗小，效率高：功率晶体管工作在开关状态，所以晶体管上的功耗小，转化效率高，一般为 60%～70%，而线性电源只有 30%～40%。

2）二极管限幅电路

限幅器是一个具有非线性电压传输特性的运放电路。其特点是：当输入信号电压在某一范围时，电路处于线性放大状态，具有恒定的放大倍数，而超出此范围，进入非线性区，放大倍数接近于零或很低。在变频器电路设计中对其要求很高，熟悉它相当重要。

（1）二极管并联限幅器电路如图 1-59。

（2）二极管串联限幅器电路如图 1-60。

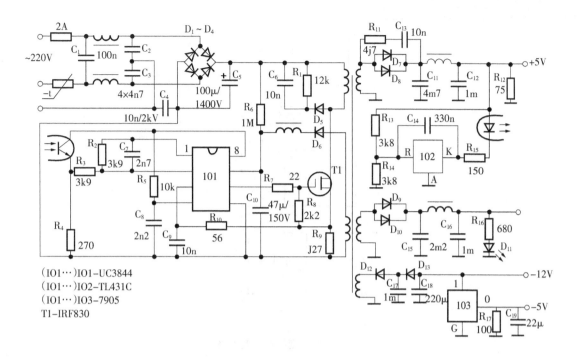

（IO1…）I01-UC3844
（IO1…）I02-TL431C
（IO1…）I03-7905
T1-IRF830

图 1 - 58　UC3844 组成的开关电路

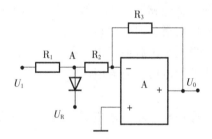

图 1 - 59　二极管与集成运放处于并联状态

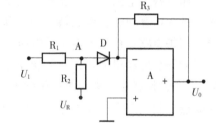

图 1 - 60　二极管与集成运放处于串联状态

3）变频器控制电路组成

如图 1 - 61 所示，控制电路由以下电路组成：频率和电压的运算电路、主电路的电压和电流检测电路、电动机的速度检测电路、将运算电路输出的控制信号进行放大驱动的电路，以及逆变器和电动机的保护电路。

图中虚线内，无速度检测的电路为开环控制。在控制电路上增加了速度检测电路构成闭环控制，增加速度控制指令，可以对异步电动机的速度进行更精确的控制。

（1）运算电路：它将外部的速度、转矩等指令同检测电路的电流、电压信号进行比较运算，决定逆变器的输出电压、频率。

（2）电压、电流检测电路：它们与主回路电位隔离检测电压、电流等。

（3）驱动电路：该电路为驱动主电路器件的电路，它与控制电路隔离使主电路器件导通、关断。

（4）I/O 输入输出电路：为了使变频器更好地人机交互，变频器具有多种输入信号的输入（如运行、多段速度运行等）信号，还有各种内部参数的输出（如电流、频率、保护

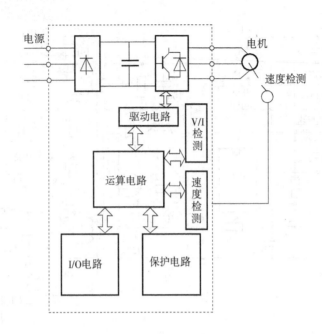

图 1-61　变频器控制电路

动作驱动等）信号。

（5）速度检测电路：以装在异步电动机轴上的速度检测器（TG、PLG 等）的信号为速度信号，送入运算回路，根据指令和运算可使电动机按指令速度运转。

（6）保护电路：检测主电路的电压、电流等，当发生过载或过电压等异常时，为了防止逆变器和异步电动机损坏，使逆变器停止工作或抑制电压、电流值。

3. 逆变器控制电路中的两种保护方式

逆变器控制电路中的保护电路，可分为逆变器保护和异步电动机保护两种，其保护功能介绍如下。

理解其保护功能，首先要了解变频器驱动电路中采用的 HCPL-316J 的特性。HCPL-316J 是由美国 Agilent（安捷伦）公司生产的一种 IGBT 门极驱动光耦合器，其内部集成集电极发射极电压欠饱和检测电路及故障状态反馈电路，为驱动电路的可靠工作提供了保障。其特性为：兼容 CMOS/TYL 电平；光隔离，故障状态反馈；开关时间最大 500 ns；"软" IGBT 关断；欠饱和检测及欠压锁定保护；过流保护功能；宽工作电压范围（15～30 V）；用户可配置自动复位、自动关闭。DSP 与该耦合器结合实现 IGBT 的驱动，使得 IGBT VCE 欠饱和检测结构紧凑，低成本且易于实现，同时满足了宽范围的安全与调节需要。

注：IGBT 是绝缘栅型双极性晶体管（insulated gate bipolar transistor）的简称。它是一种电压控制型功率器件，需要的驱动功率小，控制电路简单，导通压降低，且具有较大的安全工作区和短路承受能力。在中功率以上的逆变器中逐渐取代了 POWER MOSFET 和 POWERBJT，成为功率开关器件的重要一员。

HCPL-316J 内置丰富的 IGBT 检测及保护功能，使驱动电路设计起来更加方便，安全可靠。下面详述欠压锁定保护（UVLO）和过流保护两种保护功能的工作原理。

1）IGBT 欠压锁定保护（UVLO）功能

在刚刚上电的过程中，芯片供电电压由 0 V 逐渐上升到最大值。如果此时芯片有输出会造成 IGBT 门极电压过低，那么它会工作在线性放大区。HCPL-316J 芯片的欠压锁定保护的功能（UVLO）可以解决此问题。当 V_{CC} 与 V_E 之间的电压值小于 12 V 时，输出低电平，以防止 IGBT 工作在线性工作区造成发热过多进而烧毁。示意图详见图 1 - 62 中含 UVLO 部分。

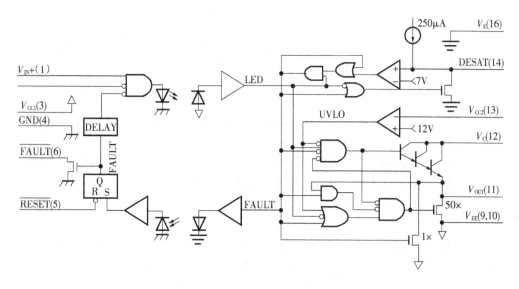

图 1 - 62　HCPL-316J 内部原理图

2）IGBT 过流保护功能

HCPL-316J 具有对 IGBT 的过流保护功能，它通过检测 IGBT 的导通压降来实施保护动作。同样从图 1 - 62 可以看出，在其内部有固定的 7 V 电平，在检测电路工作时，它将检测到的 IGBT C、E 极两端的压降与内置的 7 V 电平比较，当超过 7 V 时，HCPL-316J 芯片输出低电平关断 IGBT，同时，一个错误检测信号通过片内光耦反馈给输入侧，以便于采取相应的解决措施。在 IGBT 关断时，其 C、E 极两端的电压必定是超过 7 V 的，但此时，过流检测电路失效，HCPL-316J 芯片不会报故障信号。实际上，由于二极管的管压降，在 IGBT 的 C、E 极间电压不到 7 V 时芯片就采取保护动作。

整个电路板的作用相当于一个光耦隔离放大电路。它的核心部分是芯片 HCPL-316J，其中由控制器（DSP - TMS320F2812）产生 XPWM1 及 XCLEAR * 信号输出给 HCPL-316J，同时 HCPL-316J 产生的 IGBT 故障信号 FAULT * 给控制器。同时在芯片的输出端接了由 NPN 和 PNP 组成的推挽式输出电路（图 1 - 63），目的是为了提高输出电流能力，匹配 IGBT 驱动要求。

当 HCPL-316J 输出端 V_{OUT} 输出为高电平时，推挽电路上管（T_1）导通，下管（T_2）截止，三端稳压块 LM7915 输出端加在 IGBT 门极（V_{G1}）上，IGBT V_{CE} 为 15 V，IGBT 导通。

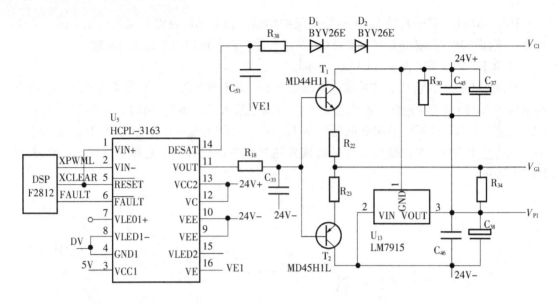

图 1 - 63　提高驱动能力的推挽式输出电路

当 HCPL-316J 输出端 V_{OUT} 输出为低电平时，上管（T_1）截止，下管（T_2）导通，V_{CE} 为 -9 V，IGBT 关断。以上就是 IGBT 的开通与关断过程。

实训练习

1. 变频器以其优越的调速和_____、高效率、高功率因数和显著的节电效果而广泛应用于大、中型_____电机，被公认为是最有发展前途的调速控制。

2. 变频器是应用变频技术与微电子技术，通过改变电机工作电源_____方式来控制交流电动机的电力控制设备。

3. 变频器主要由整流（交流变直流）、滤波、_____（直流变交流）、制动单元、驱动单元、检测单元、_____单元等组成。

4. 电机磁场的转速称为同步转速，用 n_1 表示

$$n_1 = 60f/p \quad (\text{r/min})$$

式中，f 为交流电源频率，一般为 50 Hz；p 为磁极对数。当 $p = 4$ 时，n_1 等于多少？

5. 说明变频电源和变频器的区别。

② 电源控制电路

在科学技术飞速发展的今天，自动控制应用于各个领域，如航天器的星际操作、电力机车的综合监控与调配、核电工程的远程遥控生产、城市道路照明的遥控工程、楼堂馆所的自动防火系统、工业自动生产线、智能机器人等等。本章就自控设施做一研究探讨，由浅入深，管中窥豹。

2.1 楼宇节电照明

安装在楼梯、走廊或卫生间等场所的节电照明灯具，其电源控制运用了先进的科学技术，一般由声、光及人体触摸控制的延时电路组成。在夜间或昏暗时，有人走动或有声响，灯会自动点亮数秒后自动熄灭；在白天，则雷打不动，只有触摸外置的电极片，灯才会受触发而照明。这些自动控制的作用，由各个传感器来完成。目前，由红外控制的节电照明应用也较为广泛，优点是有人灯才亮，其控制电路是将声控单元换成红外传感器触发。

2.1.1 传感器

传感器（transducer/sensor）是一种检测装置，能感受到被测量的信息，并能将感受到的信息，按一定规律变换成电信号或其它所需形式的信息输出，以满足信息的传输、处理、存储、显示、记录和控制等要求，具有微型化、数字化、智能化等多种功能，是实现自动化的第一环。

传感器通常根据其基本感知功能分为热敏元件、光敏元件、气敏元件、力敏元件、磁敏元件、湿敏元件、声敏元件、放射线敏感元件、色敏元件和味敏元件等十大类。

2.1.1.1 主要特点

传感器的特点包括：微型化、数字化、智能化、多功能化、系统化、网络化，它不仅促进了传统产业的改造和更新换代，而且还可能建立新型工业，从而成为 21 世纪新的经济增长点。微型化是建立在微电子机械系统（MEMS）技术基础上的，已成功应用在硅器件上做成硅压力传感器。

2.1.1.2 传感器的组成

传感器是利用某些物质的特性，将自然现象中的一些物理参数转换成电信号，以便于对其进行监测和控制。由于所转换出的电信号很微弱，通常要与其它电路配合使用。传感器一般由敏感元件、转换元件、变换电路和辅助电源四部分组成，如图 2 - 1 所示。

敏感元件直接感受被测量，并输出与被测量有确定关系的物理量信号；转换元件将敏感元件输出的物理量信号转换为电信号；变换电路负责对转换元件输出的电信号进行放大调制；转换元件和变换电路一般还需要辅助电源供电。生活中最常见的是光敏、热敏、声敏、烟雾、红外等传感器。

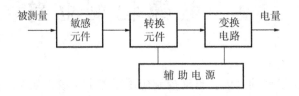

图 2 - 1　传感器的组成

1. 光敏传感器

光敏传感器是利用光敏元件将光信号转换为电信号的传感器，它的敏感波长在可见光波长附近，包括红外线波长和紫外线波长。光敏传感器不只局限于对光的探测，它还可以作为探测元件组成其它传感器，对许多非电量进行检测，只要将这些非电量转换为光信号的变化即可。光敏传感器是目前产量最多、应用最广的传感器之一，它在自动控制和非电量电测技术中占有非常重要的地位。

光敏传感器的种类繁多，主要有：光电管、光电倍增管、光敏电阻、光敏三极管、光电耦合器、太阳能电池、红外线传感器、紫外线传感器、光纤式光电传感器、色彩传感器、CCD 和 CMOS 图像传感器等。

图 2 - 2 是光电管的结构示意图和电路图。

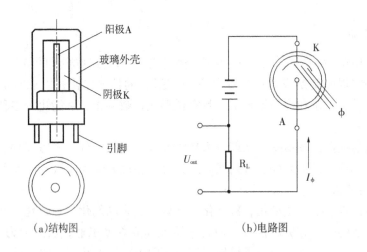

（a）结构图　　　　　　　　　（b）电路图

图 2 - 2　光电管结构示意图和电路图

1）光电管的光谱特性

光电管的光谱特性是指光电管在工作电压不变的条件下，入射光的波长与其绝对灵敏度（即量子效率）的关系。光电管的光谱特性主要取决于阴极材料，常用的阴极材料有银氧铯光电阴极、锑铯光电阴极、铋银氧铯光电阴极及多碱光电阴极等，前两种阴极使用比较广泛，图 2 - 3 和图 2 - 4 分别给出了它们的光谱特性曲线。

由光电管的光谱特性曲线可以看出，不同阴极材料制成的光电管有着不同的灵敏度较高的区域，应用时应根据所测光谱的波长选用相应的光电管。例如被测光的成分是红光，选用银氧铯阴极光电管就可以得到较高的灵敏度。

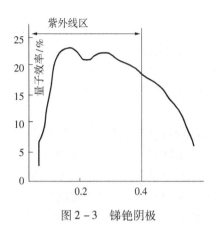

图 2 - 3　锑铯阴极

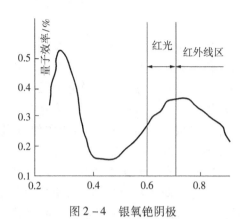

图 2 - 4　银氧铯阴极

2）光电管的伏安特性

光电管的伏安特性是指在一定光通量照射下，光电管阳极与阴极之间的电压 U_A 与光电流 I_Φ 之间的关系。光电管在一定光通量照射下，光电管阴极在单位时间内发射一定量的光电子，这些光电子分散在阳极与阴极之间的空间，若在光电管阳极上施加电压 U_A，则光电子被阳极吸引收集，形成回路中的光电流 I_Φ。随着阳极电压的升高，阳极在单位时间内收集到的光电子数增多，光电流 I_Φ 也增加。当阳极电压升高到一定数值时，阴极在单位时间内发射的光电子全部被阳极收集，称为饱和状态，以后阳极电压升高，光电流 I_Φ 也不会增加。图 2 - 5 给出了光电管不同光通量下的伏安特性曲线。

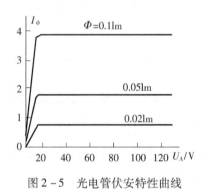

图 2 - 5　光电管伏安特性曲线

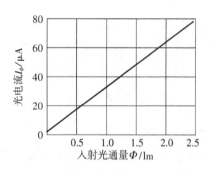

图 2 - 6　光电管的光电特性

注：红外线（infrared）介于微波与可见光之间，波长在 760 nm ～1 mm 之间。

3）光电管的光电特性

光电管的光电特性是指光电管阳极电压和入射光频谱不变的条件下，入射光的光通量 Φ 与光电流 I_Φ 之间的关系，在光电管阳极电压足够大，使光电管工作在饱和状态条件下，入射光通量和光电流线性关系，如图 2 - 6 所示。

4）暗电流

如果将光电管置于无光的黑暗条件下，当光电管施加正常的使用电压时，光电管产生微弱的电流，此时电流称为暗电流。暗电流的产生主要是由漏电流引起的。

2. 热敏元件

温度传感器（temperature transducer）是指能感受温度并转换成可用输出信号的传感器。温度传感器是温度测量仪表的核心部分，品种繁多。按测量方式可分为接触式和非接触式两大类，按照传感器材料及电子元件特性分为热电阻和热电偶两类。半导体热敏传感器的灵敏度很高，应用较为广泛，简介如下。

半导体热敏传感器是利用 PN 结的结电阻的温度特性制作而成的热敏传感器。PN 结的结电阻在不同温度下有着很大的差别，根据这个阻值的变化就可以测量出环境温度的变化。在硅或锗等本征半导体材料中掺入微量的磷、锑、砷等五价元素，就成了以电子导电为主的半导体，即 N 型半导体。在硅或锗等本征半导体材料中掺入微量的硼、铟、镓或铝等三价元素，就成了以空穴导电为主的半导体，即 P 型半导体。紧密相连的 P 型半导体和 N 型半导体之间会形成一个空间电荷区，称为 PN 结。PN 结具有单向导电性，二极管就是利用 PN 结的这个特性做成的。同时 PN 结的结电阻、结电容等参数都是随温度变化的，可以利用这种变化制作温度传感器，即热敏传感器（图 2－7）。

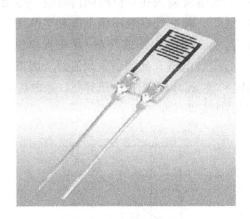

图 2－7　半导体热敏元件

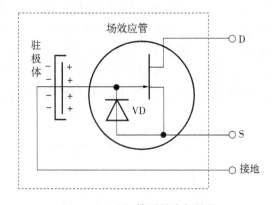

图 2－8　驻极体话筒内部结构

3. 声敏传感器

声敏传感器可分为 4 种，即电阻变换型、压电型、电容式、动圈式。这里仅介绍体积微小、自控设施中常用的驻极体声敏传感器。

驻极体声敏传感器即常说的驻极体话筒（图 2－8）。它具有体积小、结构简单、电声性能好、价格低的特点，广泛用于手机、电脑、无线话筒及声控等电路中，属于最常用的电容式话筒。由于输入和输出阻抗很高，所以要在这种话筒外壳内设置一个场效应管作为阻抗转换器，为此驻极体电容式话筒在工作时需要直流工作电压。

1）工作原理

驻极体话筒由声电转换和阻抗变换两部分组成。声电转换的关键元件是驻极体振动膜。它是一片极薄的塑料膜片，在其中一面蒸发上一层纯金薄膜。然后再经过高压电场驻极后，两面分别驻有异性电荷。膜片的蒸金面向外，与金属外壳相连通。膜片的另一面与金属极板之间用薄的绝缘衬圈隔离开。这样，蒸金膜与金属极板之间就形成一个电容。当驻极体膜片遇到声波振动时，引起电容两端的电场发生变化，从而产生了随声波变化而变化的交变电压。驻极体膜片与金属极板之间的电容量比较小，一般为几十波法，它的输出阻抗值很高（$X_c = 1/2\pi f_c$），在几十兆欧以上。这样高的阻抗是不能直接与音频放大器相匹配的。因此，在话筒内接入一只结型场效应晶体三极管来进行阻抗变换。场效应管的特点是输入阻抗极高、噪声系数低。普通场效应管有源极（S）、栅极（G）和漏极（D）三个极。这里使用的是在内部源极和栅极间再复合一只二极管的专用场效应管。接二极管的目的是在场效应管受强信号冲击时起保护作用。场效应管的栅极接金属极板。这样，驻极体话筒的输出线便有两根，即源极 S，一般用蓝色线；漏极 D，一般用红色线和金属外壳的编织屏蔽线连接。

2）电路接入方法

驻极体话筒与电路的接法有两种，源极输出与漏极输出。

源极输出类似晶体三极管的射极输出。需用三根引出线。漏极 D 接电源正极，源极 S 与地之间接一个源极电阻 R_s 来提供源极电压，信号由源极经电容 C 输出。编织线接地起屏蔽作用。源极输出的输出阻抗小于 2 kΩ，电路比较稳定，动态范围大，但输出信号比漏极输出小。

漏极输出类似晶体三极管的共发射极输入。只需两根引出线。漏极 D 与电源正极间接一个漏极电阻 R_D，信号由漏极 D 经电容 C 输出。源极 S 与编织线一起接地。漏极输出有电压增益，因而话筒灵敏度比源极输出时要高，但电路动态范围略小。

无论源极输出还是漏极输出，驻极体话筒必须提供直流电压才能工作，因为它内部装有场效应管。

4. 红外传感器

红外线传感器是利用红外线的物理性质来进行测量的传感器。红外线又称红外光，它具有反射、折射、散射、干涉、吸收等性质。任何物质，只要它本身具有一定的温度（高于绝对零度），都能辐射红外线。红外线传感器测量时不与被测物体直接接触，因而不存在摩擦，并且有灵敏度高、响应快等优点。

红外线传感器包括光学系统、检测元件和转换电路（图 2-9）。光学系统按结构不同可分为透射式和反射式两类。检测元件按工作原理可分为热敏检测元件和光电检测元件。热敏检测元件应用最多的是热敏电阻。热敏电阻受到红外线辐射时温度升高，电阻发生变化，通过转换电路变成电信号输出。光电检测元件常用的是光敏元件，通常由硫化铅、硒化铅、砷化铟、碲镉汞三元合金、锗及硅掺杂等材料制成。

红外线传感器常用于无接触温度测量与控制、气体成分分析和无损探伤，在医学、军事、空间技术和环境工程等领域得到广泛应用。例如采用红外线传感器远距离测量人体表面温度的热像图，可以发现温度异常的部位，及时对疾病进行诊断治疗（见热像仪）；利用人造卫星上的红外线传感器对地球云层进行监视，可实现大范围的天气预报；采用红外线传感器可检测飞机上正在运行的发动机的过热情况等。

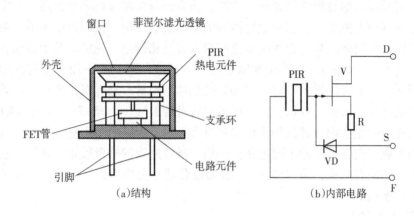

(a)结构　　　　　　　　　(b)内部电路

图 2 - 9　红外线传感器结构原理

2.1.1.3　传感器的应用

传感器在手机中的应用：如重力传感器，在极品飞车、天天跑酷等游戏中有着近乎完美的体现；加速度传感器，例如手机的摇一摇功能就是对手机的加速度进行感应；光线传感器，例如手机的自动调光功能；距离传感器，例如接电话时手机离开耳朵屏幕变亮，手机贴近耳朵屏幕变黑。手机中的传感器数不胜数，许多功能都是利用传感器来实现的。

除手机外，传感器在日常生活中也有着广泛的应用，常见的如：自动门，通过对人体红外微波的传感来控制其开关状态；烟雾报警器，通过对烟雾浓度的传感来实现报警和自动喷淋灭火的目的；电子秤，通过力学传感来测量人或其它物品的重量；水位报警、温度报警、湿度报警、定速巡航等也都是利用传感器来完成其功能。

2.1.2　节能照明电路分析

声光控制电子开关具有控制声音信号和光信号的功能，当有光照射时，开关电路处于关闭状态，而当光信号比较弱时，开关电路受声音信号的控制，使用这种开关，人们不必在黑暗中摸索开关，也不必担心点长明灯浪费电和损坏灯泡，只要有脚步声，灯便自动点亮，延时一定时间后自动熄灭。特别适用于自动控制路灯照明及楼道、走廊等的短时照明。

楼宇节能照明自动开关由电源电路、声控电路、光控电路、触摸控制电路、延时电路、继电器驱动电路等组成。电路设计在采用元器件方面，有分立元件和集成电路两种。下面介绍由非门电路和与门电路构成的两种路灯自动开关。

2.1.2.1　选用非门 IC CD4069 设计声光控制开关电路

自动控制电路如图 2 - 10 所示，电源电路由电源变压器 T、整流桥 UR、三端集成稳压器 IC_1 及滤波电容器 C_4、C_5 等组成。照明灯 EL 与继电器的常开触头 K 串联后，并接在电源变压器的一次绕组两端。继电器驱动电路由继电器 K、二极管 VD_3、晶体管 V 及电阻器 R_8 等组成。交流 220 V 电压经电源变压器 T 降压、UR 整流、C_4 滤波及 IC_1 稳压后，在 C_5 两端产生 + 5 V 电压，供给继电器和整个控制电路。

（1）光控电路由光敏电阻器 R_G、电位器 R_P、电阻器 R_4、IC_2 内部的非门电路 D_3、二极管 VDl 等组成。

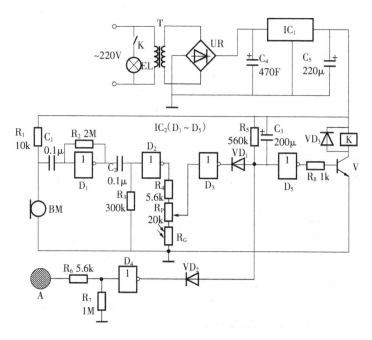

图 2-10 声、光、触摸三控延时照明灯电路

（2）声控电路由传声器 BM、数字集成电路 IC_2 内部的非门电路 D_1、D_2 及电阻器 $R_1 \sim R_4$、电容器 C_1、C_2 等组成。

（3）触摸控制电路由电极片 A、电阻器 R_6、R_7、集成电路 IC_2 内部的非门电路 D_4、二极管 VD_2 等元件组成。

（4）延时电路由电阻器 R_5、电容器 C_3、IC_2 内部的非门电路 D_5 等组成。

接通电源后，在环境亮度较高时（白天），光敏电阻 R_G 受光照而阻值变小，使 D_3 的输入端低钳位于低电平，反向器的输出端为高电平，二极管 VD_1 处于截止状态，非门电路 D_5 输出低电平（0），使晶体管 V 截止，晶体管的输出电流 I_C 为零，故继电器无驱动电流，则常开触头不被吸合，照明灯 EL 不亮，整个控制电路工作在守候状态。此时，无论声敏电路获取任何声响，由于光敏电阻 R_G 的屏蔽作用，声敏电路送来的高电平都不能施加到非门电路 D_3 上，此时 D_3 的输出端始终保持高电平，路灯不亮。

在环境亮度不足时（夜晚或暴雨天气），光敏电阻器 R_G 因无光照射而阻值变大，取消了 D_3 输入端的钳位作用。当有人走近有声响发出时，传声器 BM 将声音信号变换成电信号，此电信号经非门电路 D_1 构成的交流线性放大器放大后，经非门电路 D_2 反相后输出高电平，使非门电路 D_3 的输出端变为低电平，二极管 VD_1 导通，非门电路 D_5 输出端变为高电平，使晶体管 V 饱和导通，继电器 K 的常开触头闭合，照明灯 EL 发光。

不管白天和夜间，只要触摸极片 A，人体的感应信号将使非门电路 D_4 的输入端为高电平，其输出端变为低电平，使二极管 VD_2 导通，非门电路 D_5 的输入端变为低电平，输出端变为高电平，晶体管 V 饱和导通，继电器 K 通电吸合，照明灯 EL 点亮。

在二极管 VD_1 或 VD_2 导通瞬间，电容器 C_3 通过 VD_1 或 VD_2 被迅速充电，非门电路 D_5 的输入端立即变为低电平。当声响或触摸信号失去以后，非门电路 D_3 或 D_4 的输出端将由低电平变为高电平，使 VD_1 或 VD_2 截止时，电容器 C_3 通过电阻器 R_5 缓慢放电，使非门电路 D_5 的输入端仍维持一定时间的低电平，故照明灯 EL 不会马上熄灭，直到 C_3 放电结束，D_5 的输入端不被电容（C_3）的负端钳位而变为高电平，输出端变为低电平，晶体管 V 截止，继电器 K 释放，照明灯 EL 此时熄灭。

关于光照程度的调节，可在白天的适当时候，调节电位器 R_P 的电阻值，使非门电路 D_3 输入端电压低于 $V_{cc}/3$（即 1.65 V）以下，使其驱动端保持高电平，同时，它还可以调节光控的灵敏度。

R_5、C_3 为时间常数元件，其时间常数 $\tau = RC$，故改变 R_5 的电阻值和 C_3 的电容量，可以改变灯亮延时时间。调节 R_2 的电阻值，可以调节声控信号的灵敏度。

元器件的选择：

$R_1 \sim R_7$ 均选用 1/4 W 的金属膜电阻器或碳膜电阻器。

R_C 选用 MG45t 系列的光敏电阻器。R_P 选用合成膜微调电位器。

C_1 和 C_2 均选用涤纶电容器；$C_3 \sim C_5$ 均选用耐压值为 16 V 以上的铝电解电容器。

$VD_1 \sim VD_3$ 均选用 1N4148 型开关二极管。

UR 选用 2 A、50 V 整流桥堆，或用四只 1N5401 硅整流二极管桥式连接后代替。

V 选用 S9013 或 C8050 型硅 NPN 型晶体管。

IC_1 选用 LM7805 型三端集成稳压器；IC_2 选用 CD4069 型六非门数字集成电路。

IC_1 选用 LM7805 型三端集成稳压器；IC_2 选用 CD4069 型六非门数字集成电路。

T 选用 10 VA、二次电压为 6 V 的降压变压器。

BM 选用驻极体传声器。K 选用 4098 型 5 V 直流继电器。

触摸电极片可用金属片自制，制成 $1 \sim 2$ cm^2 的圆形或方形。

附：数字集成电路 CD4069 为双列 14 脚封装，其工作电压范围是 $3.0 \sim 15$ V。CD4069 的结构和引脚如图 2-11 所示。

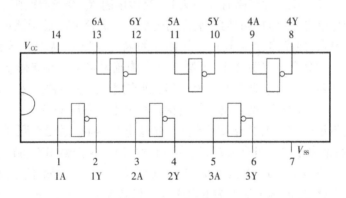

图 2-11　CD4069 的内部结构、引脚图

2.1.2.2　选用或非门 IC CD4011 设计声光控制开关电路

如图 2-12 所示，声光控制电子开关相比前款，由或非门集成电路 CD4011 替代了 CD4069；引用了可控硅而省去了电源变压器、继电器和三端稳压器，并去除了触摸控制单元，使电路更加简练。

声、光控制电子开关实物电路参考如图 2-13 所示，其工作原理和电路组成分析如下。

1. 电路组成

控制电路主要由以下几部分组成。

（1）声音信号输入电路。由话筒 MIC、电阻 R_1、R_2、R_3、电容 C_1 和三极管 T_1 组成。声音信号经话筒 MIC 转换为电信号后经 C_1 耦合至 T_1 放大，最后由 T_1 的集电极输出并送入集成电路 IC_1 的 2 脚。

（2）光信号输入电路。由电阻 R_4 和光敏电阻 R_G 组成。光的强弱经光敏电阻 R_G 转换为高、低电平后送入 IC_1 的 1 脚。

（3）桥式整流电路。由二极管 $D_3 \sim D_6$ 组成。其功能是将 220 V 的交流市电转换为脉动直流。

（4）降压滤波电路。经过 R_7 限流，D_2、C_3 稳压滤波为电路提供稳定的工作电压。其功能是对桥式整流电路输出的脉动直流进行降压滤波，作为控制电路的直流电源。

（5）延时电路。由二极管 D_1、电阻 R_5 和电容 C_2 组成。延时时间由 R_5 和 C_2 决定，按图中所示参数值可延时约 $50 \sim 60$ s。二极管 D_1 起隔离作用。

（6）控制电路。由 IC_1、电阻 R_6 和双向可控硅 SCR 组成，其作用是控制开关的通断。

（7）负载。由白炽灯 EL 组成，最大输出 60 W。

2. 电路工作原理

220 V 市电通过灯丝、$D_3 \sim D_7$、降压整流后，经过 R_7 限流，D_2、C_3 稳压滤波为电路提供稳定的工作电压。R_4、R_G 组成分压电路，白天由于光照 R_G 阻值变小，YFA 1 脚电位被拉低，由与非门的逻辑关系可知此时 YFA 3 脚输出为高电平，经过 YF2 反相变为低电平，D_1 截止，后级电路被屏蔽。

晚上光线暗 R_G 阻值变大，YFA 1 脚电位升高，如果此时有声音被 MIC 接收，经 C_1 耦合 T_1 放大，在 R_3 上形成音频电压。此电压如高于 1/2 电源电压，则 YF1 3 脚输出低电平，经 YFB 反相，4 脚输出的高电平经 D_1 向 C_2 瞬间充电，使 YFC 输入端接近电源电压，10 脚输出低电平，由 YFD 反相缓冲后经 R_6 触发可控硅导通，电灯正常点亮（此时则由 C_3 向电路供电）。如此后无声音被 MIC 接收，则 YFA 输出恢复为高电平，C_2 通过 R_5 缓慢放电，当 C_2 电压下降到低于 1/2 电源电压时（按图中参数延时约 1 min）YFC 反转、YFD 反转，可控硅（SCR）截止电灯关闭，等待下次触发。

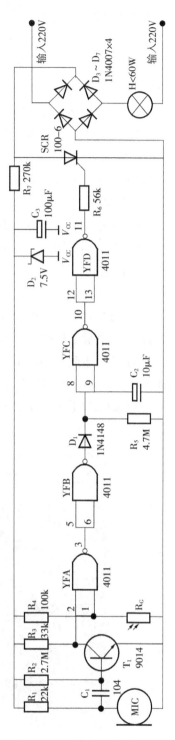

图 2-12　由与非门构成的电路

2.1.2.3 故障检修思路

节能开关实体电路可参考图 2 - 13，故障分析与检修可参考以下内容。

（1）对有指示灯的自动开关，若指示灯不亮，先测整流桥整流输出是否有约 198 V 的直流电压，若没有，则需检查整流桥 4 个二极管是否有击穿或开路。如电压正常，则可控硅有可能击穿损坏，可更换处理。

（2）若有 198 V 电压，而测电容 C_3 没有 7.5 V，则稳压二极管 D_2 可能击穿，更换即可。

（3）三极管 BG1 一般采用 NPN 型的 9013 或 9014，故障表现为击穿或开路，可以用万用表测量其好坏。

（4）可控硅测量方法：用 R×1 挡，将红表笔接可控硅的负极，黑表笔接正极，这时表针无读数，然后用黑表笔触一下控制极 k（注意触碰控制极时，正负表笔与管脚始终是连接的），这时表针有读数，黑表笔马上离开控制极 k，这时表针仍有读数，说明该原件完好。

（5）驻极体话筒 BM 的测量方法：用 R×100 挡，将红表笔接外壳的 S、黑表笔接 D，这时用口对着驻极体吹气，若表针有摆动则说明该驻极体完好，摆动越大灵敏度越高。

（6）光敏电阻选用的是 625a 型，有光照射时电阻为 20 kΩ 以下，无光时电阻值大于 100 MΩ，说明该元件是完好的。

（7）如果以上测量没有发现问题，可调换 IC 试之。

图 2 - 13 声光自控节能开关实物电路参考

注：可控硅的测量原理就是模拟可控硅被触发导通的状态，没触发时不通，触发通后，触发撤除，能保持导通。注意必须使用大电流的 R×1 挡，否则可控硅导通后，电流达不到能继续维持的程度，触发信号撤去，可控硅将不能维持继续导通，无法做出判断。因为，指针表的其它电阻挡和数字万能表的电流太小，是不能这样检测的。双向可控硅检测是一样的，只是因为它可以正触发也可以负触发，即无论表笔怎么接，都能触发。

实训练习

1. 自动控制电路中的核心元件是什么？
2. 传感器一般由敏感元件、_____、变换电路和_____四部分组成。
3. 自动照明系统除了语音和触摸控制以外，还有_____自动控制电路等等。
4. 说明延迟电路的作用和延迟时间的设定方法。

2.2 可控硅与调光设备

在电源控制电路中，可控硅可以直接用来作为控制开关和调压器。可控硅的出现，使半导体技术从弱电领域进入了强电领域，成为工业、农业、交通运输、军事科研以至商业、民用电器等方面争相采用的元件。目前可控硅在自动控制、机电应用、工业电气及家电等方面都有广泛的应用。家用电器中的调光灯、调速风扇、空调机、电视机、电冰箱、洗衣机、照相机、组合音响、声光电路、定时控制器、玩具装置、无线电遥控、摄像机及工业控制等都大量使用了可控硅器件。

2.2.1 可控硅

可控硅是可控硅整流元件的简称，亦称为晶闸管，是一种具有三个 PN 结的四层结构的大功率半导体器件，一般由两晶闸管反向连接而成。它的功能不仅是整流，还可以用作无触点开关的快速接通或切断；实现将直流电变成交流电的逆变；将一种频率的交流电变成另一种频率的交流电，等等。可控硅和其它半导体器件一样，有体积小、效率高、稳定性好、工作可靠等优点。

1. **可控硅的结构**

可控硅有三个极——阳极（A）、阴极（K）和控制极（G），管芯是 P 型半导体和 N 型半导体交迭组成的四层结构（图 2 - 14），共有 3 个 PN 结。它与只有一个 PN 结的硅整流二极管在结构上迥然不同。可控硅的四层结构和控制极的引入，为其发挥"以小控大"的优异控制特性奠定了基础。可控硅应用时，只要在控制极加上很小的电流或电压，就能控制很大的阳极电流或电压。目前已能制造出电流容量达几百安培以至上千安培的可控硅元件。一般把 5 A 以下的可控硅叫小功率可控硅，50 A 以上的可控硅叫大功率可控硅。

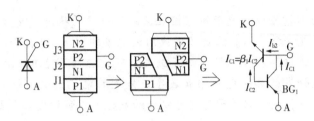

图 2 - 14   可控硅等效图解

我们可以把从阴极向下数的第一、二、三层看作是一只 NPN 型晶体管，而二、三、四层组成另一只 PNP 型晶体管，其中第二、第三层为两管交叠共用。由此，可画出图 2 - 14 的等效电路和电路符号。

2．工作原理

当在可控硅的阳极和阴极之间加上一个正向电压 E，又在控制极 G 和阴极 K 之间（相当于 BG_2 的基 - 射间）输入一个正的触发信号，BG_2 将产生基极电流 I_{b2}。经放大，BG_2 将有一个放大了 β_2 倍的集电极电流 I_{c2}。因为 BG_2 集电极与 BG_1 基极相连，I_{c2} 又是 BG_1 的基极电流 I_{b1}，所以 BG_1 又把 I_{b1}（I_{c2}）放大了 β_1 的集电极电流 I_{c1} 送回 BG_2 的基极放大。如此馈送循环放大，直到 BG_1、BG_2 完全导通。事实上，这一过程是极短暂的，可谓是"一触即发"。对可控硅而言，触发信号加到控制极，可控硅立即导通，导通时间反映了可控硅的性能。

可控硅一经触发导通后，由于循环反馈的原因，流入 BG_2 基极的电流已不只是初始的 I_{b2}，而是经过 BG_1、BG_2 放大后的电流（$\beta_1 \times \beta_2 \times I_{b2}$），这一电流远大于 I_{b2}，足以保持 BG_2 的持续导通。此时触发信号即使消失，可控硅仍保持导通状态，只有断开电源 E 或降低 E 的输出电压，使 BG_1、BG_2 的集电极电流小于维持导通的最小值时，可控硅方可关断。可控硅的导通和关断转化条件如表 2 - 1 所示。

表 2 - 1   可控硅导通和关断条件

状 态	条 件	说 明
从关断到导通	1．阳极电位高于是阴极电位 2．控制极有足够的正向电压和电流	两者缺一不可
维持导通	1．阳极电位高于阴极电位 2．阳极电流大于维持电流	两者缺一不可
从导通到关断	1．阳极电位低于阴极电位 2．阳极电流小于维持电流	任一个条件即可

可控硅的这种通过触发信号（小触发电流）来控制导通（可控硅中通过大电流）的可控特性，正是它区别于普通硅整流二极管的重要特征。可控硅的这种控制特性，可以用于电路中的电子开关，取代机械动作、体积较大的继电器。

3．可控硅主要参数

（1）电流：额定通态电流（I_T）即最大稳定工作电流。常用可控硅的 I_T 一般为一安到几十安。

（2）耐压：反向重复峰值电压（V_{RRM}）或断态重复峰值电压（V_{DRM}）。常用可控硅的 V_{RRM}/V_{DRM} 一般为几百伏到一千伏。

> 注：晶闸管（thyristor）是晶体闸流管的简称，又称作可控硅整流器，以前被简称为可控硅。

（3）触发电流：控制极触发电流（I_{GT}）。常用可控硅的 I_{GT} 一般为几微安到几十毫安。

（4）额定正向平均电流：在规定环境温度和散热条件下，允许通过阴极和阳极的电流平均值。

2.2.2 可控硅的导通角和触发方式

可控硅的通断仅起着开关作用，它对输出功率的调节才是人们极感兴趣的地方。通过不同的控制信号变化，可以设计出千变万化的电源控制电路。

1. 可控硅的导通角概念

一个交流电的周期为 360°，交流电通过可控硅时，并不是让 180° 的正半周电全部通过的，即所谓可控整流。当正半周加到可控硅的阳极，在 180° 的某一角度时，在可控硅的控制极施加一触发脉冲，例如在 30° 施加一脉冲，则可控硅只能通过余下的 150° 范围传输电能，这种使可控硅导电的起始角度称为导通角。

通过控制导通角来控制输出功率。在功率控制中，经常要用到移相控制或过零控制技术，无论是移相控制还是过零控制，都需要检测过零触发信号。另外，在一些特殊的应用中，还可以利用工频信号来进行计时。

图 12-15 为双向可控硅的移相控制的波形图，通过控制导通角来控制输出功率。

1）直流触发电路

图 2-16a 所示为一种过压保护电路，常用在电视机等电器中。当电源 $E+$ 的电压过高时，A 点电压也变高，当它高于稳压管 DZ 的稳定电压 U_z 时，DZ 导通，可控硅 D 受触发而导通将 $E+$ 短路，使保险丝 R_1 熔断，从而起到过压保护的作用。

2）相位触发电路

相位触发电路实际上是交流触发电路的一种，如图 2-16b 所示。这个电路的方法是利用 RC 回路控制触发信号的相位，即可控硅的导通角。当 R 值较小时，RC 时间常数较小，触发信号的相移 A_1 较少，因此负载获得较大的电功率；当 R 值较大时，RC 时间常数较大，触发信号的相移 A_2 较大，因此负载获得较少的电功率。相位触发是一种典型的电功率无级调整电路，在许多的电气产品中都有它的身影。

现今的可控硅器件的额定电流可以从几毫安到 5 000 A 以上，额定电压可以超过 10 000 V。近年来，许多新型可控硅元件相继问世，如适于高频应用的快速可控硅，可以用正或负的触发信号控制两个方向导通的双向可控硅，可以用正触发信号使其导通，用负触发信号使其关断的可控硅等等。

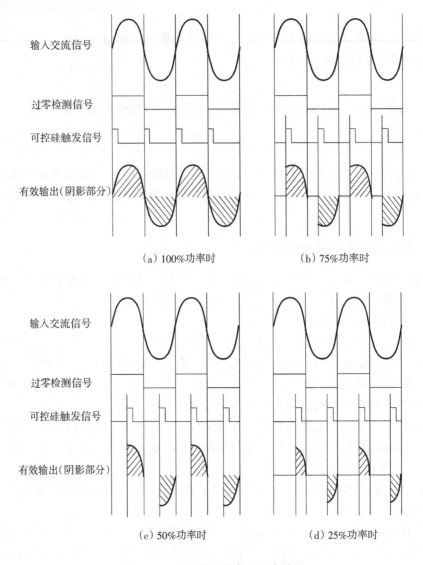

输入交流信号

过零检测信号

可控硅触发信号

有效输出（阴影部分）

（a）100%功率时　　　　　　（b）75%功率时

输入交流信号

过零检测信号

可控硅触发信号

有效输出（阴影部分）

（c）50%功率时　　　　　　（d）25%功率时

图2－15　导通角的控制与功率输出

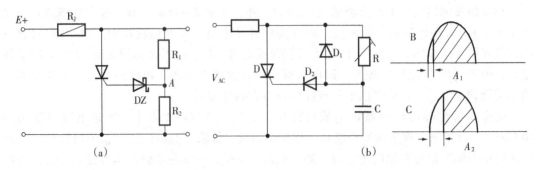

图2－16　可控硅的触发电路形式

2.2.3 应用介绍——可控硅在调光器中的应用

采用可控硅技术对照明系统进行控制具有很多优势：电压调节速度快，精度高，可分时段实时调整，有稳压作用；相比自耦变压器调光设备，可控硅调光电路采用电子元件，体积小、重量轻、成本低。

1. 舞台灯光调控

可控硅调光器是目前舞台照明、环境照明领域的主流设备，这类大功率电源控制设备，多数采用的是电流超过几十安的螺栓型可控硅。

老式的变压器和变阻器调光是采用调节电压或电流的幅度来实现的，如图 2-17 所示。u_1 是市电 220 V 交流电的波形，经调压后的电压波形为 u_2，由于其幅度小于 u_1，使灯光变暗。在这种调光模式中，虽然改变了电压的幅值，但并未改变其正弦波形的本质，属于交流调压。

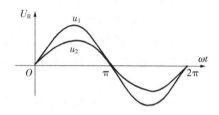

图 2-17 旧款调压器电压调整比对

与变压器、电阻器相比，可控硅调光器有着完全不同的调光机理，它是采用相位控制方法来实现调压或调光的。对于普通反向阻断型可控硅，其闸流特性表现为当可控硅加上正向阳极电压的同时又加上适当的正向控制电压时，可控硅就导通；这一导通一直到加上反向阳极电压或阳极电流小于可控硅自身的维持电流后才关断。普通的可控硅调光器就是利用可控硅的这一特性实现前沿触发相控调压的。

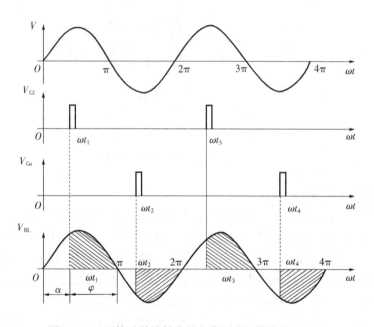

图 2-18 可控硅前沿触发的相位调光工作波形原理图

从图 2-18 所示的可控硅前沿触发的相控调光工作波形原理图可以看出，在正弦交流电过零后的某一时刻 t_1（或某一相位 ωt_1），在可控硅的栅极上加一正触发脉冲，使可控硅触发导通，根据可控硅的开关特性，这一导通将维持到正弦波的正半周结束。所以在正弦波的正半周（即 $0 \sim \pi$ 区间）中，$0 \sim \omega t_1$ 范围内可控硅不导通，这一范围叫做可控硅的控制角，常用 α 表示；而在 $\omega t1 \sim \pi$ 的相位区间可控硅导通，这一范围（图 2-18 中的阴影部分）称为可控硅的导通角，常用 ϕ 表示。同样在正弦交流电的负半周，对处于反向联接的另一只可控硅（相对于两个单向可控硅的反向并联而言），在 t_2 时刻（即相位角 ωt_2）施加触发脉冲，使其导通。如此周而复始，对正弦波的每一半周期控制其导通，获得相同的导通角。如果改变触发脉冲的触发时间（或相位），即改变可控硅导通角 φ（或控制角 α）的大小。导通角越大电路的输出电压越高，相应灯负载的发光越亮。可见，在可控硅调光电路中，电路输出的电压波形已经不再是正弦波了，除非调光电路工作在全导通状态，即导通角为 $180°$。

正是由于正弦波被切割、波形遭受破坏，会给电网带来干扰等问题。好的调光设备应采取必要措施，努力降低使用可控硅技术后产生的干扰。

2. 家用调光台灯

调光台灯属于小功率电源控制设备，且多数电路设计简单，无保护电路，极易损坏。

1）电路组成

双向可控硅组成的简易调光台灯电路如图 2-19 所示。它由双向可控硅 BT134、双向触发二极管 DB_3、移向电容 C、移向电阻 R 和调光电位器 R_P、灯泡 DP 和开关 S 组成。

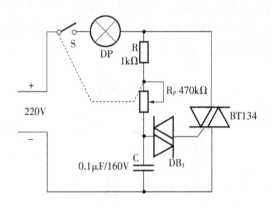

图 2-19　双向可控硅调光灯电路

2）基本的工作原理

接通 220 V 交流电源和闭合开关 S 后，在交流电源正半周作用期间，电源经 DP、R、R_P 对 C 充电，电容 C 充电时间的快慢由 R_P 控制。当 C 上充的电压未达到双向触发二极管 DB_3 的转折电压时，DB_3 截止，双向可控硅 BT134 因得不到触发而不导通，灯泡不亮。

当 C 上电压达到 DB_3 的转折电压（约 30 V）时，DB_3 两端的电压急剧下降，此时 C 放电，触发 BT134 导通，BT134 呈现很小的导通压降，DP 点亮。

交流电由正半周过零进入负半周时，双向可控硅电流为零而截止。负半周电容 C 进行反充电，当 C 上反向电压未达到 DB_3 的反向转折电压时，DB_3 截止，双向可控硅 BT134 因得不到触发而不导通，灯泡 DP 不亮。

当 C 上反向充电电压达到 DB_3 的反向转折电压时，DB_3 两端电压反向急剧下降，C 反向放电触发 BT134，使其导通，BT134 呈现很小的导通压降，灯泡 DP 又被点亮。

3）元件选择

双向可控硅可选 1 A/400 V，双向触发二极管选用正反转折电压为 30 V，R_p 选用 470 kΩ 带开关的电位器，电容 C 选用 0.047 ~ 0.1 μF、耐压 63 V 以上的涤纶电容，灯泡选用 25 ~ 60 W。

如果将灯泡换电熨斗、电褥子还可实现连续调温。

3. 触摸式 4 挡调光灯

采用 4 挡步进式触摸调光专用集成电路 TT6061 制作的 4 挡调光灯，具有微亮、较亮、最亮、熄灭 4 挡调光功能，该电路具有良好低温性能，工作稳定。

1）集成电路特点

TT6061 是触摸式室内调光控制电路。电路的输出经外围阻容网络可实现对台灯亮度进行控制。电路采用 CMOS 工艺制造，外围元件少，使用简单方便。封装有硬封、软封、DIP、COB、DIE 等，分 6061A、6061B，即四段、两段。其电路特点为：

（1）传感输入端的负载最高达 800 pF。

（2）输出控制触发角度有四种：19°、75°、115° 和 OFF。

（3）适用于 50 Hz/220 V 或 60 Hz/110 V 交流电工作。

（4）TT6061A 是 4 段调光控制；TT6061B 是 ON/OFF 两段开关控制。

> 注：常见的集成电路封装方式有 DIP——双列直插式封装；COB——板上芯片封装，半导体芯片直接贴装在印刷线路板上；DIE——被封装的集成电路裸片。

2）电路设计

电路的核心器件是 TT6061A 触摸调光专用集成电路（图 2-20），它采用 CMOS 工艺生产制造而成，封装形式主要为标准 DIP-8 封装。各引脚功能如下：1 脚 CK 为同步信号输入端；2 脚 FI 为过 60 Hz/50 Hz 交流频率输入端；3 脚 VDD 为电源正端；4 脚 TI 为触摸信号输入端；5 脚 OSCI 为振荡输入端；6 脚 OSLO 为振荡输出端；7 脚 Vss 为电源负端；8 脚 TGO 为脉冲信号输出端，可直接驱动晶闸管。

电源由 R_1、VD$_1$、VS 和 C_1 组成，通电后在 C_1 两端可获得 9 V 左右的直流电压供集成电路用电。50 Hz 的交流市电频率经 R_2 从 2 脚输入，4 脚由 VD$_2$、VD$_3$ 组成钳位电路，保证输入的触摸电平幅度在电源电压范围内。C_5 隔离安全电容，M 为触摸电极片。

3）工作原理

人是导体，可使周围电磁场在人体上产生与市电同频的感应电压，当人手触摸电极 M 时，人体感应的交流信号经 C_5、R_6 送至 IC 的 4 脚，经 TT6061 集成电路经输入缓冲级的削波、放大、整形处理后，成为标准的 MOS 电平。8 脚输出触发信号经 C_4 加至晶闸管 VS 的门极，使 VS 导通，电灯 EL 点亮；第二次触摸 M 时，可改变 8 脚输出脉冲前沿到达时间，控制逻辑部分控制电路呈调光工作状态，输出触发脉冲相位角在 19°~115° 之间连续周期变化，因而可使电灯亮度发生改变。反复触摸电极片 M，灯泡 EL 亮度按"微亮→较亮→最亮→熄灭→微亮"顺序循环。当触摸结束时，亮度记忆对该时相位角进行记忆。

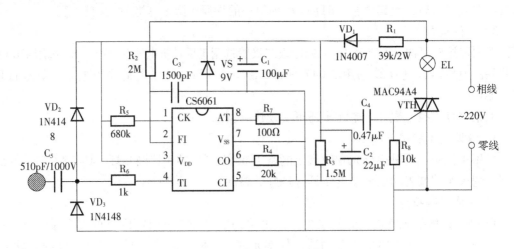

图 2-20　步进式 4 挡触摸调光灯

4）元器件选择

IC 宜选用常州赛欧电子公司生产的触摸式调光专用集成电路 TT6061；VD_1 选用 1N4007 型等硅整流二极管；VD_2、VD_3 选用 1N4148 型硅开关二极管；VS 选用 9.1 V、0.5 W 硅稳压二极管，如 1N5239、1N5239B、IN5999、2CW5239、2CW57-9 V1 等。VS 选用普通小型塑封双向晶闸管，如 MAC94 A4 或 MAC97A6 型等。EL 宜选用 100 W 以下的白炽灯泡。R_1 最好选用 RJ-2W 金属膜电阻器，其余电阻器均可用 RTX-1/8W 型碳膜电阻器。C_5 选用耐高压的 CBB-2000V 型聚丙烯电容器；C_4 选用 CT4 型独石电容器；C_2、C_3 选用 CD11-16V 型电解电容器。如果用于 110 V/60 Hz 交流电网，只要将图中 R_1 改为 20 kΩ（2 W），另将 R_5 由原来的 680 kΩ 改为 500 kΩ 即可，其它元件参数不必更改。

4．常见问题分析

对于调光电路的故障处理，关键是对可控硅的认识和了解，正确测试和判断元件的好坏是问题分析的关键。

1）调光灯不亮

（1）对于不亮的调光灯，应先检查灯泡、插头、电线是否都正常，然后再拆修。

（2）将台灯插上电源，调光钮旋到中间位置，用万用表交流电压档测量可控硅 T_1、T_2 两极间的电压，如果电压是 220 V，说明可控硅没有导通。断电后，焊下来进一步检测好坏。

（3）如果没有坏，就要检查其它元件有没有坏，常见故障是电容 C_2、C_3 击穿，电阻烧掉，只要将损坏元件更换，故障就可排除。

2）调光台灯通电后就是最大亮度

（1）台灯亮度不能调的原因，最常见是可控硅击穿，更换就能修复。

（2）如果可控硅没坏，重点查电位器引脚间有没有短路，触发二极管有没有击穿。有时电位器旋钮出毛病，总是在最小位置，灯光当然调不下来。触发二极管击穿也会使可控硅一直导通，如果手头没有该配件，可用耐压大于 400 V 的两只普通二极管反向并联代替。

3）台灯弱光调不到强光或强光调不到弱光

（1）台灯不能调光的故障出在调节电路，重点检查电位器和 R_2 电阻。由于电阻阻值变大，或电位器损坏，阻值调不小，是灯光调不亮的原因。

（2）另外电容 C_2、C_3 漏电也会造成这种故障。灯光调不到最弱多是电位器旋钮损坏，可控硅不良造成的。将台灯插上电源，把电位器旋到最亮位置，用万用表交流电压 10 V 挡测量，红表笔接 T_1 极，黑表笔接 T_2 极，双向可控硅正常导通（灯光最亮）时应是 0.7～1 V。如果大于 1 V，表明可控硅没有完全导通，电压越大导通越差，灯光越暗。如果电压为 220 V，表明可控硅已经不导通了。然后将表笔交换位置，用同样方法再测另一个方向的导通情况。如果在调节电位器阻值时，监测可控硅两极间电压变化，从最亮调到最暗时，可控硅两极间电压变化范围应足够大。

（3）否则，要进一步检查可控硅性能有无变坏；电阻及电位器有无变值；电容有无漏电等。

调光台灯电路中的可控硅，多采用 400 V/1 A 的塑封可控硅，故障率很高，在检修时用 3 A 可控硅代换效果较好，故障率大为降低。

调光器是用电位器来控制可控硅的输出电流大小，改变灯泡的亮度，因此只能使用纯电流驱动的白炽灯泡，不能使用有电子镇流器的节能灯。如果可控硅被击穿，失去了电流调节作用，220 V 电压全部加到灯头上，若不想修理，可接入节能灯使用。

关于大功率晶闸管所用散热器的选择和计算将在功放一节阐述。

实训练习

1. 双向可控硅的三个电极名称分别是_____、_____、_____。
2. 双向二极管的正反向电阻是_____。
3. 调节 R_P 使灯泡最亮，此时灯泡两端交流电压是_____ V。
4. 调节 R_P 使灯泡最暗，灯泡两端交流电压是_____ V。
5. 可控硅导电的_____角度称为导通角。
6. 说明调光灯的控制对象为什么必须是白炽灯。

2.3 漏电保护电路

远在 2500 多年前，古希腊人就发现用毛皮摩擦过的琥珀能吸引像绒毛、麦杆等一些轻小的东西，他们把这种现象称作"电"。

1600 年，英国医生吉尔伯特（1544—1603）做了多年的实验，发现了"电力""电吸引"等许多现象，并最先使用了"电力""电吸引"等专用术语，因此许多人称他是电学研究之父。

18 世纪中叶，在大洋彼岸的美国，富兰克林又做了多次实验，进一步揭示了电的性质，并提出了电流这一术语。他认为电是一种没有重量的流体，存在于所有的物体之中。如果一个物体得到了比它正常的分量更多的电，它就被称之为带正电（或"阳电"）；如果一个物体少于它正常分量的电，它就被称之为带负电（或"阴电"）。所谓放电就是正电流向负电的过程。富兰克林对电学的另一重大贡献，就是通过 1752 年著名的风筝实验

"捕捉天电"，证明天空的闪电和地面上的电是一回事。他用金属丝把一个很大的风筝放到云层里去。金属丝的下端接了一段绳子，另在金属丝上还挂了一串钥匙。当时富兰克林一手拉住绳子，用另一手轻轻触及钥匙。于是他立即感到一阵猛烈的冲击（电击），同时还看到手指和钥匙之间产生了小火花，这在当时是一件轰动一时的大事。一年后富兰克林制造出了世界上第一个避雷针。

交流电（AC）的发明者是尼古拉·特斯拉（Nikola Tesla，1856—1943），他一生的发明数不胜数。1882年，他继爱迪生发明直流电（DC）后不久，即发明了交流电，并制造出世界上第一台交流电发电机，并始创多相传电技术。1895年，他替美国尼加拉瓜发电站制造发电机组，该发电站至今仍是世界著名水电站之一。1897年，他使马可尼的"无线传讯"理论成为现实。1898年，他发明无线电摇控技术并取得专利。1899年，他发明了X光（X-Ray）摄影技术。其它发明包括：收音机、雷达、传真机、真空管、霓虹光管等，甚至以他而命名的磁力线密度单位特斯拉（1 T = 10 000 G（高斯））更表明他在磁力学上的贡献。

电标示着现代文明，电也能带来灭顶之灾。电能可以烧坏电器、引起火灾，或者危及生命。为了安全用电，人们设计了种种防护设备，漏电保护器是应用最为广泛的防护设备。

漏电保护器简称漏电开关，又叫漏电断路器（图2-21），是用于在电路或电器设备绝缘受损而发生漏电故障时，防止人身触电和电气火灾的保护电器。它具有过载和短路保护功能，可用来保护线路或电动机的过载和短路，亦可在正常情况下作为线路的不频繁转换启动之用。

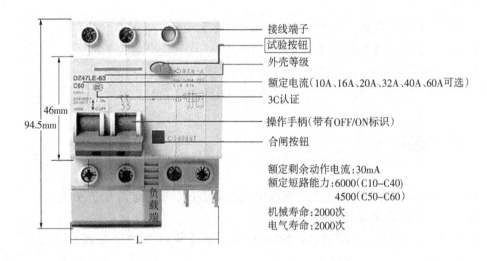

图2-21 单相漏电保护器面板

漏电保护器一般安装于每户配电箱的插座回路上和全楼总配电箱的电源进线上，后者专用于防止电气火灾。

注：**致命电流**

　　在较短时间内引起触电者心室颤动而危及生命的最小电流，称为致命电流，一般通电 1s 以上，50 mA 的电流就足以致命，因此致命电流为 50 mA。

　　安全电压

　　行业规定安全电压为 36 V，安全电流为 10 mA。能引起人感觉到的最小电流值称为感知电流，交流为 1 mA，直流为 5 mA；人触电后能自己摆脱的最大电流称为摆脱电流，交流为 10 mA，直流为 50 mA。在有防止触电保护装置的情况下，人体允许通过的电流一般可按 30 mA 考虑。

　　事实上，大多数情况人触电不等于死亡。冬天人体静电有可能高达十几万伏（足以击穿几厘米空气），在放电过程中的电流很大，但是时间很短，所以没有生命危险。

2.3.1　漏电保护器分类

　　漏电保护器可以按其保护功能、结构特征、安装方式、运行方式、极数和线数、动作灵敏度等分类，这里主要按其保护功能和用途进行分类，一般可分为漏电保护继电器、漏电保护开关和漏电保护插座三种。

　　1．漏电保护继电器

　　漏电保护继电器是指具有对漏电流检测和判断的功能，而不具有切断和接通主回路功能的漏电保护装置。漏电保护继电器可与带分励脱扣器或失压脱扣器的断路器、交流接触器、磁力启动器等组成漏电保护电路，作漏电和触电保护之用，可配备蜂鸣器、信号等各种声光器件组成漏电报警装置。

　　注：分励脱扣器是一种远距离操纵分闸的附件。当电源电压等于额定控制电源电压的 70% ～110% 之间的任一电压时，就能可靠分断断路器。分励脱扣器是短时工作制，线圈通电时间一般不能超过 1 s，否则线圈会被烧断。

　　2．漏电保护开关

　　漏电保护开关也称漏电保护断路器，兼具漏电保护、过载保护和短路保护三种功能。它将漏电保护器和断路器合二为一，只要发生漏电、过载、短路中的任何一种情况都会跳闸。漏电保护开关与熔断器、热继电器配合可构成功能完善的低压开关元件。

　　目前这种形式的漏电保护装置应用最为广泛。

　　3．漏电保护插座

　　漏电保护插座是指具有对漏电电流检测和判断并能切断回路的电源插座。其额定电流一般为 20 A 以下，漏电动作电流 630 mA，灵敏度较高，常用于手持式电动工具和移动式电气设备的保护及家庭、学校等民用场所。

2.3.2　漏电保护器主要结构

漏电保护器（图2-22）在反应触电和漏电保护方面具有高灵敏性和动作快速性，这是其它保护电器，如熔断器、自动开关等无法比拟的。自动开关和熔断器正常时要通过负荷电流，它们的动作保护值要超越正常负荷电流来整定，因此它们的主要作用是用来切断系统的相间短路故障（有的自动开关还具有过载保护功能）。而漏电保护器是利用系统的剩余电流反应和动作，正常运行时系统的剩余电流几乎为零，故它的动作整定值可以整定得很小（一般为mA级），当系统发生人身触电或设备外壳带电时，出现较大的剩余电流，漏电保护器则通过检测和处理这个剩余电流后可靠地动作，切断电源。

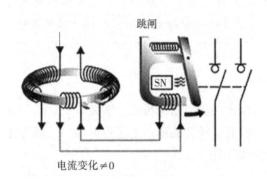

图2-22　电磁式漏电保护结构示意图

电气设备漏电时，将呈现异常的电流或电压信号，漏电保护器通过检测、处理此异常电流或电压信号，促使执行机构动作。我们把根据故障电流动作的漏电保护器叫电流型漏电保护器，根据故障电压动作的漏电保护器叫电压型漏电保护器。由于电压型漏电保护器结构复杂，受外界干扰动作特性稳定性差，制造成本高，现已基本淘汰。国内外漏电保护器的研究和应用均以电流型漏电保护器为主导地位。

电流型漏电保护器（即电磁式）是以电路中零序电流的一部分（通常称为残余电流）作为动作信号，且多以电子元件作为中间机构，灵敏度高，功能齐全，因此这种保护装置得到越来越广泛的应用。电流型漏电保护器的构成分为四部分，见图2-23。

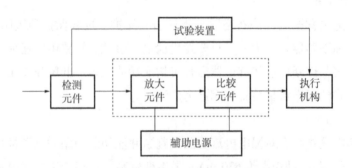

图2-23　电流型漏电保护器的组成关系

（1）检测元件：检测元件是一个零序电流互感器。被保护的相线、中性线穿过环形铁芯，构成了互感器的一次绕组 N_1，缠绕在环形铁芯上的绕组构成了互感器的二次绕组 N_2，如果没有漏电发生，这时流过相线、中性线的电流向量和等于零，因此在 N_2 上也不能产生相应的感应电动势。如果发生了漏电，相线、中性线的电流向量和不等于零，就使 N_2 上产生感应电动势，这个信号就会被送到中间环节进行进一步的处理。

（2）中间环节：中间环节（图 2－20 虚线框部分）通常包括放大器、比较器、脱扣器，当中间环节为电子式时，中间环节还要辅助电源来提供电子电路工作所需的电源。中间环节的作用就是对来自零序互感器的漏电信号进行放大和处理，并输出到执行机构。

（3）执行机构：该结构用于接收中间环节的信号，实施动作，自动切断故障处的电源。

（4）试验装置：漏电保护器是一个保护装置，应定期检查其是否完好、可靠。试验装置就是通过试验按钮和限流电阻的串联，模拟漏电路径，以检查装置能否正常动作。

2.3.3 漏电保护器工作原理

1. 基本原理分析

当人手触摸电线并形成一个电流回路时，人身上就有电流通过。当电流足够大时，就能够被人感觉到以至于形成危害。在触电已经发生时，要求在最短的时间内切除电流回路，如果通过人体的电流是 50 mA 时，要求在 1 s 内切断电流；如果是 500 mA 的电流通过人体，那么切断时间限制在 0.1 s 以内。

图 2－24 是简单的漏电保护装置的原理图。从图中可以看到，漏电保护装置安装在电源线进户处，也就是电度表的附近，接在电度表的输出端即用户端侧。图中把所有的家用电器用一个电阻 R_L 替代，用 R_N 替代接触者的人体电阻。

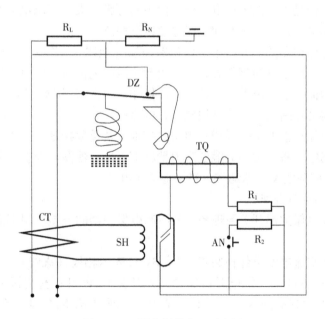

图 2－24 漏电保护装置示意图

图中的 CT 表示"电流互感器"，它是利用互感原理测量交流电流用的，所以叫"互感器"，实际上是一个变压器。它的原边线圈是进户的交流线，把两根线当作一根线并起来构成原边线圈。副边线圈则接到"舌簧继电器"SH 的线圈上。

所谓的"舌簧继电器"就是在舌簧管外面绕上线圈，当线圈通电时，电流产生的磁场使得舌簧管里面的簧片电极吸合，接通外部电路；当线圈断电后簧片电极释放，外电路断开。总而言之，这是一个小巧的继电器。

原理图中开关 DZ 不是普通的开关，它是一个带有弹簧的开关，当人克服弹簧力把它合上以后，要用特殊的钩子扣住它才能够保证处于接通状态。

舌簧继电器的簧片电极接在"脱扣线圈"TQ 电路里。脱扣线圈是电磁铁的线圈，当舌簧继电器的簧片电极闭合时，线圈电流就会产生吸引力，这个力足以使弹簧开关的钩子解脱，使得 DZ 立刻断开。因为 DZ 串接在用户总线的火线上，所以在弹簧开关脱扣后就断电使人得救，保护了生命。

漏电保护器是怎样知道人体触电或设备漏电呢？从图中可以看出，如果没有触电现象，电源两根线里的电流在任何时刻都是大小相等、方向相反的，因此 CT 原边线圈里的磁通完全抵消而为零，则副边线圈没有输出。如果有人触电或设备漏电，相当于火线上有电流经过电阻 R_N 流出，破坏了原来的电流平衡，电流互感器有磁通量的变化，CT 的副边产生感应电压，在其负载上有电流输出。当漏电电流达到一定值时，感应电压的输出电流可以使得 SH 的触点吸合，使脱扣线圈通电，脱扣电磁铁把钩子吸开，开关 DZ 断电，起到漏电保护作用。

值得注意的是，DZ 是一个机械开关，一旦弹簧开关脱扣，即使故障排除它也不会自行闭合。故在检查无隐患后，人为控制，恢复供电。

2．触电保护器的正确使用

有了触电保护器是可以保证用电安全，但不是万无一失，要求电力线路安装正确。不然，达不到安全用电的目的。安装使用时注意以下两点：

（1）经过漏电保护器的中性线不得作为保护线（地线）。若在交流电路铺设时，因为没有接地的地线，将接地改为接零方式后，当产生漏电电流时，漏电电流经电器设备外壳又流回了零线，即流回了漏电保护器的互感线圈中，这时互感器中的电流总和仍为 0，不会引发漏电保护器动作断电，达不到漏电保护的目的。

（2）经过漏电保护器的工作零线不得重复接地。若重复接地，则由于大地会分走一部分电流，这样在用电设备正常和无触电现象情况下，也会使漏电保护器的交流互感器电流总和不为 0，从而使漏电保护器动作，错误地关闭电源。

3．漏电保护器电路分析

图 2 - 25 是漏电保护器开关原理图，实际漏电保护器的连接应根据系统使用的接零保护方式来决定。

这是一个三相交流电安全保护装置，A、B、C 表示相线（火线），N 代表中性线（零线）。图中 L 为电磁铁线圈，漏电时可驱动闸刀开关 K_1 断开；整流桥的每个桥臂用两只 1N4007 二级管串联可提高耐压。R_3、R_4 阻值很大，所以 K_1 闭合时，流经 L 的电流很小，不足以造成 K_1 断开。

R_3、R_4 是可控硅 T_1、T_2 的均压电阻，可以降低对可控硅的耐压要求。K_2 为试验按钮，起模拟漏电的作用。在按压试验按钮 K_2 时，K_2 接通，相当于相线 C 对地有漏电，模

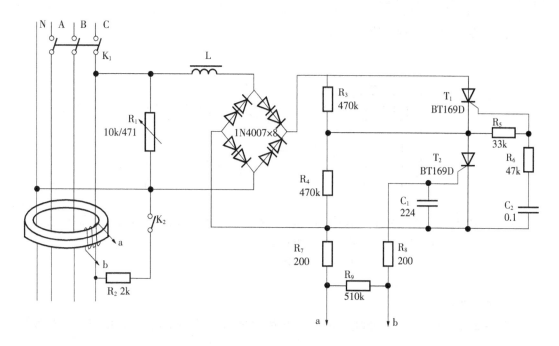

图 2-25　DZ15CE-40/490 漏电断路器电路图

拟触电事故发生。此时，穿过磁环的三相电源线和零线的电流的矢量和不为零，磁环上的检测线圈的 a、b 两端就有感应电压输出，此电压立即触发 T_2 导通。由于 C_2 预先有一定电压，T_2 导通后，C_2 便经 R_6、R_5、T_2 放电，使 R_5 上产生的电压触发 T_1 导通。T_1、T_2 导通后，流经 L 的电流增大，使电磁铁动作，驱动开关 K_1 断开，试验按钮的作用是随时可检查本装置功能是否完好。R_1 为压敏电阻，起过压保护作用。

该保护器电磁开关的动作由可控硅来控制，远比舌簧继电器的控制力度大得多，可用于大功率电气设备或楼宇供电电路中。

DZ15CE-40/490 漏电断路器原理简单，使用元件少，维修方便，但在更换零件时要注意所换配件的可靠性和参数应符合要求。

2.3.4　基于 VG54123 的漏电断路器电路分析及调整

VG54123 是国产漏电保护器专用集成电路，它的特点是温度范围宽（环境温度 -20 ～ +80 ℃）、温度特性好、输入灵敏度高（典型值 $V_T = 6.1$ mV）、外围元件少、抗干扰和抗冲击能力强、功耗低，典型值 5 mW。且在 110 ～ 220 V 电压均可使用，因而广泛应用。

1. VG54123 的功能

VG54123 的电路功能如图 2-26 所示，主要由稳压、参考电压、差分放大器、闩锁四部分电路组成。

（1）稳压电路：将外部供给的直流电压稳定在 12 V，使后续电路获得稳定的工作电压。

（2）参考电压电路：为运算放大器的同相端提供参考电压。

（3）差分放大器：对零电流互感器送来的检测信号进行放大。

（4）闪锁电路：对放大器输出的信号进行判断，当该电压达到一定值后就输出触发电压，使晶闸管导通，实现交流电断路的控制。

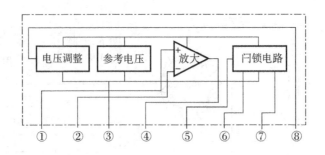

①—参考电压 V_R 端；②—检测信号输入端 Input；③—接地端 GND；④—放大器输出 O_D 端；⑤—闪锁电路输入 S_C 端；⑥—噪声抑制 N_R 端；⑦—触发输出 O_S 端；⑧—电源 V_S 端。

图 2 - 26　VG54123 的结构框图

2．工作原理

图 2 - 27 为正泰 NL18 型漏电断路器的电路原理图，图 2 - 28 为印刷电路设计参考图。

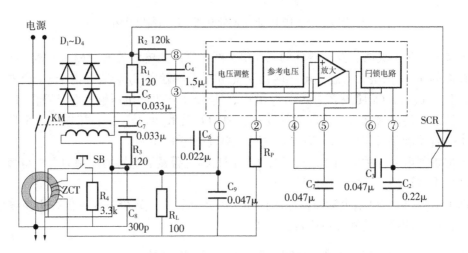

图 2 - 27　NL18 型漏电断路器的电路原理图

电路图中 $D_1 \sim D_2$ 为整流桥，KM 为继电器（设计为手动闭合、通电分断的模式），SB 为常开按钮（试验用），ZCT 为零电流互感器（检测漏电流），SCR 为晶闸管，投入使用时 KM 触点闭合。

在交流电路正常情况下，220 V 交流电经 KM 的线圈送至整流桥，整流、滤波（R_1、C_5）后的直流电压约为 310 V，经降压（R_2）、滤波（C_4）后送到 VG54123 的⑧脚进行稳压（12 V）并供 VG54123 的内部电路使用。由于 VG54123 的工作电流很小（2 mA 左右），KM 的线圈所产生的电磁力也很小，不能吸合簧片而断开 KM 的触头，因此，断路器不动作。

当受保护的电路出现漏电流时，在 ZCT 的二次绕组中感应电流产生，该电流在负载电

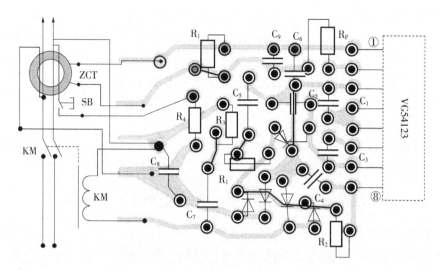

图 2 – 28　NL18 型漏电断路器的印刷电路图

阻 R_L 上转换成电压信号，经引入电阻 R_P 送至放大器的反相端②脚。放大后的信号由④脚输出，经 C_1 滤波后从⑤脚送入闩锁电路。

当漏电流较小（如小于动作电流 10 mA）时，放大后的电平信号也小，闩锁电路输出（⑦脚）低电平，断路器仍然不动作。

当漏电流较大于动作电流时，放大后的信号较大，闩锁电路输出（⑦脚）高电平并对 C_2 充电，同时触发可控硅 SCR。一旦 SCR 导通，可控硅使整流桥（$D_1 \sim D_4$）上下联通，此时的整流桥就相当于电子开关——即两桥臂之间的交流输入点闭合，将 220 V 的交流电压加到 KM 线圈的两端，线圈中的电流剧增并产生足够大的电磁吸合力迫使 KM 触头分断，完成断电保护动作。

R_3、C_7 构成吸收电路，吸收断电时 KM 线圈上的自感电动势。

为检验漏电保护电路是否正常，规定漏电断路器在使用中要做定期试验。完好的断电保护器，在实验时只要按下 SB，通过 R_4 形成一个合适的模拟漏电流，导致断路器的保护动作。如果实验时电路无反应，则说明自控电路损坏。

3. 动作电流的调整

漏电断路器在出厂时已经设定了动作电流，有的漏电断路器上带有调整旋钮（或开关），但 NL18 型漏电断路器就没有。在不同的应用环境下可能需要的动作电流不同，因此需要重新调整动作电流。

决定动作电流大小的元件是 ZCT 的负载电阻 R_L，动作电流与 R_L 成反比，即 R_L 越大，动作电流就越小。

调整的方法：

第一步：切断电源，拆开断路器的电路板，去掉 R_L，用一个 2 kΩ 的电位器取代并把阻值调到最小，重新装好断路器并把电位器至于外部；

第二步：选一个适当（要考虑发热功率）的电阻 R_x（$R_x = U/I_x$，U 为电源电压，I_x 为设定动作电流）跨接在 ZCT 两端的火线和零线上，使之产生人为的漏电流；

第三步：接通电源，并使漏电断路器处于工作状态，将电位器的阻值由小到大慢慢调整，直到断路器动作为止；

第四步：断开电源，取下电位器并测出调整后的阻值，选一个阻值相当（稍微偏大）的固定电阻焊接上；

第五步：选一个阻值与 R_x 相当（稍微偏小）的固定电阻替换 R_4 即可。

注意事项：

① 操作过程中谨防触电；

② 电位器用 20 cm 以上的软导线连接；

③ R_x 可在断路器的进线端和出线端分别连接火线和零线。

2.3.5 漏电保护断路器和漏电保护插座的使用区别

1. 位置区别

漏电保护断路器安装在分支线路出口处，而漏电保护插座安装在每个用电电器端口。当线路漏电时，由于漏电保护断路器是分支线路出口处安装，终端故障也会导致整个支路断电而使全家黑灯瞎火；而漏电保护插座在支路上电器或线中漏电时，只是单支线路不通电，不影响其它房间。相比之下，漏电保护插座安装维修更方便。

2. 接线保护区别

漏电保护断路器只有火线保护（图 2 – 29），而漏电保护插座带有火线、零线保护。在使用漏电保护断路器时，注意火线的接入位置。对于 1P + N 漏电断路器，N 极没有过载保护特性，即没流脱扣功能。如果电源侧（入户）接反，当关掉开关后，火线仍然带电，因为 1P + N 只断开火线，不断开零线。原则上零线是不能加接开关和熔断器的。

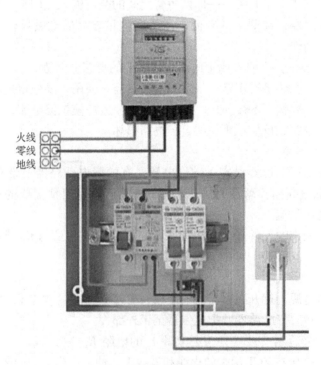

图 2 – 29　漏电保护断路器的接线位置和方式

如果漏电保护断路器输入输出接反，在故障发生时会导致电子式漏电保护器的脱扣线圈无法随电源切断而断电，以致长时间通电而烧毁。

3. 漏电电流和漏电脱扣时间区别

漏电保护断路器：$I_{\Delta n} = 30$ mA，动作时间 0.1 s；漏电保护插座：$I_{\Delta n} = 6$ mA，动作时间 0.025 s。相比，漏电保护插座的额定剩余漏电电流更小，快速脱扣，更安全。

其电压适用范围是交流 50 Hz，额定电压 380 V，额定电流至 250 A。

2.3.6 技术参数

漏电保护器的主要动作性能参数有：额定漏电动作电流、额定漏电动作时间、额定漏电不动作电流。其它相关参数有：电源频率、额定电压、额定电流等。

（1）额定漏电动作电流：在规定的条件下，使漏电保护器动作的电流值。例如 30 mA 的保护器，当通入电流值达到 30 mA 时，保护器即动作断开电源。

（2）额定漏电动作时间：是指从突然施加额定漏电动作电流起，到保护电路被切断为止的时间。例如 30 mA × 0.1 s 的保护器，从电流值达到 30 mA 起，到主触头分离止的时间不超过 0.1 s。

（3）额定漏电不动作电流：在规定的条件下，漏电保护器不动作的电流值，一般应选漏电动作电流值的二分之一。例如漏电动作电流 30 mA 的漏电保护器，在电流值达到 15 mA 以下时，保护器不应动作，否则因灵敏度太高容易误动作，影响用电设备的正常运行。

图 2-30 给出的是采用集成电路作为控制单元的漏电保护器的内部结构。

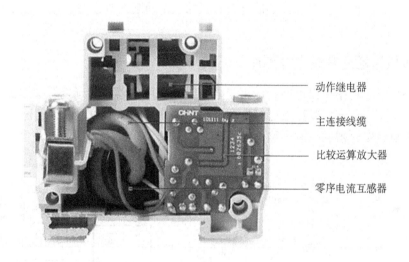

图 2-30 漏电保护断路器的内部结构

另外，特别指出两点：

（1）当发生人体单相触电事故时（这种事故在触电事故中概率最高），即在漏电保护器负载侧接触一根相线（火线）时它能起到很好的保护作用。如果人体对地绝缘，但此时触及一根相线和一根零线，由于无对地泄漏电流，故漏电保护器不能起到保护作用。

（2）由于漏电保护器的作用是防患于未然，电路工作正常时反映不出它的重要性，往往不易引起大家的重视。有人在漏电保护器动作时不是认真地找原因，而是错误地将漏电保护器短接或拆除，这是极其危险的做法。

实训练习

1. 漏电保护器是用于在电路或电器设备绝缘受损而发生_____故障时，防止人身触电和电气火灾的保护电器。

2. 行业规定：安全电压为_____V，安全电流为 10 mA。在较短的时间内危及生命的电流称为致命电流，如 100 mA 的电流通过人体 1 s，可足以使人致命，因此致命电流为_____mA。

3. DZ 是一个机械开关，一旦弹簧开关脱扣，即使故障排除它也不会自行闭合。故在检查无隐患后，需要人为控制，恢复供电。

4. 说明漏电保护器是通过什么原理知道人体触电或设备漏电事故的。

2.4 定时开关电路

工矿机关、市政管理或家用电器等电源的开或关，常常需要在不同的时间延迟后执行，如机关单位的空调提前预冷、城市照明的定时控制、家庭电饭煲的定时开启、手机电池的定时充电等。此刻，定时开关电源成为需求，利用它可实现人们对电气设备的启闭，按时段进行安排的控制。本节介绍带有定时器的电源通断控制设备，以满足工作和生活上的需要。

2.4.1 多用途延迟开关电源插座

该插座属于小功率输出电路，可用于电饭煲等家用电器，其延迟开关电路如图 2 - 31所示，它由降压、整流、滤波及延时控制电路等部分组成。图中左侧为直流电源和受控电路，右侧为延迟定时器和控制电路。

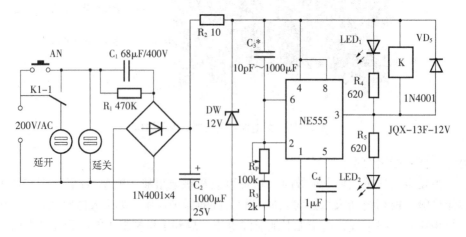

图 2 - 31　延迟开关电源电路

1. 电路构成

这是一个由 555 集成电路构成的定时器，它由降压和整流电路、延时电路和控制电路三大部分组成。

1) 降压、整流电路

降压电路由电容 C_1 和电阻 R_1 完成，整流电路由 4 个 1N4001 二极管构成桥式全波，也可使用集成桥式整流电路，要求电路不大，整机耗电不到 100 mW。滤波工作由 1 000 μF 电容 C_2 完成，R_2 是稳压管的限流保护电阻，经稳压管 DUU 稳幅后，给后继电路供电。

2) 延时电路

集成电路 NE555 和外围元件组成三五定时器，开关动作延时时间由 RC 的时间常数 T 来决定。在电路中，延时电容为 C_3，延时电阻由电位器 R_P 和保护电阻 R_3 组成，RC 振荡器的时间常数的计算公式为：

$$T \approx 1.1 \cdot C_3(R_P + R_3) \tag{2-1}$$

R_P 是 100 kΩ 电位器的有效部分；根据定时所需时间，C_3 的取值可在 10 pF ～ 1 000 μF 之间确定，延时电阻 $(R_P + R_3)$ 的值可取 2 kΩ ～ 10 MΩ。

3) 控制电路

交流电由继电器（K）控制，电路中继电器采用的型号是 JQX - 13F - 12 V。由于继电器线圈属于电感性质，在电流突变时，电感线圈会产生一个很强的电动势，来试图维持电流的不变，这个电动势非常强，它会击穿试图阻断电流的"开关"。通常，在继电器的线圈两端都会并联一个反向接入的泄流二极管，VD_5 就是为这个电动势提供一个泄放的通路。有了 VD_5，继电器线圈的电动势就不会太高，从而保护了开关和其它元器件不至于损坏。

电路图中的"延开""延关"表示两个电源插座；延时关闭的电器接入继电器 K1 - 1 的常开点，延时开启的电器接入继电器 K1 - 1 的常闭点。

常开点：在延时电路工作时，触点吸合；

常闭点：在延时电路断电时，触点闭合。

2. 工作原理

当按下 AN，12 V 工作电压加至延开定时器上，这时 NE555 的②脚和⑥脚为高电平，则 NE555 的③脚输出为低电平，因此继电器 K 得电而工作，触点 K1 - 1 向上吸合，这时"延关"插座得电，而"延开"插座断电。

此时，12 V 电源通过电容器 C_3、电位器 R_P、电阻 R_3 至"地"的回路，对 C_3 进行充电。随着 C_3 上的电位升高，NE555 的②、⑥脚的电位逐渐下降，当此电压下降至 2/3 V_{cc} 时，NE555 的③脚输出由低电平跳变为高电平，这时继电器将失电而停止工作，其控制触点因无电磁力吸合而恢复原位，则"延关"插座失电，而"延开"插座得电。

延开、延关两种插座满足了不同的需求，指示灯 LED_1、LED_2 用作相应的指示。

C_1 的耐压值应 ≥400 V，R_1 的功率应 ≥2 W，按钮开关 AN 可选用 K - 18 型的，其它元器件无特殊要求。

电路的启动是由按钮开关 AN 完成的，为何点击之后电路能够保持接通状态？这是因为有一个名为"互锁"的电路，它由开关 AN 和继电器 K1 - 1 的常开触点构成。当 AN 闭合时，电路给继电器供电，K1 - 1 的常开触点吸合短路了开关 AN；在 AN 断开后，交流电已经可从继电器的触发开关上流过，无须 AN 的闭合，这就是互锁电路及其作用。

2.4.2 基于单片机的定时开关电路

分时用电的错峰填谷节能措施已在我国多个地区实施，规定在用电低谷时段实行半价收费的政策。家用电热水器的功率一般是 1 500 ~ 2 000 W，如果控制在非用电高峰时段工作，一年下来可节约几百元电费，既经济又环保。

引用单片机技术设计的定时控制电源（或插座）可以弥补普通电源控制和电源插座功能的不足，通过电脑系统可以设置 24 小时内（或更长）的任意开关定时时段和一小时内的 6 组快速模式定时，同时也能够通过红外遥控进行控制，使外接电器按照一定规律工作，既可以达到智能控制的目的，又在很大程度上起到节能的作用。

2.4.2.1 系统设计

本系统以单片机 STC89C52 为核心，通过编程和接口输出，可对工矿、机关或城市的某项电气设备用电实现定时控制的目的，也可应用于家用电器的定时控制系统，或具体到定时开关电源插座。

本例实验电路的要求是能够控制一路 220 V/10 A 的电源插座，使其在 24 小时内可以预先设定定时范围，每天周而复始地控制用电器的自动开启和关闭，同时还能通过红外遥控随时控制插座的开关，从而达到方便、智能、节电的目的。

2.4.2.2 系统设计方案选择

（1）单片机芯片的选择。

本次设计采用的是 STC89C52 主控芯片。芯片 STC89C52 相比 AT89C52，具有功能强大、速度快、寿命长、价格低的优点。STC89C52 可以完成 ISP 在线编程功能，利用伟福软件、Keil 软件等可直接将编写好的程序下载到 STC89C52 中，MCU 则可执行相应的功能，而且 STC89C52 芯片还可以反复地进行擦写，断电不丢失。

> 注：ISP（在线系统编程）就是当系统上电并正常工作时，计算机通过系统中的 CPLD 拥有的 ISP 直接对其进行编程，器件在编程后立即进入正常的工作状态。这种 CPLD 编程方式的出现，改变了传统的使用专用的编程器编程方法的诸多不便。

（2）显示模块选择。

采用 LCD1602 液晶显示。LCD1602 液晶能够同时显示 16 ×02 即 32 个字符，1602 液晶显示模块内部的字符发生存储器（CGROM）已经存储了 160 个不同的点阵字符图形，这些字符有：阿拉伯数字、英文字母的大小写、常用的符号和日文假名等。

（3）定时设置的选择。

采用 DS1302 时钟芯片实现计时。DS1302 芯片是一种高性能的时钟芯片，可自动对秒、分、时、日、周、月、年以及闰年补偿的年进行计数，而且精度高，用于高速数据暂存的 31 ×8RAM，工作电压在 2.5 ~ 5.5 V 范围内，2.5 V 时耗电小于 300 nA。采用这种专用时钟芯片可以更精确地实现定时插座的定时目的，定时准确又不占用太多系统资源。

（4）控制插座设备选择。

采用 SONGLE SRD – 05 VDC – SL – C 继电器。该继电器最大可以耐压交流 250 V，最大可通过 10 A 的交流电流。继电器是一种电子控制器件，它具有控制系统（又称输入回路）和被控制系统（又称输出回路），通常应用于自动控制电路中。

（5）按键的选择。

采用独立式按键。独立式按键每个键单独占一个 I/O 端口，工作状态互不影响，通过检测输入线的电平状态可以很容易判断哪个按键被按下。独立式按键电路配置灵活，软件结构简单。

（6）电源选择方案。

采用 5 V 稳压电源供电。因为继电器等器件要求电压电流比较大，所以将 12 V 电源通过 78L05 稳压芯片输出 5 V 给单片机等外部设备供电。实验调试时可从电脑的 USB 电源取电给单片机供电。

（7）红外遥控控制方案。

本系统采用已编码的 38 kHz 红外遥控器发射接收模块，介于自制红外编码发送接收模块的设计复杂性，可采用已完成编码的红外遥控器商品和红外接收管，实现红外控制的目的。

2.4.2.3 硬件电路设计及工作原理

定时电源系统在未设置任何定时任务时，显示屏作为时钟使用。通过按键可设置 24 h 内两组开关的定时时间，以及六组 1 h 内的固定模式定时电源供电，分别控制插座的开关，从而控制外部电器的工作与否。

红外遥控所实现的是通过遥控器的电源键，一键控制定时开关插座的开关状态，也可通过红外遥控器的 6 个数字按键分别实现一键设定从当前开始的固定模式的定时。

电脑定时电源控制系统的硬件电路框图如图 2 – 32 所示。

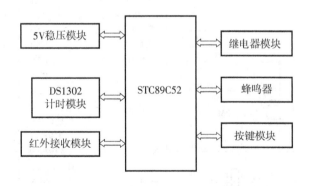

图 2 – 32 基于电脑芯片的定时电源电路框图

1. 主控制器 STC89C52

STC89C52 是一常用的单片机芯片，结构为双列直插 40 引脚，具有许多独特的优点：体积小、重量轻、单一电源、低功耗、功能强、价格低廉、运算速度快、抗干扰能力强、可靠性高等，所以特别适用于实时测控系统，已成为实现自动化、智能化的理想模型。

其内部包含以下功能部件：

- 8 位 CPU；
- 振荡器和时钟电路；
- 8 K 字节的程序存储器 EPROM；
- 256 字节的数据存储器 RAM；
- 可寻址外部存储器和数据存储器各 64 字节；
- 20 多个特殊功能寄存器；
- 32 线并行 I/O 口；
- 一个全双工串行 I/O 口；
- 3 个 16 位定时器/计时器；
- 6 个中断源，2 个优先级，统计中断按优先顺序查询；
- 具有较强功能的位处理能力。

图 2－33 为单片机部分的电路原理图。

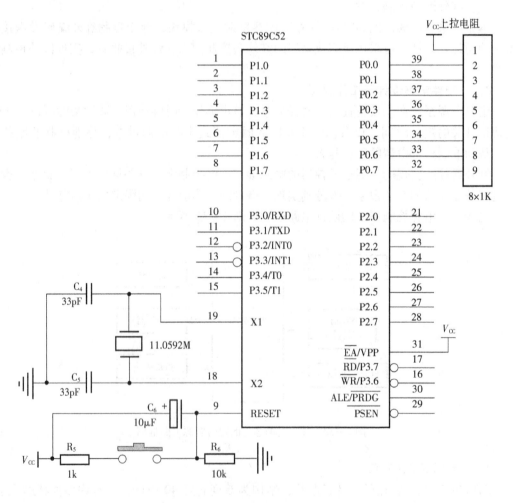

图 2－33　单片机部分的原理图

2．稳压电源电路

采用 78L05 三端稳压器构成直流电源电路。电路中的继电器是比较耗电的器件，如果驱动功率不足将导致继电器无法工作。因而采用 12 V 电源通过 78L05 稳压电路后，获得稳定的 5 V 直流电压给单片机和外部器件供电。

78LXX 系列是三端正电源稳压电路，封装形式为 TO - 220，如图 2 - 34 所示。它具有一系列固定的电压输出，应用非常广泛。每种类型由于内部电流的限制，以及过热保护和安全工作区的保护，性能可靠。在保证散热时，它能提供大于 1.5 A 的输出电流。当接入适当的外部器件后就能获得各种不同的电压和电流。

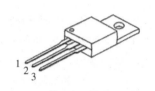

1—输入；2—接地；3—输出

图 2 - 34　78L05 三端稳压器

78L05 具有以下特点：

- 最大输出电流为 1.5 A；
- 输出电压为 5 V；
- 热过载保护；
- 短路保护；
- 输出晶体管安全工作区保护。

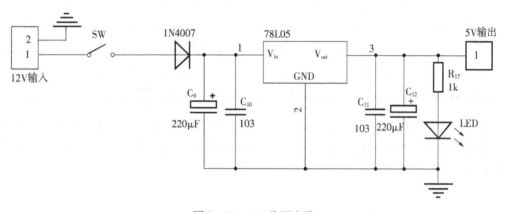

图 2 - 35　5 V 稳压电路

图 2 - 35 所示为 5 V 稳压电路。

3．DS1302 计时电路

系统采用 DS1302 作为计时器，从而实现定时控制电源能在 24 h 内实现任意时间的可变定时和 1 h 内的固定模式定时。这样可以使得定时准确、方便，节约系统资源，同时程序编写上也能相对简单。

DS1302 是高性能时钟芯片，具有以下特性：

- 实时时钟，可对秒、分、时、日、周、月，以及带闰年补偿的年进行计数；
- 用于高速数据暂存的 31 × 8RAM；
- 最少引脚的串行 I/O；
- 工作电压：2.5 ~ 5.5 V；
- 2.5 V 时耗电小于 300 nA；

- 用于时钟或数据读/写的单字节或多字节数据传送；
- 8 引脚 DIP 或可选的用于表面的 8 引脚 SOIC 封装；
- 简单的 3 线接口；
- TTL 兼容（$V_{CC} = 5$ V）；
- 可选的工业温度范围 $-40 \sim +85$ ℃；

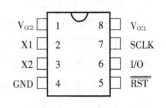

图 2-36　DS1302 的芯片引脚示意图

在 DS1202 基础上增加的特点：可选的慢速充电的能力；用于主电源和备份电源的双电源引脚；备份电源引脚可用作电池或超容量电容器的输入端；附加的高速暂存存储器（7 个字节）。

图 2-36 所示为 DS1302 的芯片引脚示意图，表 2-2 所示为 DS1302 各引脚的功能。

表 2-2　DS1302 引脚功能

引脚号	引脚名称	功　　能
1	V_{CC2}	主电源
2、3	X_1、X_2	振荡器，外接 32 768 Hz 晶振
4	GND	电源地
5	RST	复位
6	I/O	数据输入/输出（双向）
7	SCLK	串行时钟
8	V_{CC1}	后备电源

系统的计时电路如图 2-37 所示，通过该电路可以很好地实现定时插座的各项定时设置。其中干电池起着备用电源的作用，当交流电断电后，备用电源可保证 DS1302 时钟电路正常工作，在交流电恢复供电时不需要重新调整时间。

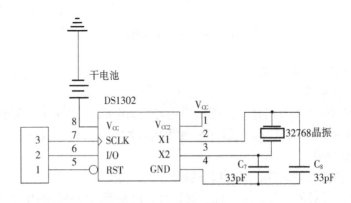

图 2-37　DS1302 计时电路

4. LCD1602 显示电路

系统采用 LCD1602 字符型液晶显示器。LCD 液晶显示器是一种低功耗的显示器件，广泛应用于工业控制、消费电子及便携式电子产品中。它不仅省电，而且能够显示大量的信息，如文字、曲线、图形、动画等，其功能比数码管强大得多。表2-3为LCD 1602引脚功能说明。

表2-3 LCD 1602 引脚功能

编　号	符　号	引脚说明	编　号	符　号	引脚说明
1	V_{SS}	电源地	9	D_2	Data I/O
2	V_{DD}	电源正极	10	D_3	Data I/O
3	V_L	液晶显示偏压信号	11	D_4	Data I/O
4	RS	数据/命令选择端	12	D_5	Data I/O
5	R/W	读/写选择端	13	D_6	Data I/O
6	E	使能信号	14	D_7	Data I/O
7	D0	Data I/O	15	BLA	背光源正极
8	D_1	Data I/O	16	BLK	背光源负极

5. 红外遥控电路

图2-38为红外遥控系统框图。商品遥控器的每个按键都已经编码，当发射器拨键开关拨到ON挡时，即有遥控码发出（可以发送任意数字，暂定为发送0AAH（二进制：10101010B）。这种遥控码具有以下特征：采用脉宽调制的串行码，刚开始发送38 K码5 ms来判定发射码开始标志；以脉宽为1.5 ms、间隔0.5 ms、周期为2ms的组合表示二进制的"1"；以脉宽为0.5 ms、间隔1.5 ms、周期为2 ms的组合表示二进制的"0"。

解码的关键是如何识别"0"和"1"。从位的定义可以发现，接收判定"0""1"就是判定每个周期开始时低电平（注意发射与接收码正好反相）出现时间的长短，如果接收到为0的时间为1.5 ms则为1，如果接收到0的时间为0.5 ms则接收到的值为0。

图2-39所示为红外接收管电路，通过红外遥控即可通过单片机解码红外信号，得出对应的键值，执行相应的动作。

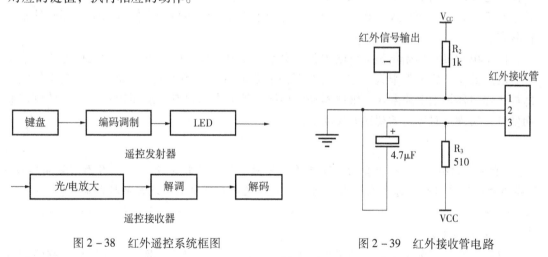

图2-38 红外遥控系统框图　　　　图2-39 红外接收管电路

6. 继电器电路

功率控制电路采用的是图2-40所示的SONGLE SRD-05 VDC-SL-C继电器，这是一个固体继电器（半导体电路构成的继电器），满足 220 V/10 A 的设计要求。

在本系统中，继电器主要是用于控制插座的开关状态，通过单片机 I/O 输出信号控制继电器的工作与否，从而达到控制插座供电的目的。

同时，为了防止倒流，电路中加入了光电耦合器 4N25 作为隔离电路。4N25 由砷化镓红外发光二极管和硅光电晶体管构成光电耦合器，是一种发光二极管与光电晶体管面对面封装的单回路、内光路结构，外部输出 6 引脚 DIP 封装形式。

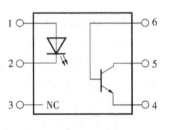

图 2 – 40　SONGLE SRD – 05 VDC – SL – C 继电器

4N25 光电耦合器具有体积小、寿命长、无触点、抗干扰性能强等特点，因而是开关电路、逻辑电路、长线传输、模/数变换、微控制器的隔离电路、高压控制、过流保护、电平匹配、线性放大等领域中的首选器件。

其主要性能如下：
- 晶体管输出光电耦合器；
- 输出集电极电流（$I_p = 10$ mA，$V_{ce} = 10$ V）；
- C – E 饱和电压（$I_c = 2$mA，$I_f = 50$ mA）；0.15 V（typ）
- 隔离电压（$f = 60$ Hz，$t = 1$）；7 500 V（交流峰值）；
- 隔离电阻（$V = 500$ V）；102 Ω（min）；
- 隔离电容（$V = 0$ V，$f = 1$ MHz）；0.2 pF（typ）。

其功能和引脚框图如图 2 – 41 所示。

图 2 – 41　4N25 功能框图

基于以上光耦和继电器两个主要器件，可以构成控制外部插座的继电器电路，从而实现对连接的电气设备实施控制。

如图 2 – 42 所示，当给 I/O 输入端输入高电平（1）时，光电耦合器导通构成回路，光耦集电极的低电平使受控三极管 8050 截止，继电器的第 5 脚处于高电位，继电器部分处于非工作状态；而输入为 0 时，光电耦合器不工作，电路翻转，使得继电器部分处于工作状态。

由于单片机的初始化是 I/O 输出为高电平，正好可以使外部继电器无工作电流，输出控制触点处于"常开"状态。当通过按键或者定时器时钟到了关闭时间，I/O 输出低电平即可让继电器控制电路翻转，继电器动作使触点返回常闭状态，从而让外部电源插座接通而供电，实现定时设置的智能开关功能。

> 注：1N4148 是一种小型的高速开关二极管，开关比较迅速，广泛用于信号频率较高的电路进行单向导通隔离，以及通信、电脑板、电视机电路及工业控制电路。

7. 蜂鸣器电路

设计中加入了如图 2 – 43 的蜂鸣器电路，一是为了检测是否收到红外信号，当收到红外信号时蜂鸣器发出轻微的鸣叫；二是为设定时钟到达时发出短暂蜂鸣以提醒定时插座的开关状态改变了。同时，设计有一个 LED 反映插座的开关状态，当红灯亮时，插座处于

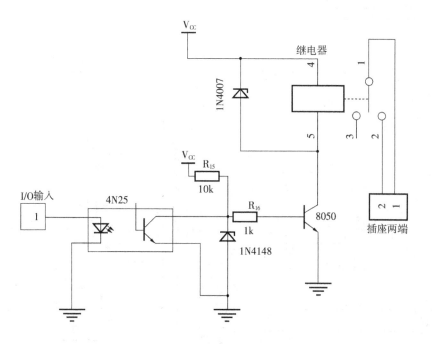

图 2 – 42　继电器电力控制电路

工作状态，反之为切断电源状态。

8. 整机硬件电路及其工作原理

定时电源控制系统可通过外设的四个独立式按键设置两组 24 h 内的任意开关定时和六组 1 h 以内的模式定时，分别为 10 min、20 min、30 min、40 min、50 min、60 min。任意时间定时模式可以让定时设备在已设置的开启时间内工作，而到达定时设置的关闭时间停止工作；模式定时则让插座在设置的模式定时开始时使定时插座工作，到达模式定时的时间，让定时插座停止供电。

同时，定时插座也可以通过红外遥控执行相应的设置，遥控的电源按键可以随时让定时插座开启或关闭，其数字键按 1 ～ 6 也可以分别设置 1 h 内

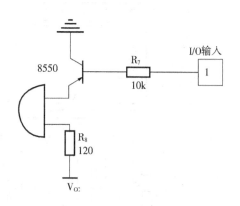

图 2 – 43　蜂鸣器电路

的模式定时，工作原理和通过外设按键设置的模式定时一致。当未设置任何定时的时候显示屏显示日历，当检测到有外设按键和红外遥控器按键按下时执行相应的定时任务。定时插座的工作状态由红色 LED 显示，在切换工作状态的时刻，蜂鸣器也会发出短暂的响声。

微电脑控制系统的总体电路如图 2 – 44 所示，PCB 电路设计参考图为图 2 – 45。单片机由 5 V 电源输入，开机时各模块分别初始化后开始工作，插座的工作与否由继电器控制。单片机从 DS1302 模块中读取计时参数，显示在 LCD1602 液晶显示器上，具体显示为年、月、日、周、时、分、秒。开始时继电器电路不工作，电源指示灯不亮。当单片机检测到外设的按键有被按下进行了定时设置时，系统记录下定时时间并执行定时任务。

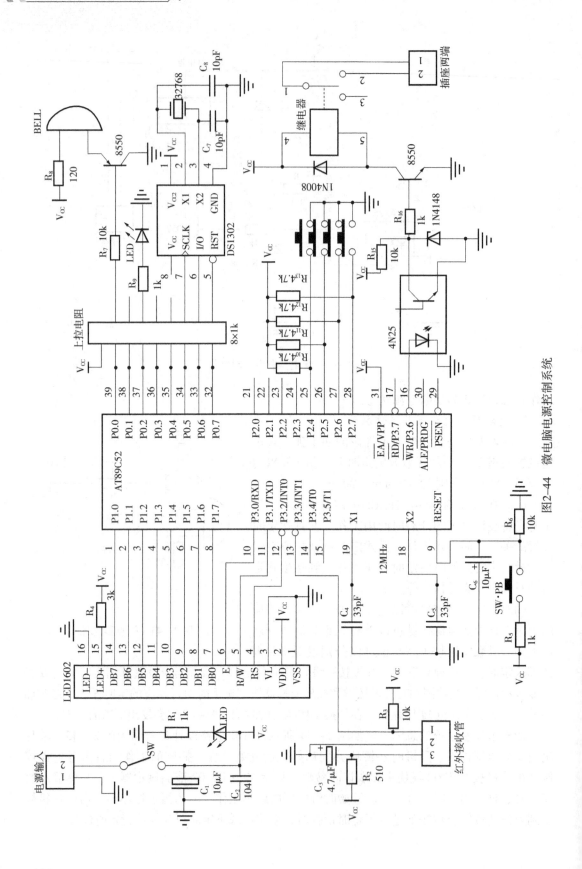

图2—44　微电脑电源控制系统

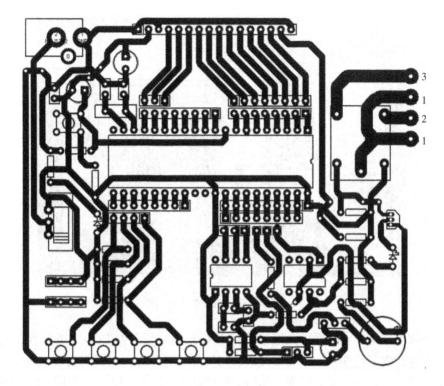

图 2-45　PCB 电路板设计参考图

当到达第一个约定时间时，单片机发出电源开启信号让继电器电路启动而接通电源，同时指示灯变亮，蜂鸣器发出短暂鸣叫；待到下一个约定时间时，单片机发出一个关闭电源信号让继电器停止工作，指示灯熄灭，同时蜂鸣器再次鸣叫告知。

而当独立式按键所设置的是固定模式定时的时候，单片机在定时设置完成时立刻发出开启信号给继电器电路，让继电器工作，指示灯亮，蜂鸣器鸣叫，同时记录下定时关闭的时间，待到计时到定时关闭时间（如 20 min）后，单片机发出关闭信号给继电器，关闭外接电器的电源电路。

红外线遥控处理的控制。当红外遥控器上有键按下时，红外接收管接收到编码信号，传送给单片机进行解码处理获知操作命令。单片机判断该键码为电源键时，则发出控制信号控制继电器开启；当再次检测到电源键按下时，执行反向动作即关闭继电器。若单片机解码得到的键码为数字键 1～6 的任何一个时，立刻开启继电器并记录对应的定时参数，待到下一个定时时间时，单片机发出关闭信号，使继电器停止工作，切断电源。

实验电路的连接如图 2-46 所示，其中的插排右边两列插座的内部电路已经过线路变动，使得一列中的两个插座并联在一起，其中一个插座连接在继电器的控制输出端，则另一个插座可以连接需要定时供电的设备。

2.4.2.4　软件设计

在软件编程方面，为使编写的程序更加简单明了，采用 C 语言进行编程，用 Keil 软件进行编译，用 STC - ISP 软件进行下载。

软件设计包括液晶显示程序、DS1302 计时程序、外设按键处理程序、红外遥控处理

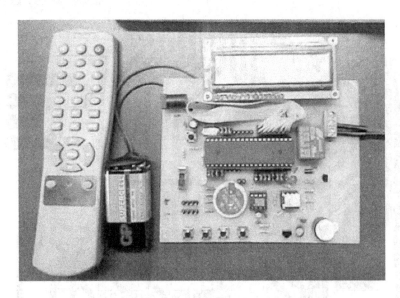

图 2 - 46　整体电路实物连接图

程序等几个部分。由于定时设置是通过独立式按键或红外遥控器的 1 ～ 6 数字按键进行设置的，程序在按键扫描部分和红外信号的解码部分相对重要。在检测到被设置了定时任务时，系统要检测是否到达定时时间，执行相应的动作。图 2 - 47 为主程序的流程图。

1. DS1302 计时程序的编写

DS1302 串行时钟芯片的主要组成部分：移位寄存器控制逻辑、振荡器、实时时钟以及 RAM。为了初始化任何的数据传送，把 RST 置为高电平且把提供地址和命令信息的 8 位数据装入到移位寄存器中。数据在 SCLK（同步时钟脉冲）的上升沿串行输入。无论是读周期还是写周期发生，也无论传送方式是单字节传送还是多字节传送，开始 8 位指定的 40 个字节中的那个寄存器将被访问。在开始的 8 个时钟周期，把命令字装入移位寄存器之后。另外的时间，在读操作时输出数据，在写操作时输入数据。时钟脉冲的个数在单字节方式下为 8 加 8；在多字节方式下为 8 加 X，X 的值最大可达 248。

如图 2 - 48 所示为 DS1302 的命令字节，每一数据传送由命令字节初始化。MSB（最高有效位）必须为 1，如果它是 0，禁止写 DS1302。位 6 若为逻辑 0，则指定时钟日历数据；若为逻辑 1 测指定 RAM 数据。位 1 和 5 用于指定进行输入或输出的特定寄存器地址。最低位（LSB）若为逻辑 0，则指定进行写操作；若为逻辑 1，则指定进行读操作，命令字节总是从最低有效为 LSB 开始输入。

图 2 - 49 所示为 DS1302 的读写时序。多字节方式下，通过对地址 31 寻址，可以把时钟/日历或 RAM 寄存器规定为多字节方式。如前所述，位 6 规定为时钟或 RAM，而位 0 规定为读或写，在时钟/日历寄存器中的地址 9 至 31 或 RAM 寄存器的地址 31 不能存储数据，在多字节方式中读或写从地址 0 的位 0 开始。当以多字节方式写 RAM 时，为了传送数据不必写所有 31 字节，不管是否写了全部 31 字节，所写的每一个字节都将传送至 RAM。

DS1302 总共有 12 个寄存器，其中的 7 个寄存器分别与日历、时钟相关，存放的数据为 BCD 码形式。表 2 – 4 为它的日历、时间寄存器及控制字，其中奇数为读操作，偶数为写操作。

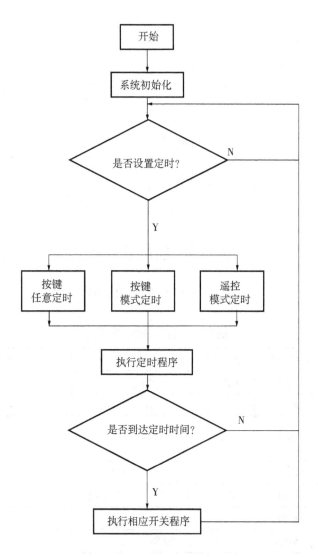

图 2 – 47　定时控制程序流程图

图 2 – 48　DS1302 的命令字

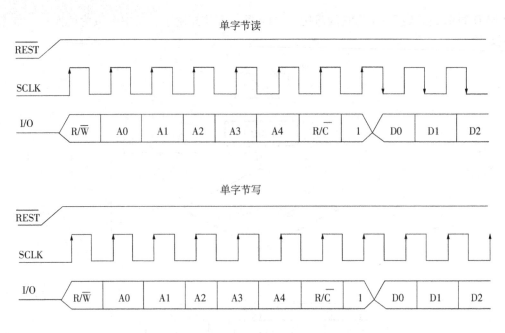

图 2 - 49 DS1302 的读写时序

表 2 - 4 寄存器地址和内容

	写寄存器	读寄存器	Bit7	Bit6	Bit5	Bit4	Bit3	Bit2	Bit1	Bit0
秒	80H	81H	CH	10 秒			秒			
分	82H	83H	0	10 分			分			
小时	84H	85H	12/24	0	10 / A/P	时	时			
日	86H	87H	0	0	10 日		日			
月	88H	89H	0	0	0	10 月	月			
星期	8 AH	8BH	0	0	0	0	0	星期		
年	8CH	8DH	10 年				年			
控制	8EH	8FH	WP	0	0	0	0	0	0	0

这部分的编程中设置固定模式定时的时候,主要用到的是计时过程中的分的数值变化。执行定时设置时,把分的数值提取出来,在这基础上加上模式定时时间,待到下一个时间到达定时时间时执行相反动作。

2. LCD1602 显示电路程序编写

显示内容主要是显示从 DS1302 读取的日历和时钟数值,同时当检测到独立式按键有键按下时,显示相应的设置菜单等。

基本操作时序:

读状态:输入:RS = L,RW = H,E = H 输出:D0 ~ D7 = 状态字

写状态:输入:RS = L,RW = L,D0 ~ D7 = 指令码,E = 高脉冲 输出:无

读数据：输入：RS = H，RW = H，E = H　输出：D0 ～ D7 = 数据
写数据：输入：RS = H，RW = L，D0 ～ D7 = 数据，E = 高脉冲　输出：无
图 2 – 50 为 LCD1602 的具体读写时序。

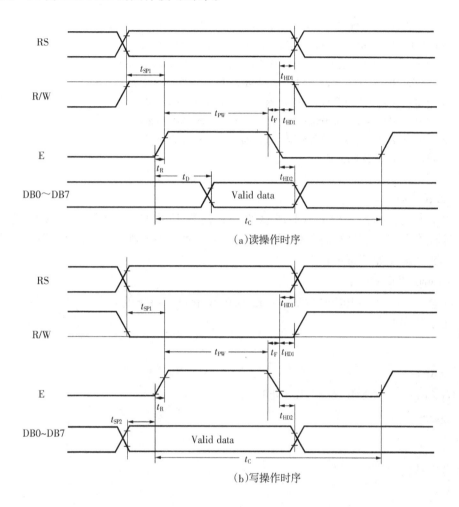

图 2 – 50　LCD1602 的读写时序

3. 红外信号解码及按键处理程序编写

当红外线接收管接收到红外信号时，通过单片机执行相应的程序对红外信号进行解码。具体解码原理前文已述及，解码得到的键码赋值给 key，通过检测 key 的值即可执行相应的动作。当检测到电源键被按下时，即可执行定时插座的开机与关机；当检测到数字键 1 ～ 6 时则进行相应的模式定时设置，同时开启定时插座，待到下一定时时间关闭定时供电的插座。

具体程序编写如下所示：

```
void Key_Handle (void)        // 红外按键处理
{
Switch (key)
{
    case 0x12:  P0_1=~P0_1;P0_2=~P0_2; key=255;break;
    case 0x01:  P0_1=0;P0_2=0;flag7=1; gg[0]=fen+10;key=255;break;
    case 0x02:  P0_1=0;P0_2=0;flag8=1; gg[1]=fen+20;key=255;break;
    case 0x03:  P0_1=0;P0_2=0;flag9=1; gg[2]=fen+30;key=255;break;
    case 0x04:  P0_1=0;P0_2=0;flag10=1;gg[3]=fen+40;key=255;break;
    case 0x05:  P0_1=0;P0_2=0;flag11=1;gg[4]=fen+50;key=255;break;
    case 0x06:  P0_1=0;P0_2=0;flag12=1;gg[5]=fen+60;key=255;break;
     default:   key=255;break;}
}
```

4. 主程序的编写

如以上所述，编程过程中需要注意的主要有 DS1302 计时程序、LCD1602 显示程序、按键处理程序和红外信号解码及处理的相关程序，通过各项整合，就得到了下列主函数。

主函数的编写如下所示：

```
void main() //主函数
{sysinit();        //系统初始化（红外初始化、LCD初始化和1302初始化）
 while(1)
 {
     EA=0;
  keyscan();        //独立式按键扫描及处理
if(flag==0)
 {
  display();        //显示时间
  }
  dingshi();        // 定时处理
  EA=1;
   Key_Handle();    //红外按键处理
 }
}
```

2.4.2.5 系统装配与调试

在基本掌握了这些模块的电路及其工作原理以后，不仅可以设计简单的定时插座，还可以扩展到工矿机关的大型电器设备定时使用的电源控制电路中，只须将控制电源的继电器电路的功率负荷考虑进去，即可实现大型电器定时供电的控制。

1. 元器件的测试与装配

首先对采购的元器件进行严格检测，以确保电路焊接完成后，电路即可正常工作。可采用 Protel 软件进行系统的电路设计、进行系统的仿真实验，并生成 PCB 电路板。在通过对电路板的腐蚀、钻孔、检测后，安装对应的电子元件。元件的焊接不可掉以轻心，要确保元件的管脚焊接牢固，避免虚焊现象。虚焊是最难查找的故障之一。

2．硬件电路部分的调试

（1）DS1302 部分的电路检查：给单片机加上可用程序，单片机应可以正常读取 DS1302 的数据，并能正常地显示在 LCD1602 上。

（2）继电器部分的电路检查：要确保继电器的正常工作条件，提供 5 V 的稳压电源。

（3）红外线接收部分的电路检查：给单片机植入红外信号解码的程序后，单片机应可以正常解码红外遥控器所发送的信号。

（4）蜂鸣器电路的检查：本例中所设计的蜂鸣器电路是低电平时发出响声，可用万用表检测蜂鸣器的两端电压，只要有 1 V 左右的电位差，蜂鸣器就会发声。

3．软件部分的调试

软件检测可分模块调试，通过各单元模块的程序调试后再整合到一起，形成系统的主程序，这样的做法可以事半功倍。

（1）LCD1602 显示程序：编写程序时要掌握 1602 的显示原理及显示控制的基本指令，如清屏、开关显示等。先列好按键处理的大致流程、需要设置的显示菜单和各个按键按下后必须实现的菜单选项等。有了程序流程图后，可使得按键处理程序的编写有条不紊。

（2）DS1302 的计时程序：计时程序是控制系统的核心部分，该模块要处理系统的时间读取、时间的显示，还要读取 I/O 端口的数据采集。其中 I/O 端口的完好性将直接影响电路的正常工作。

（3）关于红外信号解码和红外按键处理程序：在程序设计时，当系统执行多任务时要注意子程序的中断和恢复技巧，如未执行红外信号扫描时应该先关闭总中断，执行完主要程序后开启中断扫描红外编码信号等细节。系统死机时，可通过复位键重启系统，认真检查、反复修改，直至系统能够稳定工作。

（4）在控制定时方面，为满足快速设定的目的，可加入固定定时模式，如以 10 min 为间隔，设置 1 h 内的 6 组固定模式定时。

4．控制电路的扩展

实验电路的一路电源控制明显不能满足实际工作的需求。因而，可通过控制程序的修改，通过微机接口的扩展，实现多路用电设备的定时控制。同时，可将手机通信与微机定时供电控制系统结合起来，构成更为理想的智能电力控制系统。

附：单片机和 PLC 的比较

单片机和 PLC 在工业中都有广泛的应用，因为它们的特点不同，所以它们的工作侧重点也不同，下面简要介绍单片机和 PLC 在工业应用中的相同点和不同点。

1．关于单片机

单片机是将电子计算机的基本环节，如 CPU（又称中央处理器，主要由运算器、控制器组成）、存储器、总线、输入输出接口等，采用集成电路技术集成在一片硅基片上。由于单片机体积很小（仅手指般大小），功能强（具有一个简单计算机的功能），因而广泛用于电子设备中作控制器之用。目前，大到导弹火箭国防尖端武器，小至电视机微波炉等现代家用电器，其中都毫无例外地运用单片机作为控制器。因此，从控制的观点，我们也常称它为单片控制器。

单片控制器的工作离不开软件，即固化在存储器中的已设计好的程序。所有带单片控制器的电子设备，它的工作原理当然与具体设备有关。但它的最基本的原理是一样的，即：

（1）从输入接口接收来自外界的信息存入存储器。这些信息主要包括两部分：来自诸如温度、压力等传感器的信息；来自人工干预的一些手动信息，如开关按钮等操作。

（2）单片控制器中的 CPU 根据程序对输入的数据进行高速运算处理。

（3）将运算处理的结果通过输出接口送去控制执行机构，如继电器、电机、灯泡等。

2．关于 PLC

PLC 是建立在单片机之上的产品，换言之，PLC 就是由单片机加上外围电路做成的。单片机开发是底层开发，比较麻烦，程序编写用汇编或者 C 语言。比如延时用单片机做程序，要从晶振来计算。而 PLC 就不一样，各厂家都提供一个编程软件，可以用梯形图编程，延时只需在时间继电器里送一个数字而已。

PLC 目前大量地用单片机制成。可以说 PLC 是单片机在继电控制系统中的一种应用。PLC 所采用的梯形图类似于继电器线路图，易于为广大电气工程技术人员所接受。

3．总结

（1）PLC 是建立在单片机之上的产品，单片机是一种集成电路，两者不具有可比性。

（2）PLC 更加适合于工业恶劣环境下使用，使用比较稳定，而单片机的工作环境要求高一些。

（3）在程序语言上单片机多采用汇编语言，PLC 采用梯形图语言。

（4）单片机可以构成各种各样的应用系统，从微型、小型到中型、大型都可以，PLC 是单片机应用系统的一个特例。

（5）不同厂家的 PLC 有相同的工作原理，类似的功能和指标，有一定的互换性，质量有保证，编程软件正朝标准化方向迈进。这正是 PLC 获得广泛应用的基础。而单片机应用系统则是八仙过海，各显神通，功能千差万别，质量参差不齐，学习、使用和维护都很困难。

最后，从工程的角度谈谈 PLC 与单片机系统的选用：

（1）对单项工程或重复数极少的项目，采用 PLC 方案是明智、快捷的途径，其成功率高，可塑性好，但成本较高。

（2）对于量大的配套项目，采用单片机系统具有成本低、效益高的优点，但这要有相当的研发力量和行业经验才能使系统稳定、可靠地运行。最好的方法是单片机系统嵌入 PLC 的功能，这样可大大简化单片机系统的研制时间，性能得到保障，效益也有保证。

实训练习

1．集成电路 NE555 和外围元件组成三五定时器，开关动作延时时间由_____的时间常数 T 来决定。

2．定时开关电路一般由降压、整流、滤波及_____电路等部分组成。

3. 通常，在继电器的线圈两端都会并联一个反向接入的_____二极管。

4. 功率控制电路采用的是 SONGLE SRD－05 VDC－SL－C 继电器，这是一个_____继电器（半导体电路构成的继电器），满足 220 V/10 A 的设计要求。

5. 4N25 光电耦合器具有体积小、寿命长、_____、_____性能强等特点。

6. 读懂图 2－47 所示的定时控制程序流程图。

③ 音响与影视

音响和影视设备为两大范畴。音响设备包括音源、功放、周边设备（包括压限器、效果器、均衡器、VCD、DVD 等）、音箱（音箱、喇叭）、调音台、麦克风、显示设备等等。影视设备是指以视觉媒体所展现信息的产品，有摄像机、电视机、投影仪、照相机、手机等等。无论是音响设备，还是影视设备，这些大都属于电子产品，只是模拟电路或数字电路所呈现的信息回放方式不同。

3.1 功率放大器

功率放大器简称功放，俗称"扩音机"，是音响系统中最基本的设备，其作用主要是将音源器材输入的小信号进行放大，产生足够大的电流去推动扬声器进行声音的重放。

3.1.1 功放分类

由于考虑功率、阻抗、失真、动态以及使用范围和控制调节功能，不同的功放在内部的信号处理、线路设计和生产工艺上也各不相同。功放的常规分类如下。

1. 按导电方式

按功放中功放管的导电方式不同，可以分为甲类功放（又称 A 类）、乙类功放（B 类）、甲乙类功放（AB 类）和丁类功放（D 类）。

（1）甲类功放是指在信号的整个周期内（正弦波的正负两个半周），放大器的任何功率输出元件都不会出现电流截止（即停止输出）的一类放大器。甲类放大器工作时会产生高热，效率很低，但固有的优点是不存在交越失真。单端放大器都是甲类工作方式；推挽放大器可以是甲类，也可以是乙类或甲乙类。

（2）乙类功放是指正弦信号的正负两个半周分别由推挽输出级的两"臂"轮流放大输出的一类放大器，每一臂的导电时间为信号的半个周期。乙类放大器的优点是效率高，缺点是会产生交越失真。

（3）甲乙类功放介于甲类和乙类之间，推挽放大的每一个"臂"导通时间大于信号的半个周期而小于一个周期。甲乙类功放有效解决了乙类放大器的交越失真问题，效率又比甲类放大器高，因此获得了极为广泛的应用。

（4）丁类功放也称数字式放大器，利用极高频率的转换开关电路来放大音频信号。该电路具有效率高、体积小的优点。许多功率高达 1 000 W 的丁类放大器，体积只有 VHS 录像带那么大。这类放大器不适宜用作宽频带的放大器，但在有源超低音音箱中有较多的应用。

图 3 - 1 为半导体功率放大器实物图。

图 3 – 1　半导体功率放大器

注：甲类、乙类、甲乙类放大器，按静态工作点在交流负载线上的位置不同进行区分。

甲类功率放大器的静态工作点设置在交流负载线的中点，晶体管在工作过程中处在导通状态。波形无失真，但由于静态工作点较高，效率低。

乙类功率放大器的静态工作点设置在交流负载线的截止点，晶体管仅在输入信号的半个周期导通，波形失真严重。但由于静态工作点低，功耗最小，效率最高可达75%。

甲乙类功率放大器的静态工作点介于甲类和乙类之间，该电路在静态时静态偏流较小，它的波形失真和效率介于甲类和乙类之间。

2. 按功放管类型

按功放电路中功放管的类型不同，可以分为胆机和石机。

胆机——使用电子管的功放。

石机——使用晶体管的功放。

3. 按功能

按功能不同，可以分为前置放大器（又称前级）、功率放大器（又称后级）与合并式放大器。

（1）前置放大器是功放之前的预放大和控制部分，用于增强信号的电压幅度，提供输入信号选择，音调调整和音量控制等功能。

（2）功率放大器简称功放，用于增强信号功率以驱动音箱发声的一种电子装置。不带信号源选择、音量控制等附属功能的功率放大器称为后级。

（3）将前置放大和功率放大两部分安装在同一个机箱内的放大器称为合并式放大器，家庭娱乐常见的功放机一般都是合并式的。

4. 按用途

按用途不同，可以分为 AV（audio video）功放，Hi-Fi 功放和特殊功放。

（1）AV 功放是专门为家庭影院用途而设计的放大器，一般都具备 4 个以上的声道数以及环绕声解码功能，且带有一个显示屏。该类功放以真实营造影片环境声效让观众体验影院效果为主要目的。

随着大屏幕电视，多种图象载体的普及，人们对"坐在家里看电影"的需求日益高涨，于是集各种影音功能于一体的多功能功放应运而生。AV 功放经历了杜比环绕[①]、杜比定向逻辑、AC - 3（数字多媒体技术）、DTS（数字化影院系统）的进程。

AV 功放与普通功放的区别，在于 AV 功放有 AV 选择杜比定向逻辑解码器、AC - 3、DTS 解码器、五声道功率放大器，以及有画龙点睛作用的数字声场（DSP）电路，为各种节目播放提供不同的声场效果。但由于 AV 功放在电路的信号流通环节上，经过了太多而且复杂的处理电路，使声音的纯净度"受到了过多的染色"，因此，用 AV 功放兼容 Hi-Fi 重放时效果不理想。这也是很多 Hi-Fi 发烧友对 AV 功放不屑一顾的原因。

（2）Hi-Fi 功放是为高保真度地重现音乐的本来面目而设计的放大器，一般为两声道设计，且没有显示屏。

"Hi-Fi 功放"就是发烧友的功放，它的输出功率一般在 2×150 W 以下。设计上以音色优美，高度保真为宗旨。各种高新技术集中体现在这种功放上。价格也从千余元到几十万元不等。Hi-Fi 功放又分分体式（把前级放大器独立出来）和合并式（把前级和后级做成一体）。一般而言，在同档次的机型中分体式在信噪比、声道分割度等指标上高于合并机（并非绝对），且易于通过信号线较音。合并式机则有使用方便、相对造价低的优点，平价合并机输出功率一般设计在 2×100 W 以下，也有不少厂家生产 2×100 W 以上的高档合并机。

（3）特殊功放，顾名思义就是使用在特殊场合的功放，例如警报器、车用低压功放等等，篇幅所限，不作介绍。

3.1.2　性能指标

功率放大器的主要性能指标有输出功率、频率响应、失真度、信噪比、输出阻抗、阻尼系数等。

1. 输出功率

输出功率的单位为 W，因为各厂家的测量方法不一样，所以出现了一些名目不同的叫法。例如额定输出功率、最大输出功率、音乐输出功率、峰值音乐输出功率。

（1）额定功率：是指功放或音箱在不失真的情况下，连续工作 8 h 以上不发生损坏的功率。这个功率标称具有实际使用价值。

（2）音乐功率：音响设备模拟播放音乐状态下进行工作时的使用功率，即播放 1 min 休息 1 min，连续工作 8 h 而不产生设备损坏的功率。这个功率标称具有参考价值，它通常是额定功率的 3～5 倍。

（3）峰值功率：是指音响器材在 1/100 s，即 10 ms 时间以内，设备所能承受的最大的强脉冲，而设备不被烧毁，这个功率通常为额定功率的 8～10 倍。这个功率常常误导消

---

①杜比环绕是由杜比实验室于 20 世纪 80 年代初研制成功的环绕声技术，它是为改善立体声质量而研制的专业用系统，已在电影院中获得了极为广泛的应用。

费者，使人以为这套器材真的有那么强大的输出功率。

2．频率响应

频率响应表示功放的频率范围和频率范围内的不均匀度。频响曲线的平直与否一般用分贝（dB）表示。家用 Hi-Fi 功放的频响一般为 20 Hz～20 kHz 正负 1 dB，这个范围越宽越好。一些极品功放的频响已经做到 0～100 kHz。

3．失真度

失真度：理想的功放应该是把输入的信号放大后，毫无改变地忠实还原出来。但是由于各种原因经功放放大后的信号与输入信号相比较，往往产生了不同程度的畸变，这个畸变就是失真。用百分比表示，其数值越小越好。Hi-Fi 功放的总失真在 0.03%～0.05% 之间。功放的失真有谐波失真、互调失真，交叉失真、削波失真、瞬态失真、瞬态互调失真等。

4．信噪比

信噪比是指信号电平与功放输出的各种噪声电平之比，用 dB 表示，这个数值越大越好。一般家用 Hi-Fi 功放的信噪比在 60 dB 以上。

5．输出阻抗

对扬声器所呈现的等效内阻，称作输出阻抗。

一台功放的性能指标完好不一定证明有好的音色，这是音乐初烧友必须认识到的，也是众多发烧友苦苦探索追求的。

3.1.3 Hi-Fi 功放——胆机

胆，就是指电子管，大家常说的胆机，指的是电子管放大器等（图 3-2）。电子管有的用于放大，有的用于润色。胆机有它独特的"胆味"，声音温暖耐听、音乐感好、氛围好。胆机是音响业界最古老而又经久不衰的长青树，其显著的优点是声音甜美柔和、自然亲切，其动态范围之大，线性之好，绝非其它器件所能轻易替代。

图 3-2　8 管胆机（电子管功放机）

20 世纪 60 年代以前，在声频领域占统治地位的一直是用电子管装置的各种音响设备，放大器也不例外。进入 80 年代电子管放大器越来越盛行。在晶体管产生后，由于其体积小、耗电省，很快便取代了电子管；技术的进步，导致电子管从兴旺走向衰败。但是，由于人们发现电子管放大器能够发出晶体管所不能比拟的音色，目前在一些高保真的音响器材中，仍然使用低噪声、稳定系数高的电子管作为音频功率放大器件。

由于电子管是电压控制放大器件，其失真成分绝大多数均为偶次失真，这在音乐表现上刚好是倍频程谐音，故而即使用仪器实测谐波失真较大（一般在 2% 以上），听起来非但没有生硬刺耳的失真感，反而有一种黄玫瑰般温柔厚实、甜腻动人的韵味，特别适合于播放田园诗般舒缓优雅的古典音乐和中国民乐，尤其在表现如"高山流水""渔舟唱晚""平沙落雁"等古筝古琴曲的空灵、通透、饱满、飘逸上，确有一种超凡脱俗、纤尘不染、返朴归真的感觉。

1. 电子管

电子管即真空管，是一种最早期的电信号放大器件。被封闭在玻璃容器（一般为玻璃管）中的阴极电子发射部分、控制栅极、加速栅极、阳极（屏极）引线被焊接在管基上，利用电场对真空中的控制栅极注入电子调制信号，并在阳极获得对信号放大或反馈振荡后的不同参数信号数据，电子管符号举例如图 3 - 3 所示。

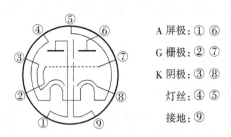

A 屏极：① ⑥
G 栅极：② ⑦
K 阴极：③ ⑧
灯丝：④ ⑤
接地：⑨

图 3 - 3 典型双三极管——6N11

电子管的主要参数有灯丝电压、灯丝电流、屏极电流、屏极内阻、屏极电压、帘栅极电压、极间电容、放大系数、电导、输出功率等。

（1）灯丝电压。灯丝电压 V_F 是指电子管灯丝的额定工作电压。不同结构和规格的电子管，其灯丝电压也不相同。通常，电子二极管的灯丝电压为 1.2 V 或 2.4 V（双二极管），三极以上的电子管的灯丝电压为 6.3 V、12.6 V（复合管），部分直热式电子管、低内阻管、束射管等的灯丝电压还有 2.5 V、5 V、6 V、7.5 V、10 V、26.5 V 等多种规格。

（2）灯丝电流。灯丝电流 I_F 是指电子管灯丝的工作电流。不同结构和规格的电子管，其灯丝电流也不同。例如，同样是束射四极管，FU - 7 的灯丝电流为 0.9 mA，而 FU - 13 的灯丝电流却为 5 A。

（3）屏极内阻 r_P。屏极内阻是指在栅极电压 V_C 不变时，屏极电压 V_A 的变化量与其对应的屏极电流 I_A 变化量的比值。

（4）放大系数 μ。放大系数是指在电子管阴极 K 的表面上，电栅极电压 V_G 和屏极电压 V_A 所形成的两个电场的有效值之比，或指在屏极电流 I_a 不变时，栅极电压 V_G 的变化与其对应的屏极电压 V_a 的变化的比值。

放大系数用来反映电子管的放大能力。通常将放大系数值大于 40 的三极电子管称为高放大系数管，将放大系数低于 40、高于 10 的三极电子管称为中放大系数管，将放大系数低于 10 的三极管称为低放大系数管。

（5）电导 S。电导是指屏极电压 V_A 为定值时，栅极电压 V_G 的变化量与因 V_G 变化引起屏极电流 I_a 变化的比值。电导用来反映电子管的栅极电压对屏极电流的控制能力。

（6）极间电容。极间电容是指电子管各电极之间的分布电容。

电子管参数举例：型号：833A（FU33），外观结构如图 3 - 4 所示。

结构类型：三极管；冷却方式：自然冷却；灯丝电压：10 V；灯丝电流：10 A。

放大倍数：35；阳极电压：3 kV；阳极电流：700 mA；栅极电阻：3.5 kΩ。

频率：30 MHz；脉冲输出功率：1000 W。

图 3 - 4　FU33——高频大功率管

2．使用寿命

胆机的寿命原则上说是半永久的。与晶体机相比，胆机的相对寿命取决于电子管。电子管类似灯泡，它的理论寿命不算太长，一般来说只有上千小时，但好的电子管使用上万小时也很常见，如 CRT 电视机的显像管就是一特殊的电子管。当然许多音响用电子管还不能与显像管的寿命去比，如整流管、功放管等。

一般而言，音响用电子管有运输失效（管壁破裂漏气）和早期失效。失效可在使用后 1～2 个月内发现，或在工厂生产中发现，对质量较稳定的电子管而言每天使用 2～3 h，用上 2～3 年应该不是问题。现在的电子管不贵也不难买，加上良好的售后服务，胆机的使用寿命应不是问题，而且胆机换胆之后，又可重新焕发新的活力，犹如新机一样。事实上现在市场上仍有许多古董胆机名品高价出售，从另一方面也说明了胆机的寿命问题。

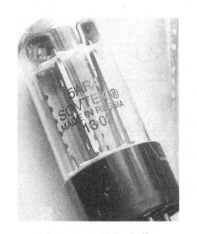

（a）5NR4——整流二极管

（b）6SN7——双三极电压放大管

（c）EL34作单端A类放大时，屏极负载阻抗2kΩ下最大输出功率为11W（失真率10%）

图 3 - 5　胆机中常用的几种电子管

胆机与晶体机比，高过载能力强。晶体机在遇到一些故障时，其 PN 结的损坏可能在千分之一秒；而胆机的阴、屏之间具有一定的距离，过载时则可以数分钟内不被损坏。

3. 胆机设计举例

此例为一个简单的三管胆机，由 5AR4、6SN7、EL34（图 3 – 5）三个电子管构成单声道高保真功放器，电路设计如图 3 – 6 所示，各点电压和原件参数见标注。电路调整要点有以下几个方面。

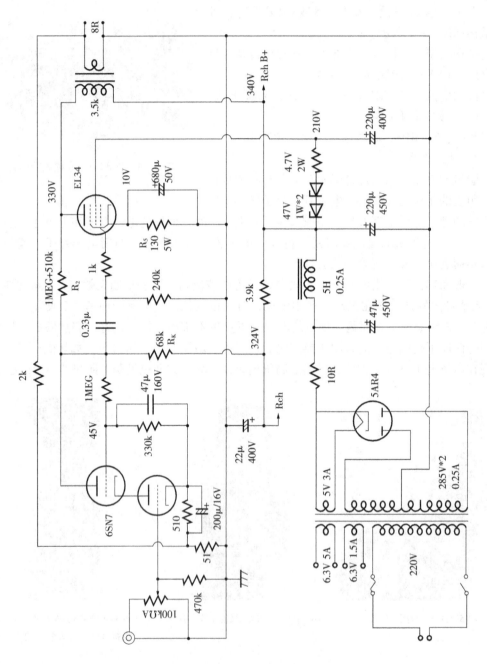

电阻除注明外，皆 1 W 功率

图 3 – 6　三管胆机电路图

注：1 MEG + 510 K，即 1. 5 M/1 W 的电阻。1MEG = 1 M. MEG 读音"梅克"。

1）栅负压电路

调整胆管的工作点时，经常会涉及栅负压。电子管是电压控制元件，三大主要电极（灯丝、栅极和屏极）要供给适当电压，供给灯丝的称甲电，供给栅极的称丙电，供给屏极的称乙电。栅极电压一般接负压，习惯上称为"栅负压"或"栅偏压"。

为了使胆管工作稳定，栅负压必须用直流电来供电。按胆管的工作类别不同，栅负压的供电有两种方法：一种是利用电子管屏流（或屏流＋帘栅流）流经阴极电阻所产生的电压降，使栅极获得负压，称为自给式栅负压，一般用在屏流较稳定的甲类放大电路上。另一种是在电源部分设一套负压整流电路，供给栅负压，称作固定栅负压，主要用于屏极电流变化大的甲乙类或乙类功率放大器。使用自给式栅负压，胆管比较安全；采用固定式栅负压时，当负压整流电路发生故障，胆管失去栅负压后，屏流会上升过高而烧坏胆管，因此没有自给式栅负压工作可靠。

自给式栅负压产生的过程如下：当电子管工作时，屏极和帘栅极吸收电子，电流从电源高压的负极经阴极电阻 RK、屏极、输出变压器初级线圈和帘栅极的电流一起到高压的正极，成为一个负荷回路，当电流流过 RK 时，RK 就产生一个电压降，RK 两端的电压，在地线的一端为负极，在阴极的一端为正极。这样，阴极和地线间就有了 RK 所产生的电位差，栅极电阻 R_1 将栅极和地线连接，所以栅极和阴极间也就有了 RK 所产生的电位差。由于不同的电子管所需要的栅负压不同，阴极电阻的阻值也不同，如 6V6 的阴极电阻 300 Ω，而 6L6 的阴极电阻 170 Ω。

阴极电阻的阻值可用欧姆定律求得：阴极电阻＝栅负压/放大管电流（屏极电流＋帘栅极电流）。当栅极输入信号时，屏流立即被控制而波动，阴极电阻上的电流也就是波动的，所产生的电位差也是波动的，阴极电阻上电压波动的相位恰巧与输入的信号相反，因而减弱了输入信号，这种情况通常称本级电流负反馈，这种作用降低了本级放大增益。引起阴极上电压波动成分是音频交流成分，所以一般在阴极电阻上并联一只大容量的电解电容，将交流成分旁路，阴极电阻的直流电压就比较稳定了。

2）电压放大级的调整

电压放大级担负全机的主要放大任务，信号不能失真，所以要求工作在甲类状态。甲类状态时，它的工作点在栅压－屏流特性曲线的线性段的中间，此时，栅负压是放大管最大栅负压的一半，工作电流应在放大管最大屏流的 30% ～ 60% 之间为宜，不应过小。

调整方法简单，只要调整阴极电阻的阻值即可，首先将电流表（最大量程稍大于该管最大屏极电流，如 6SN7 屏流为 8 mA，可用 10 mA 的电流表）串在阴极回路中，电流表正极接阴极电阻，负极接底盘（地）。若阴极电阻无旁路电容，为了避免电流表和接线对该级工作状态发生影响，最好在电流表两端并联一只 100 μF/50 V 的电解电容。然后改变 RK 的阻值或 V_1 的屏压，使 V_1 的工作点达到最佳状态。也可以用测量阴极电阻 RK 两端电压的方法，再用欧姆定律（$A = U/R$）算出电流。

不同的放大管所需要的工作电流不一样，如 6SN7 可调到 3 ～ 4 mA，胆管屏流增大，声音温暖、丰厚，但噪声也会增大。噪声是电压放大级的重要指标，所以在调整时一定要噪声和音色兼顾。具体到某一台胆机上，屏极电流调到多少为宜，也可以通过边调边听音乐来寻找一个音色最佳的工作点。

当屏极负载电阻 R_2 的阻值用得比较高时，失真小，但此时要求整流管必须有较高的输出电压才行，有条件者，可以将 RK 和 R_2 用不同的阻值组成几组试听，找出噪声小、声音醇厚、丰满而通透度又好的一组参数。

栅负压应大于输入信号电压的摆动幅度，如用 6SN7 作电压放大，输入信号来自 CD 机，由于 CD 机的输出电压为 $0 \sim 2$ V，则 6SN7 的栅负压应调到 -3 V 以上。

3）功放的参数调整

甲类功率放大器，功放管的工作点是在栅压与屏流特性曲线的直线部分，栅极的输入信号的摆动不超过负压范围值，超过时将发生失真。甲类功率放大器的特点是工作电流在强信号或弱信号输入时保持不变，工作稳定而失真低，利用这一特性可检验功放级的工作点是否合适。检验时，将电流表串在功放管的屏极回路中，当栅极无信号输入时，如果功放管的屏流升高，则说明栅极负压过低；若屏流降低，则表明栅负压过高，必须调整到屏流变化最小为止。屏流的大小要适当，屏流大时，音质听感好，失真小些；屏流小时，对胆管的寿命有利，可根据需要来调整。

调整时要注意，不要超过功放管的最大屏耗，甲类工作状态时，功放管的屏压乘以屏流等于它的静态屏耗，超过额定屏耗后屏极会发红，时间稍长会烧坏功放管。屏流一般调到最大屏流的 $70\% \sim 80\%$ 为宜，不要超过极限参数。

调整方法是调整阴极电阻 R_5 的阻值，R_5 的阻值是根据放大管的栅负压、屏流和帘栅极电流的总和而定的。当屏压较高时（300 V 以上），帘栅压的变化对屏流的影响较大，可适当地调整帘栅压和栅负压选取工作点，有条件者可以将帘栅压采用稳压电路，使功放管工作更稳定。

调整屏流时，还应该注意 B + 电压的变化，如果屏流较大时，B + 电压降低很多，则说明电源部分的裕量不够或电源内阻较大，滤波电阻阻值大，扼流圈的线径细或电感量大，可减小滤波电阻阻值或将去功放管屏极的 B + 接线改接到滤波电路的输入端，这时虽然 B + 的纹波较大，但对整机的交流声影响不大，仍可以在能够接受的水平。

4）负反馈

线路有了负反馈后，会减少谐波失真，但会影响到瞬态表现变差，因此负反馈量不宜过大，一般 6 dB 左右为宜。调整方法是改变负反馈电阻的数值，反馈量的大小根据放音效果如音场、定位、人声的甜美、音乐感等来决定，以耳听满意为准。

经过上述方法的调整，各电子管已经进入最佳的工作状态，播放熟悉的唱片，声音效果一定会与众不同，胆味增加不少。

胆机电路实体连接比较粗放，元件的耐压高、承受功率大，故电子管功放所用元件的体积相比晶体管电路大得多，原件一般焊接在绝缘支架的铜质连片上，或由固定元件作为支架连接。如图 3 - 7 所示，胆机的布线具有观瞻性，它表现出设计师的技术和素养。

3.1.4　晶体功放电路分析

本例是引用集成功放电路 TDA7294 制作的 100 W 音频放大器。TDA7294 是意法微电子（SGS-THOMSON Microelectronics）在 20 世纪 90 年代推出的 AB 类单片式音频功放集成电路。电压范围 $\pm 10 \sim \pm 40$ V，输出功率 70 W（最高可达 100 W）。该芯片采用 15 脚双列非对称直插封装（图 3 - 8），差分输入级由双极型晶体管构成，推动级和功率输出级采用 DMOS 场效应管半导体技术。这种混合半导体制造工艺使得 TDA7294 兼顾双极型信号

图 3 - 7　胆机元件焊接实物图

处理电路和 MOS 功率管的优点,重放音色极具亲和力(被发烧友誉为"胆味功放");内置的静音待机功能、短路电流及过热保护功能使其性能更完善。可应用在 Hi-Fi 家用音响、有源音响、高性能电视机等领域。

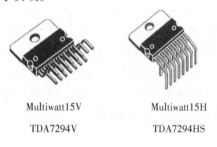

Multiwatt15V　　　　Multiwatt15H

TDA7294V　　　　　TDA7294HS

图 3 - 8　封装形式外观与封装代号

1. 主要特点

宽电源电压范围: ± 10 ～ ± 40 V。

高输出功率: 70 W(最高可达 100 W)。

具有待机和静音功能、无噪 ON/OFF 开关、低噪声和低失真、短路保护和过热保护。

2. 引脚功能

1 脚为待机端;2 脚为反相输入端;3 脚为正相输入端;4 脚接地;5、11、12 脚为空脚;6 脚为自举端;7 脚为 + V_s(信号处理部分);8 脚为 - V_s(信号处理部分);9 脚为待机脚;10 脚为静音脚;13 脚为 + V_s(末级);14 脚为输出端;15 脚为 - V_s(末级)。

3. 电路结构

在功放电路中,为 TDA7294 提供的电源是直流 ± 38 V,负载设计的是 8 Ω 扬声器,功放电路的输出功率是 100 W,整机电路如图 3 - 9 所示。

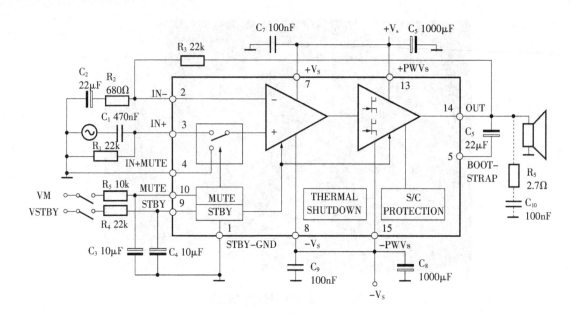

说明：在 $V_S < \pm 25$ V 时，该芯片在特定负载阻抗的条件下，虽能稳定工作，但输出功率会降低。

注：nF 是西方国家常用的容量单位，1 nF = 1 000 pF，即 0.001 μF。

图 3 - 9　TDA7294 典型应用电路

C_1 是输入耦合电容，并应用到非反相输入端（引脚 3）IC 的输入。C_8 和 C_6 是电源滤波电容，而 C_7 和 C_9 是旁路电容。C_5 为自举电容。R_6 和 C_{10} 组成的 RC 网络改善放大器的高频稳定，还可以防止振荡。R_5 和 C_3 设置静音时间常数，而 R_4 和 C_4 的待机时间设置常数。VM 是静音开关，VSTBY 是待机开关。R_1 是输入电阻，和放大器输入阻抗有直接关系。R_2 和 R_3 用于设置类型的闭环增益与使用值，增益 30 dB。C_5 是一个反馈电容，而且还提供直流解耦。

4. 注意事项

对于大功率放大器，散热器是必需的，其热阻计算约 0.038 ℃/W。扬声器购置稍留余量，本机采用 8 Ω 150 W 扬声器。电源供应器必须有滤波稳压电路，如果电源纹波幅度偏大，可能会引起振荡。

附：热阻（thermal resistance）

当热量在物体内部以热传导的方式传递时，遇到的阻力称为导热热阻。对于热流经过的截面积不变的平板，导热热阻为 $L/(k \times A)$。其中 L 为平板的厚度，A 为平板垂直于热流方向的截面积，k 为平板材料的热导率。

热量在传递过程中有一定热阻。由器件管芯传到器件底部的热阻为 R_{jc}，器件底部与散热器之间的热阻为 R_{cs}，散热器将热量散到周围空间的热阻为 R_{sa}，总的热阻 $R_{ja} = R_{jc} + R_{cs} + R_{sa}$。若器件的最大功率损耗为 P_d，并已知器件允许的结温为 T_j、环境温度为 T_a，可以按下式求出允许的总热阻 R_{ja}

$$R_{ja} \leqslant (T_j - T_a)/P_d \qquad (3 - 1)$$

则计算最大允许的散热器到环境温度的热阻 R_{sa} 为：

$$R_{sa} \leqslant (T_j - T_a)/P_d - (R_{jc} + R_{cs}) \qquad (3-2)$$

在设计时，一般设 T_j 为 125 ℃。在较坏的环境温度情况下，一般设 T_a 为 40～60 ℃。R_{jc} 的大小与管芯的尺寸和封装结构有关，可以从器件的数据资料中找到。R_{cs} 的大小与安装技术及器件的封装有关。如果器件采用导热油脂或导热垫后，再与散热器安装，其 R_{cs} 典型值为 0.1～0.2 ℃/W；若器件底面不绝缘，需要另外加云母片绝缘，则其 R_{cs} 可达 1 ℃/W。P_d 为实际的最大损耗功率，可根据不同器件的工作条件计算而得。这样，R_{sa} 可以计算出来，根据计算的 R_{sa} 值可选合适的散热器了。

计算实例

一功率运算放大器 PA02 作低频功放，器件为 8 引脚 TO-3 金属外壳封装。器件工作条件如下：工作电压 V_s 为 18 V，负载阻抗 R_L 为 4 Ω，最高工作频率 5 kHz，环境温度设为 40 ℃，采用自然冷却。

查 PA02 器件资料可知：静态电流 I_q 典型值为 27 mA，最大值为 40 mA；器件的 R_{jc}（从管芯到外壳）典型值为 2.4 ℃/W，最大值为 2.6 ℃/W。

器件的功耗为 P_d：

$$P_d = P_{dq} + P_{dout} \qquad (3-3)$$

式中，P_{dq} 为器件内部电路的功耗，P_{dout} 为输出功率的功耗。$P_{dq} = I_q (V_s + |-V_s|)$，$P_{dout} = V_{s2}/(4R_L)$，代入上式，得

$$\begin{aligned} P_d &= I_q(V_s + |-V_s|) + V_{s2}/(4R_L) \\ &= 0.037 \times (18 + 18) + 182/(4 \times 4) = 21.6(W) \end{aligned} \qquad (3-4)$$

式中，静态电流取 37 mA。

散热器热阻 R_{sa} 计算：

$$R_{sa} \leqslant (T_j - T_a)/P_d - (R_{jc} + R_{cs}) \qquad (3-5)$$

为留有余量，T_j 设为 125 ℃，T_a 设为 40 ℃，R_{jc} 取最大值（$R_{jc} = 2.6$ ℃/W），R_{cs} 取 0.2 ℃/W（PA02 直接安装在散热器上，中间有导热油脂）。将上述数据代入公式得：

$$R_{sa} \leqslant (125 - 40)/21.6 - (2.6 + 0.2) \leqslant 1.135(℃/W) \qquad (3-6)$$

HSO4 散热片在自然对流时热阻为 0.95 ℃/W，可满足散热要求。

实训练习

1. AV 功放和 Hi-Fi 功放在性能要求上有什么区别？

2. 甲类、乙类、甲乙类功率放大器，按静态工作点在交流负载线上的位置有什么区分？

3. 电子管的常用电极有阴极、_____、_____。

4. 470 nF 的电容等于多少微法？

5. 利用 TDA7294 设计一个 50 W × 2 的音频功率放大器。

3.2 MP4 播放器

MP4 全称 MPEG-4 Part 14，是一种使用 MPEG-4 的多媒体电脑档案格式，文件后缀

为.mp4，以储存数码音信及数码视信为主。这里所讲的是 MP4 播放器，MP4 播放器是一种集音频、视频、图片浏览、电子书、收音机等于一体的多功能播放器。

3.2.1　MP4 优点

MP4 播放器是一个能够播放 MPEG - 4 文件的设备（图 3 - 10），它可以叫作 PVP（personal video player，个人视频播放器）；也可以叫作 PMP（portable media player，便携式媒体播放器）；还可以叫作 PIA（personal imagine assitant，个人图像助手）。MP4 播放器可以通过 USB 或 1394 端口传输文件，很方便地将视频文件下载到设备中进行播放，有独立的音频播放系统，以满足随时播放视频的需要。

图 3 - 10　MP4 播放器

MP4 播放器能够直接播放高品质视频、音频，也可以浏览图片以及作为移动硬盘、数字银行使用。有些产品还具备一些十分新颖、实用的功能。例如，爱可视 AV420 能够录制视频，它可以将来自 DVD、电视等设备的信号以 MPEG - 4 格式保存在硬盘中；中基超威力推出的 MP4 播放器支持 PIM 管理以及无线网络功能，可以在无线环境普及后发挥出更多作用。而且现在我们所见到的 MP4 播放器，大多数都带有视频转制等专业的视频功能，并具备非常全的视频输入/输出端口，因此它们携带的视频文件能够在很多场合中播放，尽管这对一些仅在旅行途中使用播放器的用户没有更多的实际意义，但对于一些经常做视频演示的用户则十分有用，因为 MP4 播放器能够方便地接驳投影机以及电视等输出设备。

MP4 是 MPEG 格式的一种，是活动图像的一种压缩方式。通过这种压缩，可以使用较小的文件提供较高的图像质量，是目前最流行（尤其在网络中）的视频文件格式之一，是 WIN7 系统默认的视频文件格式。它是超低码率运动图像和语言的压缩标准，用于传输速率低于 64 Mbps 的实时图像传输，它不仅可覆盖低频带，也向高频带发展。MP4 为多媒体数据压缩提供了一个更为广阔的平台，它更多定义的是一种格式、一种架构，而不是具体的算法。它可以将各种各样的多媒体技术充分用进来，包括压缩本身的一些工具、算法，也包括图像合成、语音合成等技术。

目前，MP4 最流行使用的压缩方式为 DivX 和 XviD。经过以 DivX 或者 XviD 为代表的 MP4 技术处理过的 DVD 节目，图像的视频、音频质量下降不大，但体积却缩小到原来的几分之一。

3.2.2 MP4 的工作模式和硬件构架

1. 工作模式

MP4 播放器是利用数字信号处理器 DSP（digital signal processer）来完成传输和解码 MP4 文件的任务的。DSP 掌管随身听的数据传输、设备接口控制、文件解码回放等活动。DSP 能够在非常短的时间里完成多种处理任务，而且此过程所消耗的能量极少，这也是它适合于便携式播放器的一个显著特点。

以歌曲文件为例，MP4 播放器的工作方式如下：

①将歌曲文件从内存中取出并读取存储器上的信号；

②解码芯片对信号进行解码；

③通过数模转换器将解出来的数字信号转换成模拟信号；

④把转换后的模拟音频放大，低通滤波后传送到耳机输出口。

2. 硬件构架

MP4 播放器主要由 CPU 芯片、锂电池电源、音频处理、视频显示和存取管理几大部分构成。

（1）CPU 芯片。从原理上说，MP4 与 MP3 区别不大，但是从硬件性能来说，两者相差甚远，主要是因为视频播放功能，DivX 和 XviD 等。MP4 的播放，要求中央处理器和 DSP 较高的处理能力（图 3 - 11），而且要有一定的系统内存，DivX 编码器问世之初，编码器开发者就使用主频为 400 MHz 以上的计算机来完成解码，可见 MP4 要求芯片具有很高的计算性能，很多 MP4 华丽的操作界面也会消耗不少的系统资源。MP4 不仅仅是视频数据和图像数据的处理器，现在的 MP4 还是很多数码功能和多媒体功能的统一体，要实现如数码伴侣、视频采集、DC、FM、Game 等功能，甚至有些 MP4 还支持多线工作。所以 MP4 的芯片不仅要求具有很高的计算能力，还要集成多方面的功能。

图 3 - 11　MP4 的内部元件布局

（2）锂电池电源。MP4 电池一般采用锂离子集合物电池，该电池具有体积小、容量高、重量轻等特点。购买时应该注意或重点考虑电池的容量，容量越高越好。

（3）音频处理。在音频处理方面，TI 主要采用自家开发的 TLV320 AIC23B 编码器，它是一款高性能低功耗的立体声音频 Codec 芯片，内置耳机输出放大器，支持 MIC 和 LINE IN 两种输入方式，输入/输出都具有可编程增益调节。AIC23 内部集成了模数转换（ADC）和数模转换（DAC）电路，输出信噪比可分别达到 90 dB 和 100 dB，可在 8 ～ 96 kHz 的频率范围内提供 16/20/24/32 位的采样。其音质较为纯正、保真度高、高音响亮、低音雄浑。

（4）视频显示。视频显示既可以是通过 NTSC 或 PAL 制式往外部输出，也可以是输出到自带的液晶屏幕，现在 MP4 采用的屏幕主要有：CSTN、TFT 和 LPTS、OLED 等液晶屏，一般 MP4 为 26 万色，更高为 1 600 万色。

（5）存取管理。MP4 采用的都是来自 HITACHI、FUJITSU 及 TOSHIBA 的 1.4 英寸硬盘，偶尔也有采用 2.5 英寸笔记本硬盘。而为了节约成本，市面上多数采用小容量和缩小体积的闪存。MP4 采用闪存作为存储介质，具有硬盘无以比拟的优点，稳定、能耗低、防震性好。

3.2.3　MP4 播放器的基本结构和工作原理

在不考虑 OTG 数码伴侣①、数码照相等附加功能的情况下，MP4 播放器的基本电路结构与视频 MP3 大体相同，但是 MP4 的内涵却比视频 MP3 要丰富高级得多，主要体现在主芯片、液晶显示屏和存储器等方面，特别是主芯片的功能扩充方面，表现得更为强大。

既然是以视频播放为主的多媒体娱乐器具，MP4 设计的第一重点是要求对众多的影音格式具有优良的编码（encode）与解码（decode）能力，而这主要取决于主芯片的性能。MP4 需要运算能力强大、性能优异的主芯片来实现众多视频格式的编解码。现阶段 MP4 主芯片内部核心架构，大都是采用 CPU（MCU）搭配 DSP 的方式。其中 DSP 负责编码/解码的处理，CPU 则负责对文件管理、存取，以及对接口、周边组件的工作等进行处理。

在 MP4 的工作过程中，很多环节都会影响到最后的画面质量和音频品质，其中主芯片的影响最为明显，是最重要的一环，要求其对各种常用视频格式源文件进行高品质的解码处理，对画质、音质的损伤尽可能低。MP4 拥有优秀的主芯片，能够较好地减少压缩信号的损失，还原视频和音频信号的质量较高。

图 3-12 所示是典型的 MP4 播放器电路结构框图。图中，主芯片中包括微处理器 CPU、编解码器、D/A 和 A/D 转换器等电路。主芯片起主导控制作用，它控制 MP4 解码器、D/A 和 A/D 转换器、LCD 液晶屏等电路，由解码器等把内置存储器（闪存或硬盘），或外部插接的 FLASHROM、HD（硬盘）等存储介质之中的视频文件读出并进行解码，然后经 D/A 转换器转换，将数字信号转换成模拟信号。转换后的模拟音频信号被送到音频

①OTG 数码伴侣能在脱机情况下连接数码相机，MP3 等有 USB 插口的存储设备并将其文件备份至自己的存储空间中。而双向 OTG 数码伴侣除了拥有普通 OTG 数码伴侣所具备的备份功能外，还能将数码伴侣上的文件反向传输至 USB 设备中。

功率放大器进行放大，最后被送到耳机输出插口，由耳机发出音乐等信号。现在有不少
MP4 都有内置扬声器，使得播放器的音频输出可直接由喇叭发声。

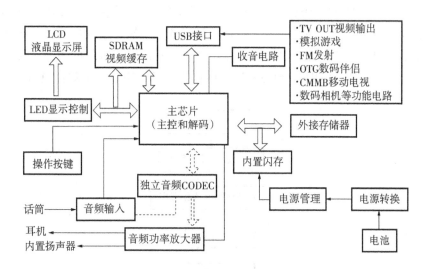

图 3-12　典型的 MP4 播放器电路结构框图

SDRAM 缓存（或相似功能的缓存）是 MP4 的必备器件。因为 MP4 首先要保证视频播
放的质量，主芯片解码电路在处理视频信号时，需要读取"闪存"中的数据量很大，而直
接从"闪存"读取数据的速度较慢，会影响视频播放的效果，使画面出现马赛克、掉帧、
卡顿、拖影和色块等现象。

而 SDRAM 缓存读取数据的速度很快，能与解码电路的速度匹配，把它设置在主芯片
解码器和 Flash 存储器之间，起到数据缓冲的作用（相当于电脑内存），就能明显提高播
放器视频性能。主芯片解码后的视频信号加到显示控制电路处理，然后送到 LCD 液晶显
示屏，显示出五彩缤纷的图像。

现在有一些 MP4 还采用了独立音频 CODEC（编、解码器）芯片，如图 3-12 中虚线
连接所示。这种"主芯片＋独立 CODEC 芯片"的"双芯"方案，是由一个芯片主要处理
系统和视频编解码等问题，而另一芯片则处理音频信号编解码，两个芯片各司其职。由于
独立音频芯片的性能优异，故可拥有比同类播放器更加出色的音质。目前 MP4 应用的独
立 CODEC 主要有两类，一是英国欧胜电子公司的 WM8XXX 和 WM9XXX 系列；另一是美
国 CirrusLogIC 公司的 CS42XX 系列。例如，"台电"M30 型播放器应用 RK2706＋WM8987
"双芯"方案；而"艾诺"V3000HD 型和"驰为"M50 型等播放器则采用了"华芯飞
CC1600 主芯片＋CS42L52 音频芯片"的"双芯"方案。图中的 USB 接口、按键电路、内
置内存、收音电路、电池电源转换和电源管理等部分的基本原理都和 MP3 大同小异。

目前的一些 MP4 还设置了 TV OUT 视频输出、模拟游戏、FM 发射、OTG 数码伴侣、
CMMB 移动电视、数码相机等辅助功能电路，如图 3-12 中右上方框内所示。

MP4 播放器在播放数字视频、音频文件时的主要工作流程图如图 3-13 所示。播放器
通电启动后，微控制器 MCU 加载引导程序，随后加载操作系统程序，接受操作指令，访

问存储介质，读取视频和音频文件数据，同时读取外围 LCD 控制器等的状态及显示相关信息，并监测电池电量，再显示音量、片名或曲目、时间及电池余量等信息。然后由主芯片分别执行视频和音频的解码操作任务，解码后的数字音频信号被传送到 D/A 转换器，由其转换成模拟音频信号，再经过放大后推动耳机或微型扬声器发出声音；解码转换后的视频信号则通过显示控制电路再加到液晶显示屏，显示出五彩缤纷的图像。如果采用独立音频 CODEC 芯片，则由 CODEC 执行音频解码操作任务，主芯片不对音频信号解码。

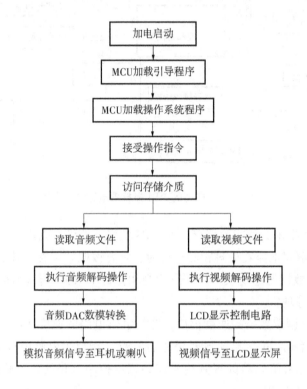

图 3 – 13　MP4 播放器播放数字视频、音频文件时的主要工作流程

3.2.4　2091N 芯片构成的 MP4 播放器电路分析

采用 2091 主控芯片的 MP4 不论外形如何，基本上内部电路结构都差不多。通过学习 2091N 的主控电路，掌握主控芯片的每一个脚位的定义，也就知道了每一个引脚所起的作用以及与它连接电路的功能，在已知每个输出脚的电压和电流的情况下，遇到问题我们可以采用排除法维修不同的故障。

1. 2091N 芯片的管脚定义

（1）VCC：数字电源主供电 3 V；由 65Z、3 V 稳压管输出。

（2）URES：USB 复位。

（3）GND：电源地（负极）。

（4）USBDP：USB 数据总线正极。

（5）USBDM：USB 数据总线负极。

（6）RESET：复位信号（复位电路）。

（7）PAVCC：功率放大器的电源。

（8）AOUTR：音频右声道输出（耳机电路）。

（9）AOUTL：音频左声道输出（耳机电路）。

（10）PAGND：功率放大器地。

（11）VRDA：旁路电容器（0.47～1 μF）。

（12）MICIN：MIC 电路信号输入端（交流电）。

（13）VMIC：MIC 电路 MIC 主供电，给 MIC 供电。

（14）FMINL：FM 音频 L 输入。

（15）FMINR：FM 音频 R 输入。

（16）AGND：PWR 音频地。

（17）AVCC：PWR 音频电源供电 3 V。

（18）VREFI：电压基准输入（1.5 V）。

（19）AVDD：主控音频芯片电压（2 V）。

（20）VDDIO：功率输出（连接到 VDD）。

（21）VP：PWR（当有 2 个电源时连接，其它的连接到 VCC）。

（22）LRADC：数位转换器输入，0.8～2.2 V，8 Bit 数位转换器（空）。

（23）PWRMO：VDD 电压（2 V）。

（24）HOSCI：高频晶体振荡输入（晶振电路）。

（25）HOSCO：高频晶体振荡输出（晶振电路）。

（26）VCC：主供电 3 V。

（27）BAT（VBAT）：电池基准电压检测。

（28）按键电路。

（29）按键电路。

（30）按键电路。

（31）LXVDD、VDD：直流 - 直流（空）。

（32）GND：电源负极。

（33）NGND PWR//N：通路的地。

（34）LXVCC//VCC：直流 - 直流（空）。

（35）CE2 - O/H（可选择的）：接第一片的 10 脚和第二片 FLASH 的 9 脚。

（36）CE1 - O/H：接第一片 FLASH 的 9 脚。

（37）CE3 - O/H：8080 接口 LCM 芯片（接 LCM CE）。

（38）BN：USB 充电检测（2.6～3 V）。

（39）VDD：主控内芯片电压（2 V）。

（40）R/B#：读\忙，低电平有效。

（41）GPIO_A1（LCM - AO）：第一 ICEDI3.5 驱动器数据为检测输入到 DSU。

（42）GPIO_A2（LCM - RST）：LCM 屏幕复位。

（43）GPO_A0（RED）：背光输出控制，与三极管（1P）基极相连。

（44）ICEEN（ICEEN – 主 SCU H DSU）：空。

（45）ICERST – 主 SCU H DSU：复置（空）。

（46）GPIO_B4：按键电路。

（47）GPIO：按键电路。

（48）VCC 主供电（3 V）。

（49）D7：存储器数据流的 D7 BI/L Bit7（接 FLASH 的 44 脚）。

（50）D6：存储器数据流的 D6 BI/L Bit6（接 FLASH 的 43 脚）。

（51）D5：存储器数据流的 D5 BI/L Bit5（接 FLASH 的 42 脚）。

（52）D4：存储器数据流的 D4 BI/L Bit4（接 FLASH 的 41 脚）。

（53）D3：存储器数据流的 D3 BI/L Bit3（接 FLASH 的 32 脚）。

（54）D2：存储器数据流的 D2 BI/L Bit2（接 FLASH 的 31 脚）。

（55）GND：地线。

（56）D1：存储器数据流的 D1 BI/L Bit1（接 FLASH 的 30 脚）。

（57）D0：存储器数据流的 D0 BI/L Bit0（接 FLASH 的 29 脚）。

（58）MWR – O/H：存储器写（接 FLASH 的 18 脚，两片都要接）。

（59）MRD – O/H：存储器读（接 FLASH 的 8 脚，两片都要接）。

（60）CLE O/L：公共储存使能端（接 FLASH 的 16 脚，两片都要接）。

（61）ALE O/L：地址储存使能 I/O 的 GPIO_C1 BI H Bit1 集成电路连载数据（接 FLASH 的 17 脚）。

（62）FM DATA：收音 FM 数据。

（63）FM CLK：收音 FM 时钟。

（64）VDD：主控内芯片电压（2 V）。

2091H 和 2091N 主控脚位的功能是一样的，但有些电路不一样，主要看电路中的供电 IC。还有，虽然功能脚一样，但编写的程序不一样，所以主控芯片是不能随意代换的。如果电路一样则可以代换，代换后再写上正确的软件程序即可。

2. 开机电路、电源电路及 USB 接口电路分析

目前 MP4 设计有专门的开/关键，多数是左右拨动型电源开/关键，有的则另有一个"ON/OFF"开机键，所以就有 7 键、6 键、5 键三种，它们的主要区别就在于"开机"键和"电源"键上。有些是将电源键和开机键合二为一，更有方案是将耳机电路与开机、电源电路合在一起，就是当用户插入耳机后，由耳塞的金属导通同时代替了电源开机键闭合的作用。

MP4 电源供电有电池供电和 USB 供电两种方式，下面将电源电路、开机电路和 USB 电路一起介绍，如图 3 – 14 所示。

图中所示电路，若整流二极管 D_1 被击穿，开机时会显示充电，但按"PLAY"（播放）键不能正常开机，不能连机，因为无法为主控芯片加载电压。如果 USBDM 或 USBDP 虚焊、脱焊或电阻 R_1 损坏，也会出现不连机或无法上传、下载文件的故障。

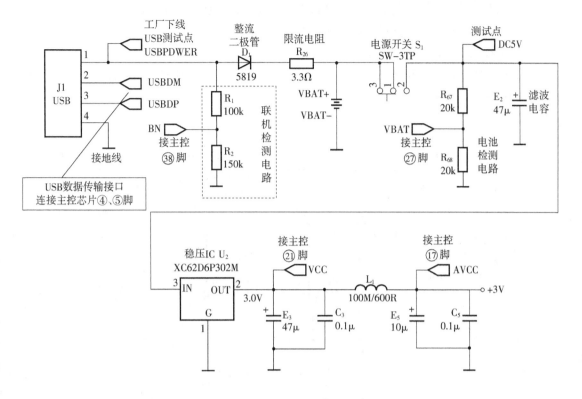

图 3 - 14　2091 芯片外围电路

稳压 IC（U_2）实际上是一个组合二极管，当 U_2 引脚电压正常，而 VCC 没有 3 V 电压时，可能是 IC 损坏或电容损坏，并会影响到主控、Flash、显示屏、FM 等。应检查 VCC 处是否短路，并在 VCC 处外接 3 V 电压，检查是哪个元器件发热，同时接电流表观察电流变化。

3. 音频电路

2091 方案的 MP4 音频电路比较简单，都集成在主控芯片上。当机器声音有故障时，可能会与主控的功放引脚或滤波电路中的电容损坏有关。

4. MIC 录音电路

MIC 录音电路（图 3 - 15）比较简单，麦克风通常会出现的故障有：不能录音、录音断断续续、录音有杂音、录音有电流声等。

（1）不能录音：可以从麦克风的电路查起，看是否虚焊。因为麦克风直接连接在主控芯片上，如果没有虚焊情况，可以量麦克风电路，查对地是否有 3 V 电压，有就表明麦克风虚焊或坏掉。

（2）录音断断续续：可以考虑主控是否虚焊，麦克风是否虚焊。

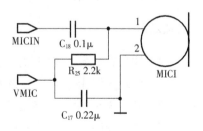

图 3 - 15　MIC（话筒）电路

（3）录音有杂音：首先想到的是电路有没有连锡，或更换质量好的麦克风。

（4）录音有电流声：查看拨动开关是否虚焊。

5．耳机电路详解及故障分析

耳机电路有带功放 IC 和不带功放 IC 两种，这里主要介绍耳机接口电路。图 3 - 16 所示是 2091 常见的耳机电路。

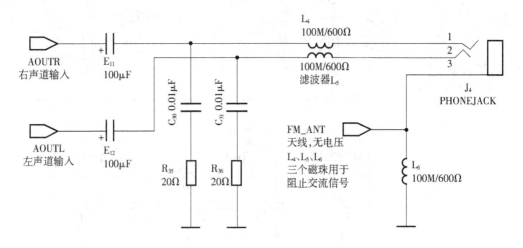

图 3 - 16　耳机电路故障分析

耳机电路常见故障有：耳机单边无声，出现声音不正常，声音卡等。

（1）耳机单边无声：测量耳机③、④、⑤脚是否有电压，如果有则直接换耳机接口。

（2）无声：测量①、②、③脚有无电压，有则更换耳机接口，没有则检查主控芯片是否虚焊，耳机接口是否虚焊。

（3）声音不正常：耳机接口其中一个引脚出现虚焊或接触不良，另外可检查主控是否虚焊。

（4）如果是播放声音卡，在确认了耳机和电路正常的情况下，要仔细观察主控器是否虚焊，Flash（闪存）是否虚焊，如果没有虚焊，可更换 Flash 芯片进行排查。

按键是由主控芯片来定义的，对于拨动开关，在拆装机时，要注意保管好按键，而且不可太用力，以免损坏按键。

实训练习

1．MP4 播放器的双芯指_____、_____。

2．叙述 MP4 播放器在播放数字视频、音频文件时的主要工作流程。

3．简述 2091 集成电路芯片的功能和作用。

4．简述 MP4 播放器构成的主要单元模块都有哪些？

5．简述 MP4 播放器的功能和用途。

6．CD 唱片的采样频率为 44.1 MHz，量化位数是 16 Bits，其数据量为 1.4 Mbps；而相应的 MP3 格式的数据量仅为 112 Kbps，则数据压缩比是多少？

3.3　数字电视机顶盒

"数字电视机顶盒"是一种将数字电视信号转换成模拟信号的变换设备，它对经过数字化压缩的图像和声音信号进行解码还原，产生模拟的视频和声音信号，通过电视显示器和音响设备给观众提供高质量的电视节目。数字电视机顶盒不仅是用户终端，而且是网络终端，它能使模拟电视机从被动接收模拟电视转向交互式数字电视（如视频点播等），并能接入因特网，使用户享受电视、数据、语言等全方位的信息服务。

3.3.1　有线电视的模拟信号与数字信号

以往的有线电视，是以模拟信号的方式传输音、视频内容，信号靠放大器进行放大传输，靠分配器控制用户和家庭电视的接收。模拟信号容易受到影响，如传输电缆的粗细长短、分配器及其接头的松动等等。当电视信号不佳时，屏幕有可能出现雪花点等干扰现象。

数字信号则是以数字的方式传输音、视频内容，机顶盒收到的是经过调制的数字信号，经解调后还原成和演播室内相同清晰度的画面，图像质量优越。如果出现数据丢失可能会导致马赛克现象，但不会像模拟信号那样出现雪花点。

引入数字电视是科技发展的必然趋势，下面是两种模式对比：

- 模拟电视：采用模拟信号调制，中间很容易引入干扰，一套节目使用一个频点。
- 数字电视：采用数据信号调制，抗干扰性好，一个频点传输 6～8 套节目，容易加密。

模拟信号传输由于带宽的限制，最多可容 100 个频点。同样的带宽，改换为数字标清节目后，有 800 多个频道可供用户欣赏。有线数字信号也可拓展其它业务。

3.3.2　机顶盒的外部接口

机顶盒是一个综合信息合成使用的电信设备，外部接口很多（图 3 - 17），现介绍如下。

图 3 - 17　数字电视机顶盒的外部接口

（1）信号输入：由同轴电缆引入的数字信号接口。

（2）信号环路输出：环路输出是一个将输入的模拟射频信号，原封不动地仍然按照模拟射频信号输出的接口。这个接口一般是用于外接测试仪器测试信号质量是否正常，或连接第二个机顶盒。由于实用性不高，有一些机顶盒已经取消这个接口。

（3）AV 接口：是 TV 的改进型接口，外观方面有了很大不同。分成 3 条线：音频接口为红色与白色线，组成左右声道；视频接口为黄色线。AV 输出仍然是将亮度与色度混合的视频信号，仍需要显示设备进行亮度和色彩分离，并且解码才能成像。这样的做法必然会对画质造成影响，所以 AV 接口的画质也不能让人满意。

（4）USB2.0：通用串行总线 USB（universal serial bus）是连接外部装置的一个串口汇流排标准，USB20D 驱动程序在计算机上使用广泛，也可以用在机顶盒和游戏机上，补充标准 OTG（on – the – go）使其能够用于在便携装置之间直接交换资料。

（5）RJ45 接口：RJ45 通常用于计算机网络数据传输，接头的线有直通线、交叉线两种，通常就是网络接口。由此上网，实现交互、视频点播功能。

（6）HDMI（高清接口）：HDMI 接口是最近才出现的接口，它同 DVI 一样是采用全数字化信号的传输。但是不同的是，HDMI 接口不但可以提供全数字的视频信号，而且可以同时传输音频。就好像又回到了有线的射频接口一样，不一样的是采用全数字化的信号传输，不会像射频那样出现视频与音频干扰导致画质不佳的情况。

（7）YPbPr：分量输出。

（8）S – VIDEO：S 端子接口。

（9）SPDIF：数字音频。

上述 9 种类型的接口，不同厂家的产品并不一定全部配置，但前三项不可缺少。

3.3.3　主要技术

信道解码、信源解码、上行数据的调制编码、嵌入式 CPU、MPEG – 2 解压缩、机顶盒软件、显示控制和加解扰技术是数字电视机顶盒的主要技术。

1. 信道解码

数字电视机顶盒中的信道解码电路相当于模拟电视机中的高频头和中频放大器。在数字电视机顶盒中，高频头是必需的，不过调谐范围包含卫星频道、地面电视接收频道、有线电视增补频道。根据 DTV 已有的调制方式，信道解码应包括 QPSK、QAM、OFDM、VSB 解调功能。

2. 信源解码

模拟信号数字化后，信息量激增，必须采用相应的数据压缩标准。数字电视广播采用 MPEG – 2 视频压缩标准，适用多种清晰度图像质量。音频则有 AC – 3 和 MPEG – 2 两种标准。信源解码器必须适应不同编码策略，正确还原原始音、视频数据。

3. 调制编码

开展交互式应用，需要考虑上行数据的调制编码问题。普遍采用的有 3 种方式：电话线传送上行数据、以太网卡传送上行数据和通过有线网络传送上行数据。

4. CPU

嵌入式 CPU 是数字电视机顶盒的心脏。当数据完成信道解码以后，首先要解复用，把传输流分成视频、音频，使视频、音频和数据分离开。在数字电视机顶盒专用的 CPU 中集成了 32 个以上可编程 PID 滤波器，其中两个用于视频和音频滤波，其余的用于 PSI、SI 和 Private 数据滤波。CPU 是嵌入式操作系统的运行平台，它要和操作系统一起完成网络管理、显示管理、有条件接收管理（IC 卡和智能卡（smart carch））、图文电视解码、数据解码、OSD、视频信号的上下变换等功能。为了达到这些功能，必须在普通 32～64 位 CPU 上扩展许多新的功能，并不断提高速度，以适应高速网络和三维游戏的要求。

5. MPEG－2 解码

MPEG－2 是数字电视中的关键技术之一，实用的视频数字处理技术基本上是建立在 MPEG－2 技术基础上，MPEG－2 包括从网络传输到高清晰度电视的全部规范。MP@ LL 用于 VCD，可视电话会议和可视电话用的 H. 263 和 H. 261 是它的子集。MP@ ML[①] 用于 DVD、SDTV，MP@ HL 用于 HDTV。

MPEG－2 图像信号处理方法分运动预测、DCT、量化、可变长编码 4 步完成，电路是由 RISC 处理器为核心的 ASIC 电路组成。

MPEG－2 解压缩电路包含视频、音频解压缩和其它功能。在视频处理上要完成主画面、子画面解码，最好具有分层解码功能。图文电视可用 APHA 迭显功能选加在主画面上，这就要求解码器能同时解调主画面图像和图文电视数据，要有很高的速度和处理能力。OSD 是一层单色或伪彩色字幕，主要用于用户操作提示。

在音频方面，由于欧洲 DVB 采用 MPEG－2 伴音，美国的 ATSC 采用杜比 AC－3，因而音频解码要具有以上两种功能。

6. 机顶盒软件

电视数字化后，数字电视技术中软件技术占有更为重要的位置。除了音视频的解码由硬件实现外，电视内容的重现、操作界面的实现、数据广播业务的实现、机顶盒与个人计算机的互联以及与 Internet 的互联都需要由软件来实现，具体如下：

（1）硬件驱动层软件：驱动程序驱动硬件功能，如射频解调器、传输解复用器、A/V 解码器、OSD、视频编码器等。

（2）嵌入式实时多任务操作系统：是相对于桌面计算机操作系统而言的，它不装在硬盘中，系统结构紧凑，功能相对简单，资源开支较小，便于固化在存储器中。嵌入式操作系统的作用与 PC 机上的 DOS 和 Windows 相似，用户通过它进行人机对话，完成用户下达的指定。指定接收采用多种方式，如键盘、语音、触摸屏、红外遥控器等。

（3）中间件：开放的业务平台上的特点在于产品的开发和生产以一个业务平台为基础，开放的业务平台为每个环节提供独立的运行模式，每个环节拥有自身的利润，能产生多个供应商。只有采用开放式业务平台才能保证机顶盒的扩展性，保证投资的有效回收。

---

①MP@ ML（Main Profile@ Main Level，主档次@ 主等级）是第一代数字卫星电视的基础，节目提供者可以提供 625 线质量的节目，图像的长宽比可以是 4∶3 或 16∶9。码流率由节目提供者根据节目质量选定，图像质量越高，所需码流率越高，反之越低。MP@ ML 是目前在世界上最常用的 MPEG－2 标准。

（4）上层应用软件：执行服务商提供的各种服务功能，如电子节目指南、准视频点播、视频点播、数据广播、IP电话和可视电话等。上层应用软件独立于STB的硬件，它可以用于各种STB硬件平台，消除应用软件对硬件的依赖。

7. 显示技术

就电视和计算机显示器而言，CRT显示是一种成熟的技术，但是用低分辨率的电视机显示文字，尤其是小于24×24像素的小字，问题很大。CRT是大节距的低分辨率管，只适合显示720×576像素或640×480像素的图像。它的偏转系统是固定不变的，为525行60 Hz或625行50 Hz而设计，而数字电视的显示格式有18种以上。另外，电视采用低帧频的隔行扫描方式，当显示图形和文字时，亮度信号存在背景闪烁，水平直线存在行间闪烁。如果把逐行扫描的计算机图文转换到电视机上，水平边沿就会仅出现在奇场或偶场，屏显时间接近人眼的视觉暂留，图像产生厉害的边缘闪烁现象，因而要用电视机上网，必须要补救电视机显示的缺陷。

根据技术难度和成本，用两种方法进行改进。一种是抗闪烁滤波器，把相邻三行的图像按比例相加成一行，使仅出现在单场的图像重现在每场中，这种方式又叫三行滤波法。三行滤波法简单易实现，但降低了图像的清晰度，适用于隔行扫描方式的电视机。另一种方法是把隔行扫描变成逐行扫描，并适当提高帧频，这种方式要成倍地增加扫描的行数和场数。为了使增加的像素不是无中生有，保证活动画面的连续性，必须要作行、场内插运算和运动补偿，必须用专用的芯片和复杂的技术才能实现，这种方式在电视机上显示计算机图文的质量非常好，但必须在有逐行和倍扫描功能的电视机上才能实现。另外，把分辨率高于模拟电视机的HDTV和VESA信号在电视机上播放，只能显示部分画面，必须进行缩小，这就像PIP方式，要丢行和丢场。同样为保证图像的连续性，也要进行内插运算。

8. 加解扰技术

加解扰技术用于对数字节目进行加密和解密。其基本原理是采用加扰控制字加密传输的方法，用户端利用IC卡解密。在MPEG传输流中，与控制字传输相关的有2个数据流：授权控制信息（ECMs）和授权管理信息（EMMs）。由业务密钥（SK）加密处理后的控制字在ECMs中传送，其中包括节目来源、时间、内容分类和节目价格等节目信息。对控制字加密的业务密钥在授权管理信息中传送，并且业务密钥在传送前要经过用户个人分配密钥（PDE）的加密处理。EMMs中还包括地址、用户授权信息，如用户可以看的节目或时间段等。

用户个人分配密钥（PDK）存放在用户的Smart Card中，在用户端，机顶盒根据PMT和CAT表中的条件访问描述子（CA – descriptor），获得EMM和ECM的PID值，然后从TS流中过滤出ECMs和EMMs，并通过Smart Card接口送给Smart Card。Smart Card首先读取用户个人分配密钥（PDK），用PDK对EMM解密，取出SK，然后利用SK对ECM进行解密，取出CW，并将CW通过Smart Card接口送给解扰引擎，解扰引擎利用CW即可将已加扰的传输信息流进行解扰。

9. 条件接收系统

条件接收系统（conditional access system，CAS）又称接收控制系统。该系统的任务是保证 DVB 业务仅被授权接收的用户所接收使用，其主要功能是对信号加扰，对用户电子密钥的加密以及建立一个确保被授权的用户能接收到加扰节目的用户管理系统。CAS 杜绝了原有模拟有线电视网私拉乱接的现象，使得广电运营商能够更好地维护自己的权益。

3.3.4 电路分析

数字电视机顶盒的内部电路如图 3 - 18 所示。从结构上看，机顶盒一般由主芯片、内存、调制解调器、回传通道、CA（conditional access）接口、外部存储控制器以及视音频输出等几大部分构成。其中最主要的部分是主芯片和调制解调器，这两个部分的差异，很大程度上决定了机顶盒的性能与价格。

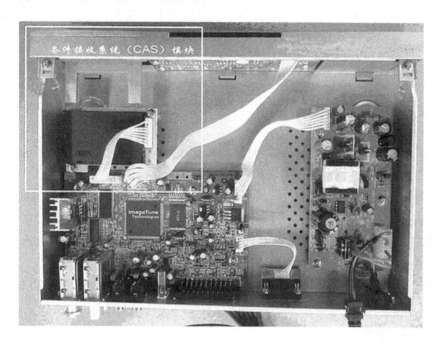

图 3 - 18　数字电视机顶盒的内部电路

1. 机顶盒的硬件结构

数字电视机顶盒多以单片解复用解码器 STi5518、SC2005、MB87L2250 等为核心组成。除主芯片外，还有一体化调制解调器、64 Mbit 同步动态存储器（SDRAM）、快闪存储器、音频 D/A 转换器、音频放大器、视频滤波网络、智能卡读卡驱动电路等。机顶盒系统结构框图如图 3 - 19 所示。其硬件电路包括：①主板（mainboard）；②开关电源（power board）；③遥控器和按键控制面板（front PCB）；④高频头（tuner）；⑤射频调制器（RF）；⑥升级串口（RS - 232）；⑦闪存；⑧音视频输出接口 RCA、SPDIF、HDMI；⑨条件接收系统 CA 模块。

因篇幅所限，重点讲解 CAS 系统、主芯片性能和调制解调器的工作原理，其它组成电路的相关知识可查阅图书资料。

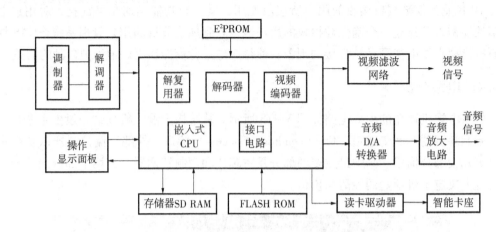

图 3 – 19 数字电视机顶盒的系统结构框图

2. 条件接收系统

条件接收系统（CAS）即用户资费查证系统，它是数字电视机顶盒开发的核心技术。

1）条件接收系统的组成

整个条件接收系统包括前端码流加扰加密、传输、终端通过条件接收系统进行解扰解密三大部分，其中关键技术就在前端和终端。

① 前端码流加扰加密部分包括：EMM 加密器、ECM 加密器、CW 发生器、TS 流加扰器、复用器；

② 终端条件接收系统进行解扰解密部分包括：解复用器、CA 系统、智能卡、解扰器、解密器；

③ 加扰控制字段：可以在 ts 包中修改 transport_scrambling_control 值（2b 位，ts header 第四个字节处）；

位值　描述

00　不加扰

01　保留

10　用偶密钥加扰 ts 包

11　用奇密钥加扰 ts 包

PES 包中使用 PES_scrambling_control 值，其控制与 ts 含义相同。

2）条件接收系统原理图

条件接收系统主要是对局端加密信号，是在用户付费的条件下进行解密解扰的重要单元，系统如图 3 – 20 所示。

条件接收系统的三层加密如图 3 – 21 所示。

发送端：采用 PDK 对 SK 进行加密，传输加密后的 EMM 数据。

接收端：PDK 是存储在智能卡上的，是智能卡的 ID，这是唯一的，机顶盒收到 EMM 数据采用 PDK 解出 SK。

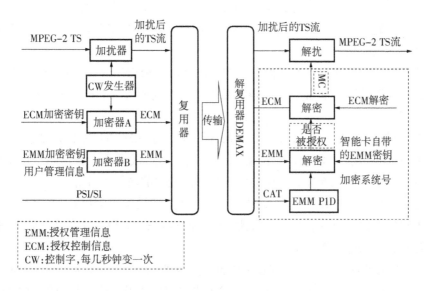

图 3－20　CAS 系统结构框图

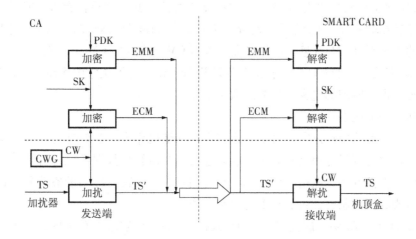

图 3－21　CAS 三层加密示意图

3）条件接收系统工作原理

条件接收系统（CA）主要分为两大部分：一是信号加扰部分，它是通过一个随机码发生器所产生的随机码（称为控制字 CW）来控制加扰器对信号的加扰；二是加密部分，要使加扰的信号在接收端成功地解扰，接收端也必须有与加扰端一模一样的控制字来控制解扰器。

前端码流加密加扰工作原理：

（1）在信号的发送端，首先由控制字发生器产生控制字，将它提供给加扰器和加密器 A。控制字的典型字长为 64 bit，每隔 2～30 s 改变一次（CW 变化为 5～10 s，各厂家值有所不同）。

（2）加扰器根据控制字发生器提供的控制字，对来自复用器的 MPEG - 2 传送比特流进行加扰运算。此时，加扰器的输出结果即为经过扰乱后的 MPEG - 2 传送比特流，控制字就是加扰器加扰所用的密钥。

（3）加密器接收到来自控制字发生器的控制字后，根据用户授权系统提供的业务密钥对控制字进行加密运算，加密器 A 的输出结果即为经过加密后的控制字，它被称为授权控制信息（ECM）。

（4）用户管理信息（management message）被密钥 EMMK1 加密形成授权管理信息（EMM），用户管理信息由信息提供商的用户管理系统形成，用户管理系统用来建立有关用户的名称、地址、智能卡号、账单的信息和当前授权的数据库等等。

（5）经过这样一个过程产生的 ECM 和 EMM 信息均被送至 MPEG - 2 复用器，与被送至同一复用器的图像、声音和数据信号比特流一起打包成 MPEG - 2 传送比特流输出。

终端解扰解密部分工作原理：

①在信号的接收端，解码器首先在传送流中查找到 PMT 和 CAT 表，从中获取到EMM_PIDS、ECM_PIDS、CASystemIDS 等信息。②根据 EMM_PID，找到相应的加密的 EMM 信息，智能卡中存有加密系统号、ECM 密钥和 EMM 密钥等，智能卡首先使用 EMM 密钥对加密的 EMM 解密，根据解出的 EMM 信息确定本智能卡是否被授权看该套节目，如没授权则不能进行后续的解密，也就不能收看该节目。③如该卡已被授权，则利用 ECM_PID，找到相应的加密的 ECM 信息，利用智能卡的 ECM 密钥对 ECM 进行解密，得到控制字CW。④由解密得出来的 CW 对加扰的传送流进行解密，得到正常的 MEPG - 2 传送流，由解码器解码后得到所需的电视、广播或数字信号。

加扰和加密的区别：

加扰是加扰器使用控制字通过函数运算产生伪随机序列，对数据进行一些与或运算将数据扰乱。接收终端只有得到控制字才能通过反函数运算将数据还原进行解码。而加密是为了有效地保护控制字，通过密钥或算法对控制字进行加密。终端设备需要得到密钥或反算法，解出或算出控制字，再进行解扰解密工作。

TS 层的加扰：TS 层的加扰只针对 TS 数据码流的有效负载（payload），而 TS 流中的 PSI 信息，包括 PAT、PMT、NIT、CAT 以及私有分段（包括 ECM、EMM）都不应该被加扰。当然，TS 流的头字段（包括调整字段）也不应该被加扰。经过加扰后的 TS 流应该在头字段中定义加密控制值。

4）PSI 数据接收

接收到相应的 PMT 和 CAT 表，这两个表中可能会存在 CA_descriptor（）的描述符，通过该描述符，可以获取到对应的 EMM_PIDS、ECM_PIDS、CASystemIDS。

注：相关名词概念

PMT（program map table）：节目映射表

CAT（conditional access table）：条件接收表

ECM（entitlement control message）：授权控制信息

EMM（entitlement management message）：授权管理信息

IPPV（impluse pay-per-view）：脉冲式按次付费电视或者即时付费电视

CODFM：正交频分复用

DVB-C：有线数字电视广播

DDRRAM：双速率同步动态存储器

3. 一体化调制解调器

有线数字电视机顶盒中的一体化调制解调器与卫星数字机中的一体化调制解调器不同之处是：前者调谐器接收信号的频率较低（48～860 MHz）、频带较窄（812 MHz）、中频频率为 36 MHz，解调器采用 QAM 解调，考虑数字电视与模拟电视同缆传输，一体化调制解调器设有射频输入、输出端；而卫星数字机顶盒中的一体化调谐器接收信号的频率为 950～2150 MHz，频带为 1200 MHz，中频频率为 479.5 MHz；采用 QPSK 解调器，一体化调制解调器设有两个卫星信号接收端。

常用机顶盒中的一体化调制解调器芯片有 TOSHIBA 公司的 FTL - 3032 型、THOMSON 公司的 DCF8712 型与 PHLIPS 公司的 CDl316 型。这里介绍的是 FTL - 3032 型有线数字电视机顶盒中的一体化调制解调器，其内部组成框图如图 3 - 22 所示。各引脚功能见表 3 - 1。

表 3 - 1　FTL - 3032 型一体化调制解调器引脚功能

引脚序号	引脚名称	功能描述
1	+5 V	+5 V 电源
2	NC	不用
3	+3.3 V	+3.3 V 电源
4	GND	数字地
5	RESET	复位
6	SCL	IIC 总线时钟信号
7	SDA	IIC 总线数据信号
8	M - ERR	输出出错信号
9	M - SYNC	MPEG 传输码流开始帧脉冲（同步脉冲）
10	M - VAL	MPEG 传输码流有效标记数据输出
11～18	M - DATA（7）～M - DATA（0）	MPEG 传输码流数据输出（0～7 位）
19	M - CKOT	输出字节时钟或输出串行方式的位时钟

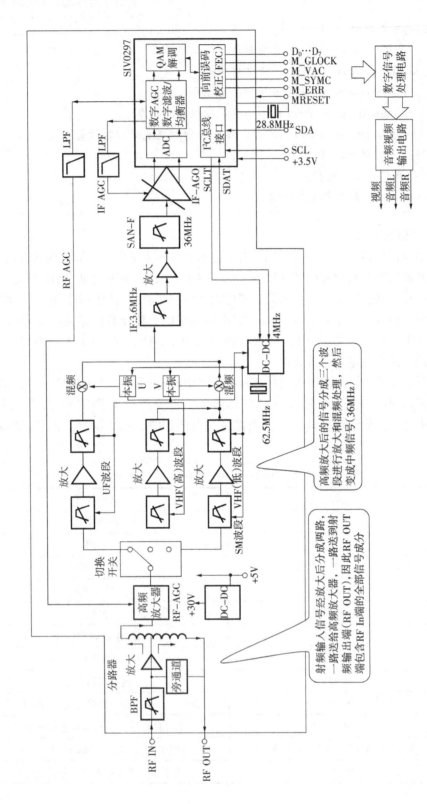

图3-22 FTL-3032型一体化调制解调器内部组成框图

实训练习

1. 何为 CAS？说明它在数字有线电视机顶盒中的作用和意义。

2. 数字电视机顶盒的主要外部接口有信号输入、_____、_____。

3. 条件接收 CA 主要分为几大部分？各起什么作用？

4. 加扰控制字段的二进制代码是几位？位值 10 表示什么操作？

5. 简述数字电视机顶盒 CPU 的功能作用。

6. 叙述机顶盒中"调制解调器"的作用和过程。

3.4 LED 显示屏

现代信息显示技术的发展，形成了 CRT、LCD、PDP、LED、EL、DLP[①] 等系列的信息显示产品，纵观各类显示产品，各有其所长和适宜的应用市场。但随着 LED 材料技术和工艺的提升，LED 显示屏以其独有的高清彩显超大画面、超强立体感、静如油画和动若电影等特性，及其能够广泛与智能设备相结合的优势快速占领生产生活的一些领域，并且开始向更多的领域发起攻势。LED 显示屏以突出的优势成为平板显示的主流产品之一，并在社会经济的许多领域得到广泛应用。

3.4.1 LED 显示屏的分类

LED 显示屏作为现代媒体传播的一种方式，其用途和种类较多。LED 显示屏的种类可按照使用环境、颜色、像素密度、性能、显示器件和使用方式的不同分类。

（1）按使用环境分类：可分为室内、户外及半户外。室内 LED 显示屏的面积从小于 1 平方米到十几平方米，在室内环境下使用；户外 LED 显示屏面积从几平方米到几十甚至上百平方米，可在阳光直射条件下使用，屏体密封不怕雨淋；半户外屏介于户外及室内两者之间，具有较高的发光亮度，可在非阳光直射户外下使用，屏体具有一定的密封，一般在屋檐下或橱窗内。

（2）按颜色分类：可分为单色、双基色、三基色（全彩）。单色屏幕是指显示屏只有一种颜色的发光材料，多为单红色，也有客户钟爱白色或蓝色；双基色 LED 显示屏由红色和绿色 LED 灯组成，256 级灰度的双基色显示屏可显示 65 536（即 2^{16}）种颜色；全彩色 LED 显示屏由红色、绿色和蓝色 LED 灯组成，可显示白平衡和 16 777 216（即 2^{24}）种颜色，可呈现五彩斑斓的图像。

（3）按控制或使用方式分类：可分为同步和异步显示屏。同步方式是指 LED 显示屏的工作方式基本等同于电脑的监视器，它以至少 30 帧/秒的更新速率，逐点对应监视器上的图像时时映射传播，通常具有多灰度的颜色显示能力，可达到多媒体的宣传广告效果；

---

①CRT：阴极射线管；LCD：液晶面板；PDP：等离子显示屏；LED：发光二极管；EL：电致发光显示屏；DLP：数字光处理电子管背投屏幕。

异步方式是指 LED 屏具有存储及自动播放的能力，在 PC 机上编辑好的文字及无灰度图片通过串口或其它网络接口传入 LED 屏，然后由 LED 屏脱机自动播放，一般没有多灰度显示能力，主要用于显示文字信息，可以多屏联网。

（4）按像素密度或像素直径划分：因为户内屏采用的 LED 点阵模块规格比较统一，所以通常按照模块的像素直径划分主要有：Φ3.0mm 62 500 像素/平方米；Φ3.75 mm 44 321 像素/平方米；Φ5.0 mm 17 222 像素/平方米等几种。

（5）按显示性能可分为：①视频显示屏，一般为全彩色显示屏；②文本显示屏，一般为单基色显示屏；③图文显示屏，一般为双基色显示屏；④行情显示屏，一般为数码管或单基色显示屏。

（6）按显示器件可分为 LED 数码显示屏、LED 点阵图文显示屏和 LED 视频显示屏三种。①LED 数码显示屏：显示器件为 7 段数码管，适于制作时钟屏、利率屏等，是显示数字变化的电子显示屏；②LED 点阵图文显示屏：显示器件是由许多均匀排列的发光二极管组成的点阵显示模块，适用于播放文字和图像信息；③LED 视频显示屏：显示器件是由许多全彩发光二极管点阵组成，可以显示视频、动画等各种视频文件。

由于 LED 显示屏系统属于智能计算机电器产品，视频显示技术所涉及的知识面广、难度大，故该节内容以较为简单的字符显示控制原理为例讲解其基础知识，以小见大、由浅入深。

本节所探讨的实例是由 4 个 16×16 点阵构成的 LED 电子显示屏设计方案，整机以流行的单片机芯片 AT89C51 为核心，以此控制行驱动器 74LS154 和列驱动器 74HC595，组织管理 LED 点阵显示屏的动态显示内容。信息内容采用动态显示，使得图形或文字能够实现静止、移入、移出等多种模式。

每个 16×16 点阵显示单元可由 4 块 8×8 点阵的 LED 显示器件拼接组成，由于仅讨论 4 个 16×16 点阵 LED 模块，故此处的全屏显示仅为 4 个汉字或图案。LED 显示屏的控制是一个复杂的系统工程，若要制作实用的 LED 显示设备，则需要研读相关 LED 显示屏的技术资料和书籍。

3.4.2　字符显示的数字化

字符显示以点阵模式拼接而成，字符存储与控制以数字模式存在。要实现计算机控制显示内容，第一步就是要将显示内容数字化。模拟信号的数字化的方法步骤是：采样、量化、压缩；而平面显示内容的数字化的方法步骤是：点阵、量化、存储。下面以字符"红"显示为例，说明图形显示的数字化过程。图 3-23 画出的是直插式单基色 LED 模块示意图。

这种模块由 256 个 LED 灯珠以 16×16 的形式构成一个正方形，然后用 2 列 16 针引脚将内部电路以接口方式引出，供驱动电路控制使用。在矩阵形式的行和列的交叉处可控制一个 LED 发光节点，如果 LED 的阳极与行相连，阴极与列相连，那么只要给该 LED 对应的行以高电平，列以低电平，则对应的 LED 就会发光。

若要以 16×16 点阵表示一个显示字符，首先就要将显示字符分割成 16×16=256 个点的阵列像素，图中的黑点表示显示字符所对应的发光点，空白区域对应字符背景的暗区。若以白色像素对应数值 1，黑色像素对应数值 0，每四个像素构成一个 16 进制码，则

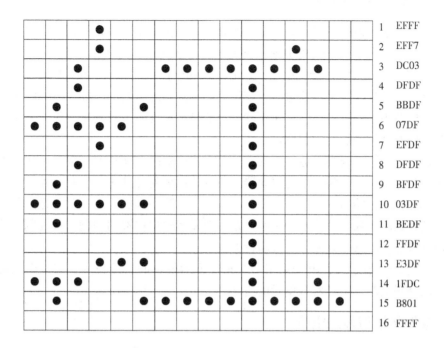

图 3-23 LED 点阵显示原理图

每行的编码数值如图中右侧列表所示。

　　在电路设计上，可使行对应 LED 的阳极，列对应 LED 的阴极，由单片机的双 16 位输出接口控制行和列的电位。先给第 1 行以高电平，并送给 16 列的代码为 EFFF，则第 1 行的第 4 位 LED 被点亮；再给第 2 行以高电平，并送给 16 列的代码为 EFF7，则第 2 行的第 4、13 位 LED 被点亮；再给第 3 行以高电平，并送给 16 列的代码为 DC03，则第 3 行的第 3、7～14 位 LED 被点亮；再给第 4 行以高电平，并送给 16 列的代码为 DFDF，则第 4 行的第 3、11 位 LED 被点亮……再给第 15 行以高电平，同时给 16 列的代码为 B801，则第 15 行的第 2、6～15 位 LED 被点亮。

　　这样不断地进行逐行扫描，在保证一定速度条件下，由于眼睛的视觉暂留作用，就会使 LED 点阵上呈现出我们所设计的字符或图案。

3.4.3 字符显示的控制方式

　　市面上销售的数码管是最常见的 LED 阵列器件，结构简单、价格便宜。本节所讨论的是 LED 的数据显示方式，这种方式通常使用 8 段 LED 或 16 段 LED。在实际应用中，LED 数码管的点亮有共阳极和共阴极两种方式，显示控制有静态和动态两种方法。为使问题分析简单明了，仅以 8 段 LED 为例加以论证。

　　1. 静态显示方式

　　静态显示方式，即 8 段 LED 数码管在显示某一个数码时，加在数码管上的段码保持不变，直至换显其它数码为止。这样数码管的每一段均应由一条输出线来控制，每显示一位数码需要 8 根输出线，N 位显示则需 $N \times 8$ 根输出控制线。这种方式占用较多的 I/O 资源。

2. 动态显示方式

为解决静态显示占用较多 I/O 资源的问题，在多位显示时通常采用动态显示方式。动态显示是将所有数码管的段码线对应并联在一起，由一个 8 位的输出口控制，每位数码管的公共端（即共阴或共阳）分别引出一位 I/O 线加以控制。显示不同数码时，由位线控制各位轮流显示。位线控制某位选通时，该位应显示数码的段码同时加在段码线上，即每一时刻仅有一位数码管是被点亮的，在保持一定的显示速度时，看起来就像所有位在同时显示，此刻我们看到的是稳定的图像。

计算机的工作频率很高，适用于动态显示方式已解决 I/O 资源问题。采用动态显示方式进行显示时，每一行需要一个行驱动器，各行的同名列可共用这个驱动器。显示数据通常存储在单片机的存储器中，按 8 位一个字节的形式顺序排放。显示时要把一行中各列的数据都传送到相应的列驱动器上，这就存在一个显示数据传输的问题。从控制电路到列驱动器的数据传输可以采用并列方式或串行方式。

对于大型 LED 显示屏，由于采用多个独立显示模块的拼接技术，在整个控制系统中还需要使用译码电路、锁存器等单元电路。

3.4.4　数据传输与控制电路

在实际设计过程中，要认真分析复杂的计算机控制系统，无论是硬件的控制电路和 LED 显示电路，还是过程控制的计算机程序，都不能马虎处理、掉以轻心。

3.4.4.1　显示屏电路结构分析

显然，采用并行方式设计计算机控制系统，从控制器到列驱动器的布线数量大，相应的硬件数目多。当被控制的列数很多时，并行传输方案是不可取的。

采用串行传输的方法，控制电路可以只用一根信号线，将列数据一位一位传送到列驱动器，硬件的使用大为减少，经济、科学。

当然，串行传输过程较长，数据按顺序一位一位地输出到列驱动器，只有当一行的各列数据都已传输到位之后，这一行的各列才能并行地进行显示。这样，对于一行的显示过程就可以分解成列数据准备（传输）和列数据显示两部分。对于串行传输方式而言，列数据准备时间可能相当长，在行扫描周期确定的情况下留给行显示的时间就太少了，以致影响到 LED 的亮度（字符的显示时间决定人们感觉的亮度大小）。

解决串行传输中列数据准备和列数据显示的时间问题，可以采用重叠处理的方法。即在显示本行各列数据的同时，传送下一列数据。为了达到重叠处理的目的，列数据的显示就需要具有锁存功能，即使用电子器件——锁存器。

经过上述分析，可以归纳出列驱动器电路应具有的功能。对于列数据准备而言，电路应能实现串入并处的移位功能；对于列数据显示而言，应具有并行锁存的功能。这样，本行已准备好的数据在打入并行锁存器进行显示时，串并移位寄存器就可以准备下一行的列数据，而不会影响本行的显示。图 3－24 所示为显示屏电路实现的结构框图。

3.4.4.2　单片机系统及外围电路

硬件电路大致上可以分成单片机系统及外围电路、列驱动电路和行驱动电路三部分。16×16 点阵显示屏的硬件原理图如图 3－25 所示，该系统具有硬件少、结构简单、容易实现、性能稳定可靠、成本低等特点。

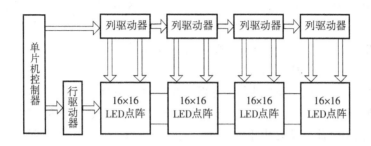

图 3-24　LED 显示屏电路结构框图

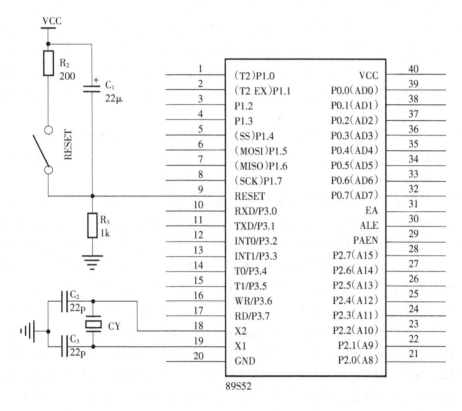

图 3-25　MSC-51 单片机最小系统

1. 单片机的最小系统

单片机采用 MSC-51 或其兼容系列芯片，采用 24MHz 或更高频率晶振，以获得较高的刷新频率，时期显示更稳定。单片机的串口与列驱动器相连，用来显示数据。P1 口低 4 位与行驱动器相连，送出行选信号；P1.5～P1.7 口则用来发送控制信号。P0 口和 P2 口空着，在必要时可以扩展系统的 ROM 和 RAM。

MSC51 单片机管脚说明如下：

VCC：供电电压。

GND：接地。

P0 口：P0 口为一个 8 位漏极开路双向 I/O 口，每脚可吸收 8 个 TTL 门电流。当 P1 口的管脚第一次写 1 时，被定义为高阻输入。P0 能够用于外部程序数据存储器，它可以被定义为数据/地址的第 8 位。在 Flash 编程时，P0 口作为原码输入口，当 Flash 进行校验时，P0 输出原码，此时 P0 外部必须被拉高。

P1 口：P1 口是一个内部提供上拉电阻的 8 位双向 I/O 口，P1 口缓冲器能接收输出 4 个 TTL 门电流。P1 口管脚写入 1 后，被内部上拉为高，可用作输入，P1 口被外部下拉为低电平时，将输出电流，这是由于内部上拉的缘故。在 Flash 编程和校验时，P1 口作为第 8 位地址接收。

P2 口：P2 口为一个内部上拉电阻的 8 位双向 I/O 口，P2 口缓冲器可接收、输出 4 个 TTL 门电流，当 P2 口被写"1"时，其管脚被内部上拉电阻拉高，且作为输入。并因此作为输入时，P2 口的管脚被外部拉低，将输出电流。这是由于内部上拉的缘故。P2 口当用于外部程序存储器或 16 位地址外部数据存储器进行存取时，P2 口输出地址的高 8 位。在给出地址"1"时，它利用内部上拉优势，当对外部 8 位地址数据存储器进行读写时，P2 口输出其特殊功能寄存器的内容。P2 口在 Flash 编程和校验时接收高 8 位地址信号和控制信号。

P3 口：P3 口管脚是 8 个带内部上拉电阻的双向 I/O 口，可接收输出 4 个 TTL 门电流。当 P3 口写入"1"后，它们被内部上拉为高电平，并用作输入。作为输出，由于外部下拉为低电平，P3 将输出电流（ILL）这是由于上拉的缘故。

RST：复位输入。当振荡器复位器件时，要保持 RST 脚两个机器周期的高电平时间。

ALE/PROG：当访问外部存储器时，地址锁存允许的输出电平用于锁存地址的低位字节。在 Flash 编程期间，此引脚用于输入编程脉冲。在平时，ALE 端以不变的频率周期输出正脉冲信号，此频率为振荡器频率的 1/6。因此它可用作对外部输出的脉冲或用于定时目的。然而要注意的是：每当用作外部数据存储器时，将跳过一个 ALE 脉冲。如想禁止 ALE 的输出可在 SFR8EH 地址上置 0。此时，ALE 只有在执行 MOVX、MOVC 指令时才起作用。另外，该引脚被略微拉高。如果微处理器在外部执行状态 ALE 禁止，置位无效。

/PSEN：外部程序存储器的选通信号。在由外部程序存储器取指期间，每个机器周期两次/PSEN 有效。但在访问外部数据存储器时，这两次有效的/PSEN 信号将不出现。

/EA/VPP：当/EA 保持低电平时，则在此期间使用外部程序存储器（0000H ～ FFFFH），不管是否有内部程序存储器。注意加密方式 1 时，/EA 将内部锁定为 RESET；当/EA 端保持高电平时，在此期间使用内部程序存储器。在 Flash 编程期间，此引脚也用于施加 12 V 编程电源（VPP）。

XTAL1：反向振荡放大器的输入及内部时钟工作电路的输入。

XTAL2：来自反向振荡器的输出。

2. 列驱动电路

列驱动电路由集成电路 74HC595 构成。它具有一个 8 位串入并出的移位寄存器和一个 8 位输出锁存器的结构，而且移位寄存器和输出锁存器的控制是各自独立的，可以实现在显示本行列数据的同时，传送下一行的列数据，达到重叠处理的目的。

74HC595 的外形及内部结构如图 3 – 26 所示。它的输入侧有 8 个串行移位寄存器，每个移位寄存器的输出都连接一个输出锁存器。引脚 SI 是串行数据的输入端。引脚 SCK 是移位寄存器的移位时钟脉冲，在其上升沿发生移位，并将 SI 的下一个数据打入最低位。74HC595 引脚说明如表 3 – 2 所示，列驱动电路如图 3 – 27 所示。

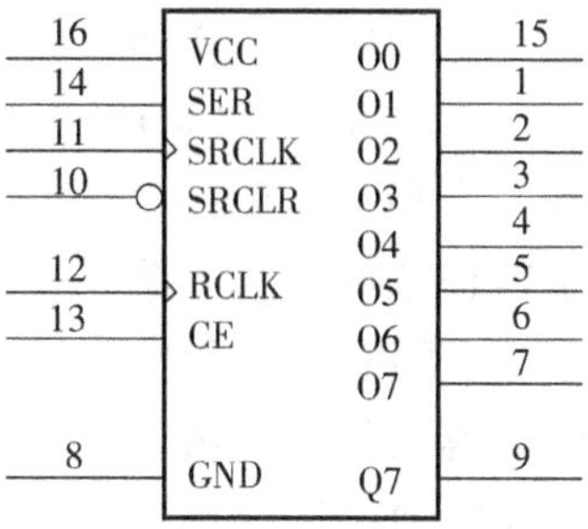

图 3 – 26　74HC595 结构图

表 3 – 2　74HC595 的引脚说明

符　号	引　脚	描　述
O0 ～ O7	1 ～ 7	并行数据输出
GND	8	地
Q7'	9	串行数据输出
SRCLR	10	主复位（低电平）
SRCLK	11	移位寄存时钟输入
RCLK	12	存储寄存时钟输入
CE	13	输出有效（低电平）
SER	14	串行数据输入
VCC	16	电源

移位后的各位信号出现在各移位寄存器的输出端，也就是输出锁存器的输入端。RCK是输出锁存器的打入信号，其上升沿将移位寄存器的输出打入输出锁存器。引脚 G 是输出三态门的开放信号，只有当其为低电平时锁存器的输出才开放，否则为高组态。SCLR 信号是移位寄存器清零输入端，当其为低电平时移位寄存器的输出全部为零。因为 SCK 和RCK 两个信号是互相独立的，所以能够做到输入串行移位与输出锁存互不干扰。芯片的输出端为 QA ～ QH，最高位 QH 可作为多片 74HC595 级联应用，此时它向上一级的级联芯片输出信息。但因为 QH 受输出锁存器的打入控制，所以还从输出锁存器前引出 QH，作为与移位寄存器完全同步的级联输出信号。

将 8 片 74HC595 进行级联，可共用一个移位时钟 SCK 及数据锁存信号 RCK。这样，当第一行需要显示的数据经过 8×8 个 SCK 时钟后便可将其全部移入 74HC595 中，此时还将产生一个数据锁存信号 RCK 将数据锁存在 74HC595 中，并在使能信号 G 的作用下，使串入数据并行输出，从而使与各输出位相对应的场驱动管处于放大或截止状态；同时由行扫描控制电路产生信号使第一行扫描管导通，相当于第一行 LED 的正端都接高电平。显然，第一行 LED 管的亮与灭，取决于 74HC595 中的锁存信号；此外，在第一行 LED 管点亮的同时，再在 74HC595 中移入第二行需要显示的数据，随后将其锁存，同时由行扫描控制电路将第一行扫描管关闭而接通第二行，使第二行 LED 管点亮，依此类推，当第十六行扫描过后再返回到第一行。

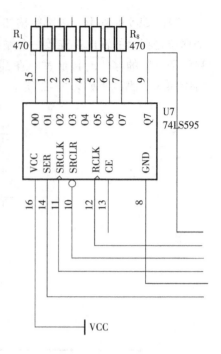

图 3 - 27　列驱动电路

3．行驱动器

由于四个点阵显示器有 16 行，为充分利用单片机的接口，此电路中加入了一个 4 - 16 线译码器 74LS154，其输入是一个 16 进制码，解码输出为低态扫描信号，译码器的结构如图 3 - 28 所示，74LS154 的引脚说明如表 3 - 3 所示。

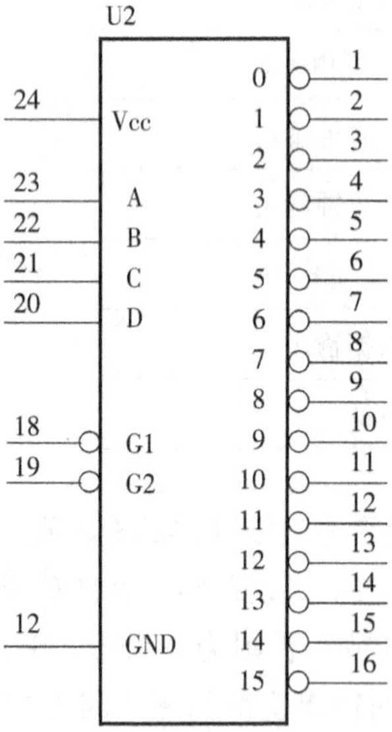

图 3 - 28　74LS154 结构图

表 3 - 3　74LS154 的引脚说明

符号	引脚	描述
$\overline{Y}_0 \sim \overline{Y}_{10}$，$\overline{Y}_{11} \sim \overline{Y}_{15}$	1～11，13～17	输出端
GND	12	GND 电源地
$\overline{G}_1 \sim \overline{G}_2$	18～19	使能输出端
A、B、C、D	20～23	地址输出端
Vcc	24	Vcc 电源正

如图 3 - 29 所示的行驱动电路中，把 74LS154 的 G1 和 G2 引脚接地，然后以 A、B、C、D 四脚为输入端。就会形成 16 种不同的输入状态，分别为 0000 ~ 1111，然后使每种状态只控制一路输出，即会有 16 路输出。如果一行 64 点全部点亮，则通过 74LS154 的电

流将达 640 mA，而实际上，74LS154 译码器提供不了足够的吸收电流来同时驱动 64 个 LED 同时点亮，因此，应在 74LS154 每一路输出端与 16 × 64 点阵显示器对应的每一行之间用一个三极管来将电流信号放大，本文选用的是三极管 8550。这样，74LS154 某一输出脚为低电平时，对应的三极管发 射极为高电平从而使点阵显示器的对应行也为高电平。

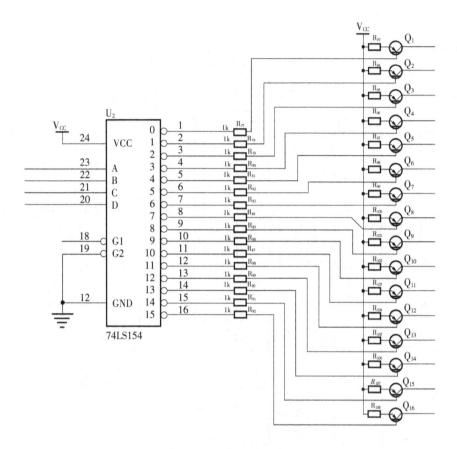

图 3 - 29　行驱动电路

4. 元件清单

此电路设计中，用到的元件清单如表 3 - 4 所示。

表 3 - 4　元件清单

元件名称	数量/个	元件名称	数量/个
8 × 8LED 显示屏	16	MSC51 单片机	1
74LS154 线译码器	1	74LS595 集成电路	8
74HC245 驱动芯片	1	74HC00 与非门	1

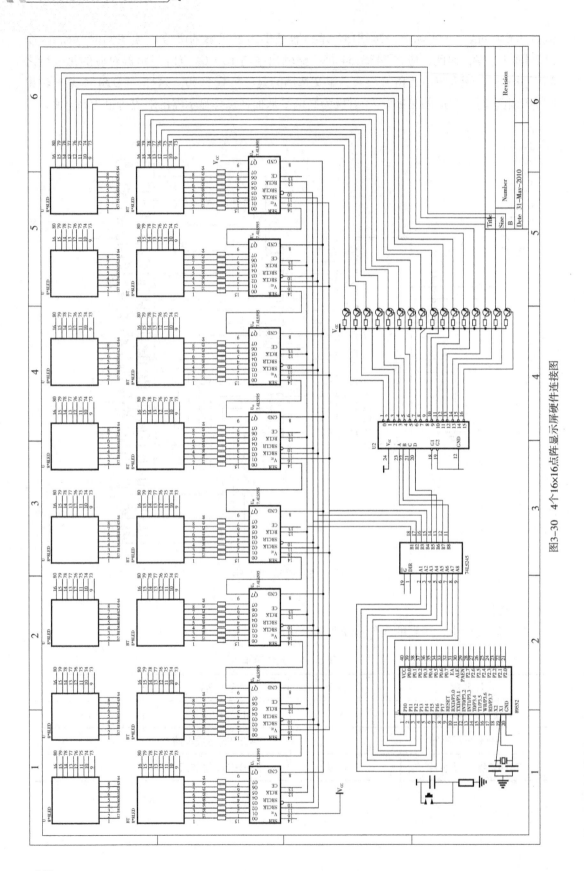

图3-30 4个16×16点阵显示屏硬件连接图

图 3-30 为 4 个点阵显示屏的硬件电路图，若市场上买不到 16×16 的点阵显示屏，可以采用 4 块 8×8 的点阵显示屏拼接构成 1 块 16×16 的 LED 显示屏。

3.4.5 系统程序的分析设计

显示屏软件的主要功能是向屏体提供显示数据，并产生各种控制信号，使屏幕按设计的要求显示。根据软件分层次设计的原理，可以把显示屏的软件系统分为两层：第一层是底层的显示驱动程序，第二层是上层的系统应用程序。

显示驱动程序负责向屏体传送显示数据，并负责产生行扫描信号和其它控制信号，配合完成 LED 显示屏的扫描显示工作。显示驱动器程序由定时器 T_0 中断程序实现。系统应用程序完成系统环境设置（初始化）、显示效果处理等工作，由主程序来实现。

从有利于实现较复杂的算法（显示效果处理）和有利于程序结构化考虑，显示屏程序适宜采用 C 语言编写。

1. 显示驱动程序

显示驱动程序在进入中断后首先要对定时器 T_0 重新赋初值，以保证显示屏刷新率的稳定，1/16 扫描显示屏的刷新率（帧频）计算公式如下：

$$刷新率（帧频）= \frac{1}{16} \times T_{0（溢出率）} = \frac{1}{16} \times \frac{f_{osc}}{12(65\,536 - t_0)} \qquad (3-7)$$

式中，f 为晶振频率；t_0 为定时器 T_0 初值（工作在 16 位定时器模式）。

然后显示驱动程序查询当前燃亮的行号，从显示缓存区内读取下一行的显示数据，并通过串口发送给移位寄存器。为消除在切换行显示数据时产生拖尾现象，驱动程序先要关闭显示屏，即消隐。等显示数据打入输出锁存器并锁存，再输出新的行号，重新打开显示。图 3-31 所示为显示驱动程序（显示屏扫描函数）流程图。

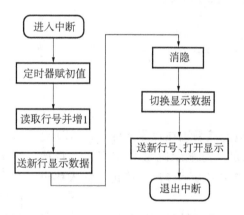

图 3-31 显示驱动程序流程图

显示驱动程序：

————————————

多个16×16LED显示演示程序

MCU AT89C51 XAL 24MHz

————————————

//以下程序能实现多个16×16LED屏的多个字符显示,显示方式有整行上移、帘入帘出、左移、右移

```
//
#include "reg52.h"
#define BLKN 8          //列锁存器数(=LED显示字数×2)
#define TOTAL 20        //待显示字个数,本例共20个
#define CONIO P1        //显示控制口
sbit G=CONIO^7;         //CONIO.7为154译码器显示允许控制信号端口,0时输出,1时输出全为高阻态
sbit CLK=CONIO^6;       //CONIO.6为595输出锁存器时钟信号端,1时输出数据,从1到0时锁存输出数据
sbit SCLR=CONIO^5;      //CONIO.5为595移位寄存器清零口,平时为1;为0时,输出全为0
unsigned char idata dispram[(BLKN/2)*32]={0}; //显示区缓存,四字共4×32单元
//
/**********显示屏扫描(定时器T0中断)函数**********/
void leddisplay(void) interrupt 1 using 1
{
register unsigned char m, n=BLKN;
TH0 = 0xFc;             //设定显示屏刷新率每秒62.5帧(16ms每帧)
TL0 = 0x18;
m = CONIO;              //读取当前显示的行号
m = ++m & 0x0f;         //行号加1,屏蔽高4位
do {
  n--;
  SBUF = dispram[m*2+(n/2)*30 + n];   //送显示数据
  while (!TI); TI = 0;
  }while (n);           //完成一行数据的发送
G = 1;                  //消隐(关闭显示)
CONIO &= 0xf0;          //行号端口清零
CLK=1;                  //显示数据打入输出锁存器
CONIO |= m;             //写入行号
CLK=0;                  //锁存显示数据
G = 0;                  //打开显示
}
//
```

2. 系统主程序

系统的主程序单元应能使系统在目测条件下, LED 显示屏各点亮度均匀、充足, 可显示图形和文字, 并且稳定、清晰无串扰。图形或文字显示应具有静止、移入移出等显示方式。

系统主程序开始以后, 首先是对系统环境初始化, 包括设置串口、定时器、中断和端口; 然后以"卷帘出"效果显示图形, 停留约 3 s; 接着向上滚动显示"微机控制屏"这 5 个汉字及一个图形, 然后以"卷帘入"效果隐去图形。因为单片机没有停机指令, 所以可以设置系统程序不断地循环执行上述显示效果。

单元显示屏可以接收来自控制器(主控制电路板)或

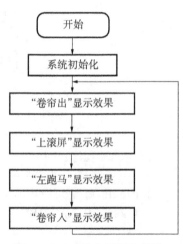

图 3 - 32 系统主程序流程图

上一级显示单元模块传输下来的数据信息和命令信息，并可将这些数据信息和命令信息不经任何变化地再传送到下一级显示模块单元中，因此，显示板可扩展至更多的显示单元，用于显示更多的显示内容。图3-32是系统主程序流程图。

系统主程序：

```c
/***************** 主函数 ******************/
void main(void)
{
register unsigned char i,j,k,l,q,w;
//初始化
SCON = 0x00;          //串口工作模式0:移位寄存器方式
TMOD = 0x01;          //定时器T0工作方式1:16位方式
TR0 = 1;              //启动定时器T0
CONIO = 0x3f;         //CONIO端口初值
IE = 0x82;            //允许定时器T0中断
//
while (1)
  {
  delay(2000);        //2秒
//卷帘出显示文字,每次字数为BLKN/2,共显示TOTAL*2/BLKN次
for (w=0;w<TOTAL*2/BLKN;w++)
{
for (i=0;i<32;i++)
  {
  for(q=0;q<BLKN/2;q++) {dispram[i+q*32]=Bmp[q+w*BLKN/2][i];}
    if (i%2) delay(120);
  }
delay(3000);
}
//第二种显示效果:向上滚屏,每次BLKN/2个字
  for (i=0; i<TOTAL*2/BLKN; i++)
    {
    for (j=0; j<16; j++)
      {
      for (k=0; k<15; k++)
        {
        for(q=0;q<BLKN/2;q++)
        {dispram[k*2+q*32] = dispram[(k+1)*2+q*32];dispram[k*2+1+q*32] = dispram[(k+1)*2+1+q*32];}
        }
      for(q=0;q<BLKN/2;q++)
        {dispram[30+q*32] = Bmp[q+i*BLKN/2][j*2];dispram[31+q*32] = Bmp[q+i*BLKN/2][j*2+1];}
      delay(100);
      }
    delay(3000);//滚动暂停
```

```
      }
//第四种显示效果:左移出显示
   for (i=0; i<TOTAL; i++)
     {
     for (j=0; j<2; j++)
       for (k=0; k<8; k++)
         {
         for (l=0; l<16; l++)
           {
           for(q=0;q<BLKN/2;q++)
             {
             dispram[l*2+q*32] = dispram[l*2+q*32]<<1 | dispram[l*2+1+q*32]>>7;
             if(q==BLKN/2-1) dispram[l*2+1+q*32] = dispram[l*2+1+q*32]<<1 | Bmp[i][l*2+j]>>(7-k);
             else dispram[l*2+1+q*32] = dispram[l*2+1+q*32]<<1 | dispram[l*2+(q+1)*32]>>7;
               }
             }
         delay(100);
           }
         }
   delay(3000);
//第五种显示效果:右移出显示
   for (i=0; i<TOTAL; i++)
     {
     for (j=2; j>0; j--)
       for (k=0; k<8; k++)
         {
         for (l=0; l<16; l++)
           {
           for(q=0;q<BLKN/2;q++)
             {
             dispram[l*2+1+q*32] = dispram[l*2+1+q*32]>>1 | dispram[l*2+q*32]<<7;
             if(q==0) dispram[l*2+q*32] = dispram[l*2+q*32]>>1 | Bmp[i][l*2+j-1]<<(7-k);
             else dispram[l*2+q*32] = dispram[l*2+q*32]>>1 | dispram[l*2+1+(q-1)*32]<<7;
               }
             }
         delay(100);
           }
         }
   delay(3000);
//第六种显示效果:卷帘入
   for (i=0;i<32;i++)
     {
     for(q=0;q<BLKN/2;q++)
```

```
    {dispram[i+q*32]= 0x00;}
    if (i%2) delay(100);
  }
 }
}
```

3.4.6　性能分析与系统调试

与 LED 照明不同的是显示屏的供电电压低、电流大。因为显示屏的每一个像素都是独立控制，电路连接形式上这些 LED 是并联的，故各像素点对应发光二极管的供电电压是 5 V，所以 LED 屏的输电电流远比 LED 照明大得多。

在 LED 屏的评价上除了亮度、分辨率等，屏幕的闪烁现象也是人们关注的一个性能指标，下面就相关问题简要说明。

1. LED 显示屏的性能分析

LED 屏的性能主要表现在人们的观看效果，在软件部分可调试显示屏的刷新率达到理想目标。显示屏刷新率由定时器 T_0 的溢出率和单片机的晶振频率决定，表 3 – 5 给出了实验调试时采用的频率及其对应的定时器 T_0 初值，以供参考。

表 3 – 5　显示屏刷新率与 T_0 初值关系表（24 MHz 晶振）

刷新率 Hz/s	25	50	62.5	75	85	100	120
T_0 初值	0xec78	0xf63c	0xf830	0xf97e	0xfa42	0xfb1e	0xfbee

理论上，24 Hz 以上的刷新频率就能看到稳定的连续的显示，刷新率越高，显示越稳定，同时刷新频率越高，显示驱动程序占用的 CPU 时间越多。实验证明，在目测条件下刷新率 40 Hz/s 时的画面看起来闪烁现象较为明显；在刷新频率 50 Hz/s 以上时，已基本察觉不出画面的闪烁现象；刷新频率达到 85 Hz/s 以上时，已无明显改善。

本节实例分析的 16×16 的点阵 LED 图文显示屏，电路简单、成本较低，且较容易扩展成更大的显示屏；显示屏各点亮度均匀、充足；显示图形或文字稳定、清晰无串扰；可用静止、移入移出等多种显示方式显示字符或图形。

2. 系统调试

调试分硬件调试和软件调试两部分。硬件检查和调试时，电路的焊接应该从最基本的单片机最小系统开始，分模块、逐个单元进行焊接测试。在对各个硬件模块进行测试时，要保证软件正确的情况下去测试硬件。

软件的编程与调试方法，首先要熟悉开发语言，然后根据绘制的流程图编写程序，可采用高级语言编程，相比汇编语言，可以事半功倍。

3. 软件开发环境推荐

程序可采用 Keil C51 环境下的编写与调试。Keil C51 是美国 Keil Software 公司出品的 51 系列兼容单片机 C 语言软件开发系统，与汇编语言编程相比，C 语言在功能上、结构性、可读性、可维护性上有明显的优势，并易学易用。

Keil C51 软件提供丰富的库函数和功能强大的集成开发调试工具，全 Windows 界面。该系统编译生成的目标代码效率非常高，多数语句所生成的汇编代码很紧凑、易理解，在开发大型嵌入式单片机软件系统时，更能体现高级语言的优势。

3.4.7 LED 视频显示系统简介

会场、剧场和户外广场使用的 LED 视频显示屏，属于大型的电子设备工程系统，称为 LED 电子显示系统，该系统是由计算机外设、视频设备、显示屏体、音频功放、音箱、主控计算机、通信系统及计算机网络构成，集信息制作、处理和显示于一体。屏体由 LED 发光器件及 IC 数字控制电路构成，通过驳接外设及视频设备可以显示动画、电视信号、图像、VCD 及实时摄像等多种声、像信息。用户可以根据需求选择其中的部分或全部功能。

从技术等级上讲，LED 显示屏系统是一个集计算机控制技术、多媒体视频控制技术和超大规模集成电路综合应用于一体的大型电子信息显示系统，具有多媒体、多途径、可实时传送的高速通信数据接口和视频接口的信息。计算机网络技术也被融入其中，它的使用使显示信息的制作、处理、存储和传输更加安全、迅速、可靠。图 3－33 所示为 LED 视频显示系统的拓扑图。

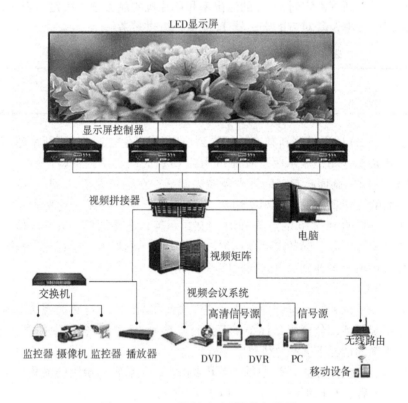

图 3－33　LED 视频显示系统的拓扑图

1. 控制计算机

控制计算机主要是控制电子显示屏的显示效果。屏幕上像素和控制计算机显示器相应区域的像素点进行一一对应，直接映射。根据电子显示屏显示效果，控制计算机可以手动或自动调节显示屏的亮度、对比度、色度等，选择适合当前环境的灰度校正数据，把调整好的显示信息通过通信控制系统，传送到视频信号处理器和控制单元进行视频信息处理，然后再传送到 LED 电子大屏幕上，产生一个高保真度的显示效果。

2. 视频信号处理控制系统

视频处理控制器为一套专用于 LED 显示屏上的多媒体视频卡，作用是显示数据的图像处理，它包括：灰度调节、亮度调节、图像降噪、运动补偿、色坐标空间变换、色度调节功能、马赛克消除等。视频控制器可将已处理的显示信息传至通信模块，以便长距离地传送到显示屏。因此，多媒体视频卡对显示效果具有决定性作用。

3. 通信系统

通信系统通过超五类双绞线连接控制计算机和显示屏，它有效地保证将计算机显示器的内容传输到 LED 显示屏。

4. LED 显示屏

电子显示屏是一个由 LED 矩阵电路板组成的大型电子信息显示系统，在计算机系统的控制下支持多种播放信息。

1）视频播出信号

通过多媒体视频控制技术和 VGA 同步技术，可以方便地将多种形式的视频信息源引入多媒体电子显示屏系统，如开路电视信号、闭路电视信号、卫星电视信号、摄像机视频信号、录像机视频信号、VCD 视频信号、DVD 视频信号、视频监控信号等。

这些视频信号，通过控制计算机都可以传送到 LED 显示屏上，具体内容如下：实时显示视频图像；可以播放开路电视、闭路电视及卫星电视；实时播放摄录一体机的视频信息，实现现场直播；实时播放 LD 影碟、录像机、VCD 机、DVD 机视频信息；利用一些必要的辅助设备，可在视频画面上叠加文字信息，实现全景、特写、慢镜头等各种特技效果。

2）数字播出信号

以控制计算机（或网络工作站）为处理控制中心，多媒体电子显示屏与终端显示器 VGA 窗口某一区域逐点对应，显示内容实时同步，屏幕映射位置可调，并可方便随意地选择显示画面的大小。

由于屏幕点阵采用超高亮度、全彩 LED 发光管，具有 256 级灰度，颜色变化组合有 65 536 种，色彩丰富逼真，并支持 VGA 24 位真彩色显示模式。

配备图文信息及三维动画播放软件，可播放高质量的图文信息及三维动画。播放软件显示信息的方式有十种以上的形式可供操作人员选择。

使用专用节目编辑播放软件，可通过键盘、鼠标、扫描仪等不同的输入手段，编辑、增加、删除和修改文字、图形、图像等信息。节目播放顺序与时间，经编排后存于控制信息，实现一体化交替播放，并可相互叠加。

5. 显示播放软件

LED 电子显示屏的显示播放系统可以在 Windows 各个版本的操作系统下运行，为了保证安全，建议配备防病毒软件。

LED 显示系统应用软件是根据 LED 显示系统的特殊需求而设计的。该软件主要完成如下功能：显示数据的加工与处理；与其它网络连接，从中提取数据；产生各种显示效果并控制显示效果的输出，提供人工操作界面；提供多种消息的编辑、排版和剪接等；提供播放节目和播放内容的编排功能；提供对大屏幕显示系统数据库管理与维护的功能；提供对整个系统运行的监视和控制功能。

通过这些部件的有机组合，可建成一个完整的 LED 电子显示屏系统。

实训练习

1. LED 显示屏的发光二极管从电路上来说是_____形式，供电电压为 5 V。

2. LED 数码管的控制模式分为"共阴"和"共阳"两种，请解释其含义。

3. 为充分利用单片机的接口，电路中使用了一个 4 ～ 16 线译码器 74LS154，其结构如图 3 – 28 所示。试分析译码器的工作原理，并写出 0 ～ 15 脚和 20 ～ 23 脚的对应码值。

4. LED 电子显示系统是由计算机外设、视频设备、显示屏体、音频功放、音箱、_____、通信系统及_____构成的，集信息制作、处理和显示于一体。

5. 以 16 × 16 点阵显示屏为例，画出字符"国"的点阵结构图，并写出其 16 进制代码。

④ 信息与通信

通信与信息系统是信息社会的主要支柱，是现代高新技术的重要组成部分，是国防工程、国民经济的神经系统和命脉。信息与通信工程是面向电子信息学科，基础知识面宽、应用领域广阔的综合性专业领域。基础知识涉及信号与系统、数字信号处理、通信原理、嵌入式、无线通信、多媒体、图像处理、电磁场与微波技术、医用 X 射线数字成像、阵列信号处理和相空间波传播与成像，以及卫星移动视频等众多高技术领域。信息与通信设备是以信息获取、信息传输与交换、信息网络、信息处理及信息控制等为主体的各类通信与信息产品，应用范围很广，包括电信、广播、电视、雷达、声呐、导航与遥控、遥感与遥测等领域，以及军事电子对抗和国防导弹防御系统。

4.1 图文传真与电话

传真属于非话电信业务，它是将文字、图表、相片等记录在纸面上的静止图像，通过扫描和光电变换，变成电信号，经各类信道传送到目的地，在接收端通过一系列逆变换过程，获得与发送原稿相似记录副本的通信方式。完成该任务的设备称为传真机，它是应用扫描和光电变换技术，把纸质静止图像转换成电信号，传送到接收端，以记录形式进行复制的通信设备。

图 4-1 传真机

传真机包括两大主要部分，电话机和图像处理单元，实物如图 4-1 所示。

4.1.1 传真机的发明

传真技术早在 19 世纪 40 年代就已经诞生，比电话的发明还早 30 年。它是由一位名叫亚历山大·贝恩的英国发明家于 1843 年发明的。但是，传真通信技术在电信领域里发展比较缓慢，直到 20 世纪 20 年代才逐渐成熟起来，60 年代后得到了迅速发展。近十几年来，它已经成为使用最为广泛的通信工具之一。

1. 钟摆的启示

传真技术的起源说来很奇怪，它不是有意探索新的通信手段的结果，而是从研究电钟派生出来的。1842 年，苏格兰人亚历山大·贝恩研制作一项用电控制的钟摆结构，目的是要构成若干个互连起来同步的钟，就像现在的母子钟那样的主从系统。他在研制的过程中，敏锐地注意到一种现象，就是这个时钟系统里的每一个钟的钟摆在任何瞬间都在同一个相对的位置上。

这个现象使发明家想到，如果能利用主摆使它在行程中通过由电接触点组成的图形，那么这个图形就会同时在远端主摆的一个或几个地点复制出来。

根据这个设想，他在钟摆上加上一个扫描针，起着电刷的作用；另外加一块由时钟推动的"信息板"，板上有要传送的图形或字符，它们由电接触点组成；在接收端的"信息板"上铺着一张电敏纸，当指针在纸上扫描时，如果指针中有电流脉冲，纸面上就出现一个黑点。当发送端的钟摆摆动，指针触及信息板上的接点时，就发出一个脉冲。信息板在时钟的驱动下，缓慢地向上移动，使指针一行一行地在信息板上扫描，把信息板上的图形变成电脉冲传送到接收端；接收端的信息板也在时钟的驱动下缓慢移动，这样就在电敏纸上留下图形，形成了与发送端一样的图形。这样，第一台原始的电化学纪录方式传真机就诞生了。

2．滚筒式传真机

1850 年，又有一位英国的发明家弗·贝克卡尔将传真机的结构做了很大的改进，他采用"滚筒和丝杆"装置代替了时钟和钟摆的结构。这种改进的结构，工作状况有点像车床，滚筒作快速旋转，传真发送的图稿卷在滚筒上随之转动。而扫描针则沿着丝杆缓慢地顺着滚筒的轴向前进，对滚筒表面上的图形进行螺旋式的扫描。这种滚筒式的传真机被延用了一百多年。

出于对新闻照片和摄影图片传送的广泛要求，许多科学家都曾致力于相片传真机的研究。1907 年 11 月 8 日，法国的一位发明家爱德华·贝兰在众目睽睽之下表演了他的研制成果——相片传真。贝兰的潜心研究，获得了电信部门的允许，同意他在夜间利用这条通信线路做实验。贝兰在大楼的地下室里废寝忘食地研究和试验了三年的时间，终于制成了相片传真机。1913 年，他制成了世界上第一部用于新闻采访的手提式传真机。

1925 年，美国电报电话公司的贝尔研究所研制出高质量的相片传真机，从此相片传真被广泛用于新闻通讯社传送新闻照片，随后扩展到军事、公安、医疗等部门，用来传送军事照片、地图、罪犯照片、指纹、X 光照片等。

4.1.2 传真机分类

市场上常见的传真机可以分为四大类：热敏纸式传真机、激光式普通纸传真机、喷墨式普通纸传真机、热转印式普通纸传真机。其中喷墨式传真机具有价格的优势，但喷头容易堵塞，墨水盒要经常更换；热转印式传真机的照片复原质量虽然很高，但价格偏贵。社会上最为流行的是热敏纸式传真机，目前激光式一体化传真机渐为普及。

（1）热敏纸传真机（也称为卷筒纸传真机）。热敏纸传真机是通过热敏打印头将打印介质上的热敏材料熔化变色，生成所需的文字和图形。热转打印从热敏技术发展而来，它通过加热转印色带，使涂敷于色带（透明片基）上的墨转印到纸上形成图像。最常见的传真机中应用了热敏打印方式。

（2）激光式普通纸传真机（也称为激光一体机）。激光式普通纸传真机是利用碳粉附着在纸上而成像的一种传真机，其工作原理主要是利用机体内控制激光束的一个硒鼓，凭借控制激光束的开启和关闭，从而在硒鼓上产生带电荷的图像区，此时传真机内部的碳粉会受到电荷的吸引而附着在纸上，形成文字或图像图形。

4.1.3 传真机的组成结构

传真机是通过光电扫描技术将需要传真的文件图像、文字转化为采用霍夫曼编码方式的数字信号，经 V.27、V.29 方式调制后转成音频信号，具体过程如下：

发送时：扫描图像→生成数据信号→对数字信息压缩→调制成模拟信号→送入电话网传输；接收时：接收来自电话网的模拟信号→解调成数字信号→解压数字信号成初始的图像信号→打印。

1. 传真机硬件结构

传真机基本硬件结构包括下列主要模块：

（1）影像扫描（image scanning）：包括馈稿的传动组结合步进马达、滚轮、齿轮组，提供自动馈进原稿，接触式影像传感器 CIS（contact image sensor）逐条扫描原稿影像，并送到主控制板做影像处理，馈稿传动组依规范要求的垂直分辨率（7.7 line/mm 或 3.85 line/mm）逐条馈进，CIS 则依规范要求的水平分辨率（8 pixel/mm A4 稿宽 216 mm 有 1 728 pixel/mm）由左至右读取每一影像，以达成整张原稿的影像分解。

（2）记录打印（record printing）：包括馈热感记录纸的传动组，组件及功能与馈稿传动组类似，提供热感纸的馈进以供热感式打印头 TPH（thermal printer head）逐条依垂直分辨率馈进，TPH 则依水平分辨率打印一条复制影像点。

（3）主控制电路板（main PCB board）：包括读取 CIS 的影像信号并作影像处理，将复制还原的影像点输出排列于 TPH，并控制打印。上述两项工作由影像处理器负责，主处理器负责整个系统的模块控制、传真作业程序执行及操作面板的显示、按键接口及时间，状态感知器等组件的接口，数据处理器负责对影像资料依据规范做传送前的压缩编码或接收后的译码扩展复原，调制解调器负责将影像数码信号在传送前调制成规范所要求的模拟声频信号，或将接收到的模拟声频信号解调为影像数码信号；网络控制接口则连接电话回线及用户电话以将传真机兼容于电话网络规范。

（4）控制面板（control panel）：包括状态、传真作业或功能设定所需的按键之显示装置。

（5）电源供应器（switching power supply）：提供将用户所接的 AC110/220 V 50/60 Hz 室内电源转换为传真机各模块、组件所需的直流电压。

（6）电话（telephone）：通常具有能够拨号的话筒，供传真机在执行人工手动传真作业或通话使用。

2. 传真机软件结构

传真机配合各主要模块执行操作功能及传真作业之软件。

（1）拨号：面板拨号或快速（单键、记忆）拨号及自动重拨等功能。

（2）系统功能操作及参数输入：包括键盘、显示控制及记忆资料存取、更新，系统状态设定，作业中的检核（如定时、批次、预设功能、密码等）及时间维持、更新。

（3）影印：包括影像扫描，记录打印及馈稿、馈纸之传动及状态控制。

（4）传真作业规范：包括 CCITT[①] T.4 影像压缩扩展，CCITT T.30 传真作业程控及调制解调器设定，CCITT V.21 V27ter V.29 模式之传输控制。

（5）电话回线监听：包括拨号音、振铃音、收线音等回线状态的监听。

---

①CCITT 是国际电报电话咨询委员会的简称，它是国际电信联盟（ITU）的前身。主要职责是研究电信的新技术、新业务和资费等问题，并对这类问题通过建议使全世界的电信标准化。CCITT T.X 是某款数据通信协议。

（6）报表：包括通信管理、错误分析、传真确认、自测等报表打印及相关记忆数据维护更新。

3. 传真机机械结构

提供整机框架（frame）壳体，以便整合下列模块：影像扫描仪模块、感热式打印头模块、电源供应器、控制电路板、塑料外壳及操作面板共 5 个部分。

4.1.4　电话机工作原理

传真机通常和电话机制作成一个整体，使用方式有通话后人工转入传真模式和无人值守的自动传真模式。下面以 TCL 电话机电路为例，介绍其工作原理。

TCL HCD868（17B）TSD 多功能电话机电路主要由振铃电路、接收检测电路、供电电路、来电显示接收解码电路、线路控制电路、手柄通话电路、免提通话电路、双音频输出电路等组成。

1. 振铃电路

该机振铃电路主要由整流桥 $D_{12} \sim D_{15}$，振铃芯片 U_1（KA2411），振铃输出变压器 T_1，振铃保护管 Q_{17} 等组成，见图 4 – 2。

当外线呼人时，呼人信号由电容 C_{45} 滤波，C_{43} 隔直，R_{82} 限流后，由整流桥 $D_{12} \sim D_{15}$ 整流，经稳压管 Z_3 作 27 V 电压稳压，电容 C_3 滤波后送入振铃芯片 U_1（KA2411）的①脚作为 U_1 的 27 V 工作电压。U_1 得电工作，其③、④脚和⑥、⑦脚组成的双音调振荡器起振工作，从其⑧脚（振铃音乐信号输出端）输出振铃音乐信号，经耦合电容器 C_6、铃声高低选择开关 RING1、电阻 R_{64} 送入振铃输出变压器 T_1，由 T_1 阻抗匹配后经喇叭（SPK1）发出振铃声响。电阻 R_{76}、Q_{17} 管组成的保护电路，在免提状态下将振铃输出变压器 T_1 断路（防止免提受话信号经振铃输出变压器 T_1 升压后返送至 U_1，将 U_1 击穿）。与此同时，外呼信号经极性转换二极管 $D_8 \sim D_{11}$ 整流，电阻 R_{42} 限流，18 V 稳压管 Z_4 稳压，电容 C_{31} 滤波，再由 R_{43}、R_{63} 分压后为微处理器芯片 U_2（GD2015）的 67 脚提供偏压。另外经 Z_4 稳压的 18 V 电压由隔离二极管 D_{16}，电阻 R_{34} 限流后送入微处理器 U_2 的 50 脚（HKS 端）。除此之外该 18 V 电压还经隔离电容 C_{55} 隔离，电阻 R_{48} 分压后送至微处理器芯片 U_2 的 59 脚（RDET 端）作为振铃检测信号。

2. 接收检测电路

该部分电路主要由放大管 Q_{13}、Q_{14} 及一些分压电阻、耦合电容等组成。其工作原理为：当有外线呼叫话音信号输入时，输入的忙音、回铃音、拨号音等信号，由 T_1、R_1 端输入，经隔直电容 C_{37}、C_{38}、C_{39}，电阻 R_{51}、R_{52} 限流，电容器 C_{57} 滤波。电阻 R_{54} 分压，经耦合电容 C_{39}、限流电阻 R_{53} 加至放大管 Q_{13} 的基极，放大后从 Q_{13} 的集电极输出；经耦合电容 C_{40}，滤波电容 C_{41}，分压电阻 R_{57} 送入 Q_{14} 的基极，经 Q_{14} 放大后从集电极（RIN 端）输出。该信号送入微处理器 U_2 的 52 脚（RIN 端），经 U_2 内部电路判断处理后作出相应的动作（图 4 – 3）。该电路的 VDD 端，是来自 BAT_1 电池的 3 V 电源，为放大管 Q_{13}、Q_{14} 放大外线话音信号提供必要的集电极电源。

3. 供电电路

该型机供电电路是由 3 V BATI 电池，经隔离二极管 D_{25}、限流电阻 R_3、滤波电容 C_{47}、C_{48} 滤波后由 Vdd 端输出、分别送入接收检测电路的 Vdd 端；为放大管 Q_{13}、Q_{14} 放大提供

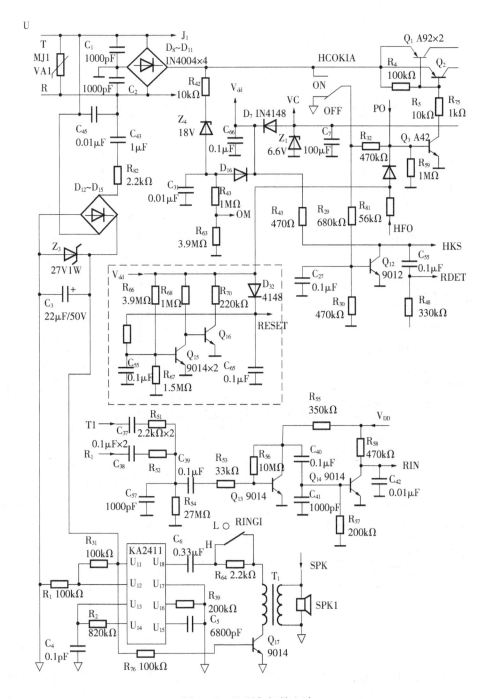

图 4-2　电源与振铃电路

电源。同时还为来电显示数据接口电路，三极管 Q_{15}、Q_{16} 的集电极提供电源，为微处理器 U_2 的 36、53 脚提供电源。

4.来电显示接收解码电路

该型机具有两种来电显示制式（FSK/DTMF），因而该电话机具有两个来电显示接收解码器（解码器集成在微处理器芯片 U_2 内部），它们的接口电路是共用的。

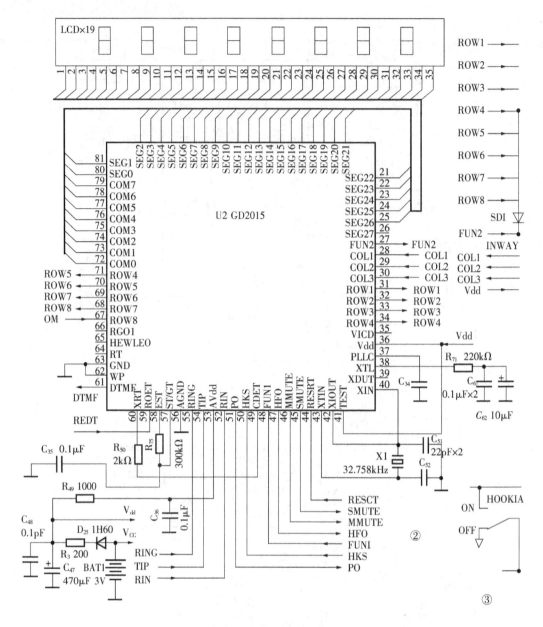

图4-3 电话机的微处理器芯片——GD2015

当外线送入来电显示信号（并伴以铃声），加到微处理器芯片 U_2 的 59 脚（RDET 振铃检测信号输入端），经 U_2 判断为 FSK（frequency-shift keying，频移键控）制式，该 FSK 信号经 C_{29}、R_{40}、C_{30}、R_{41}，再由整流二极管 $D_{20}\sim D_{23}$ 整流后，由耦合电容 C_{32}、C_{33} 耦合至微处理器芯片 U_2 的 54、55 脚（TIP、RING），由微处理器芯片 U_2 内部 FSK 解码器解码出电话号码、时间、日期等来电信息，送到液晶显示屏（LCD）显示。同时还将这些信息写入微处理器芯片 U_2 内部存储器内储存起来，供机主随时查询。

当外线呼入的来电显示信号以反极性信号开始时，经过接收检测电路处理后由 RIN 输出，加到微处理器芯片 U_2 的 52 脚（接收音频信号输入端）检测。在 U_2 内部判断为

DTMF（dual tone multi-frequency，双音多频）制式时，则该 DTMF 信号经过由 C_{29}、R_{40}、C_{30}、R_{41}、R_{46}、$D_{20}\sim D_{23}$、C_{32}、C_{33} 组成的来电显示数据接口电路，从 TIP、RINC 端送入 U_2 的 54、55 脚，并由 U_2 内部 DTMF 解码器解码出电话号码、时间、日期等来电信息，送至液晶显示屏（LCD）显示。并将该信息写入微处理器芯片 U_2 内部的存储器内，储存起来，供机主随时查询。

5. 线路控制电路

该线路控制电路主要由三极管 Q_1、Q_2、Q_3 和微处理器芯片 U_2 的 53 脚［线路控制信号输出端（PO）］组成。在挂机状态时，微处理器芯片 U_2（51）脚（PO 端）为低电平，且该低电平信号使三极管 Q_3 截止，从而通过 R_5 使 Q_1、Q_2 也同时截止，这样将外线与电话内部通话电路断开；在摘机状态时，微处理器芯片 U_2（51）脚（PO 端）为高电平，该高电平由 PO 端输入到 Q_3 的基极，使三极管 Q_3 饱和导通，从而导致 Q_1、Q_2 都导通，这样将外线与电话内部通话电路接通（见图 4-2）。

6. 手柄通话电路

手柄通话电路主要由送话放大管 Q_5、Q_6，送话器 MIC1 和受话放大管 Q_7、Q_8 受话 REC1 等组成（图 4-4、图 4-5）。

在手柄摘机时，叉簧开关（HOOKIA）处于闭合状态。外线输入的呼机信号经 HOOKIA 的 "ON"、R_{29} 输入到启动管 Q_{12} 的基极，使 Q_{12} 导通。其集电极输出低电平启动信号，由 HKS 端送入微处理器芯片 U_2 的 50 脚，经 U_2 内部判断处理后，从 51 脚（PO 端）输出高电平信号，该信号使 Q_3、Q_2、Q_1 导通，把电话机的手柄通话电路与外线接通。

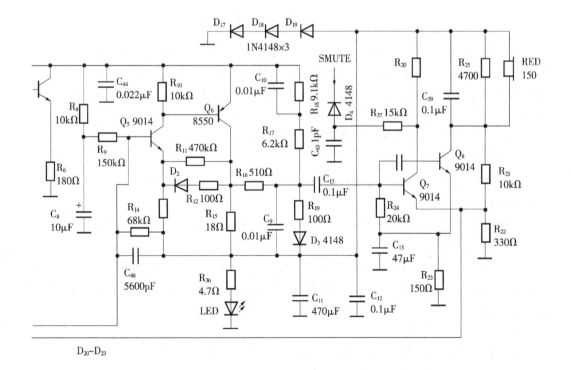

图 4-4 受话放大电路

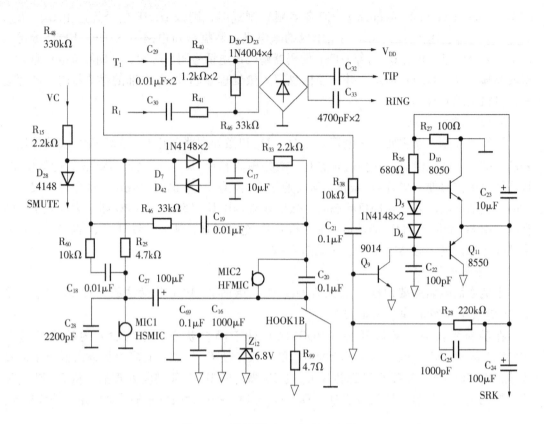

图 4 - 5   送话器（MIC）放大电路

送话信号经过送话器（MIC1）将声音转换为电信号，由送话偏置电阻、耦合电容 C_{18}、限流电阻 R_{60} 送入送话放大管 Q_5 的基极，使 Q_5、Q_6 导通，将送话信号输出至外线；而外线输入的话音信号经 T、R 端输入至电话机内部，经过极性转换二极管 $D_8 \sim D_{11}$ 整流，由 Q_1、Q_2、C_{10}、R_{18}、R_{17}、C_{13} 送至受话放大管 Q_7 的基极，经过 Q_7、Q_8 的放大后加至受话器（REC1）将电信号转换为声音信号，发出声响。

7. 免提通话电路

免提通话电路主要由送话放大管 Q_5、Q_6 免提送话器（MIC2）和受话放大管 $Q_7 \sim Q_{11}$、喇叭 SPK1 组成。

送话信号由免提送话器（MIC2）将声音转换为电信号，由 C_{19}、R_{29} 送到 Q_5 的基极，经 Q_5、Q_6 两级放大后输出至外线。

当外线输入话音信号时，该信号由 T、R 端输入，由 $D_8 \sim D_{11}$ 整流，经 Q_1、Q_2、C_{10}、R_{18}、R_{17}、C_{13} 送入 Q_7 基极，经 Q_7、Q_8 两级放大后由 R_{38}、C_{21} 输入至 Q_9 基极，经 OTL 管 Q_{10}、Q_{11} 放大后由 C_{24}（SPK 端）输入到喇叭（SPK1）发出声音。

8. 双音频输出电路

双音频输出电路主要由双音频放大管 Q_4、U_2 的 61 脚（DTMF 端）等组成。当双音频拨号时，双音频信号从微处理芯片 U_2 的 61 脚（DTMF 端）输出，经 R_{74}、C_{60} 输入到 Q_4 的基极，经过放大后由 Q_1、Q_2 的集电极、发射极、$D_8 \sim D_{11}$，从 T、R 外线端输出。

注：振铃信号是由交换机发出的 90 V 交流电，25 Hz ± 3 Hz，1S 通，4S 断的连续信号。电话线在话机挂机时的电压是 50 V 左右，摘机时在 10 V 左右，当有电话呼入时它的振铃电压在 80 V 左右。电话线的电流很小，在摘机状态的电流是 20 ～ 30 mA。

实训练习

1. 传真机包括两大主要部分，_____和图像处理单元。

2. 传真机可以分为四大类：_____式传真机、_____式普通纸传真机、喷墨式普通纸传真机、热转印式普通纸传真机。

3. 电话机电路主要由_____电路、接收检测电路、供电电路、来电显示接收解码电路、线路控制电路、_____通话电路、免提通话电路、_____输出电路等组成。

4. 电话回线监听：包括_____、振铃音、收线音等回线状态监听。

5. 叙述传真机的发送和接收过程。

4.2　无线对讲设备

无线对讲设备俗称对讲机，英文名称是 two way radio。它是一种双向移动通信工具，在不需要任何网络支持的情况下，就可以通话，没有话费产生，适用于相对固定且频繁通话的场合，如军用、警用、安保、车船集结出行等。

4.2.1　对讲机的使用与分类

对讲机目前有三大类：模拟对讲机、数字对讲机、IP 对讲机。

1. **按使用方式划分**

从使用方式上分为手持、车（船、机）载、固定式、中继。

（1）手持式无线对讲机。在无线电话机的系列中，手持式无线电"对讲机"的应用数量及品种是最多的，占 80% 以上。它是一种体积小、重量轻、功率小的无线对讲机，适合于手持或袋装，便于个人随身携带，能在行进中进行通信联系，其功率一般为 VHF[①] 频段不超过 5 W、UHF[②] 频段不超过 4 W，其通信距离在无障挡的开阔地带一般可达到 5 公里。该机适合近距离的各种场合下流动人员之间的通信联系。

（2）车（船、机）载无线对讲机。这是一种能安装在车辆、船舶、飞机等交通工具上直接由车辆上的电源供电的，并使用车（船、机）上天线的无线对讲机（图 4 - 6），主要用于交通运输、生产调度、保安指挥等业务。其体积较大，功率不小于 10 W，一般为 25 W。最大功率：VHF 为 56 W，UHF 为 50 W；通信距离可达到 20 公里以上。

[①] VHF（very high frequency），即甚高频，是指频带由 30 MHz 到 300 MHz 的无线电电波，波长范围为 1 ～ 10 m。多数是用作电台及电视台广播，同时又是航空和航海的通信频道。

[②] UHF（ultra high frequency），即特高频，是指频率为 300 ～ 3 000 MHz，波长范围在 1 dm ～ 1 m。该波段的无线电波又称为分米波。

图 4 - 6　自驾通信装备——车载台（Hytera—海能达）

（3）中继台。中继台就是将所接收到的某一频段的信号直接通过自身的发射机在其它频率上转发出去。这两组不同频率信号相互不影响，或者说能够允许两组用户在不同频率上进行通信联系。它具有收发同时工作而又相互不干扰的全双工工作的特点。

2. 从设备等级上分为专业机和业余机

1）业余无线电对讲机

这是专为无线电爱好者使用而设计、生产的无线电对讲机，也称为"玩机"。针对这种业余无线电业务，我国开辟的频段为 144 ～ 146 MHz 和 430 ～ 440 MHz，世界各国一般也都是这一频段。业余机的主要特色是，体积小巧、功能齐全，可进行频率扫描，可在面板上直接置频，面板上显示频率点。其技术指标、设备的稳定性、频率稳定性、可靠性以及工作环境相对专业无线电对讲机要差些。业余机成本较低，适应个人购买的需要。

2）专业无线电对讲机

专业无线电对讲机大都是在群体团队的专业业务中使用。因此，专业无线电对讲机的特点是功能简单实用。在设计时留有多种通信接口供用户做二次开发。其频率设置大都是通过计算机编程，使用者无法改变频率，其面板显示的只是信道数，不直接显示频率点，频率的保密性较好，频率的稳定性也较高，不易跑频。在长期工作中，其稳定性、可靠性都较高。

3. 按通信业务划分

从通信业务上分为公众机、数传机、警用机、船用机、航空机。

1）公众无线电对讲机

公众对讲机，俗称民用对讲机。使用公众对讲机无须批准，不收频率占用费，免通话费，任何人都可以选购使用。但这类公众对讲机在频率、功率及技术指标方面都有明确的规定。作为公众对讲机，技术规范规定对讲机的前面板上不能设置编程操作功能，目的是防止用户随意扩展频率范围，修改工作参数。

按规定，公众对讲机只能显示频道数，不能显示其工作频率。同时还规定公众对讲机可以使用低于 300 Hz 的亚音频技术（continuous tone controlled squelch syrtem，CTCSS），俗称防干扰码或私密线，以防止其同频率的对讲机的干扰。"哑音"是一种在通信时去除信号干扰的技术。当几个人不需要接收全部的信号，而只想听到互相之间的呼叫时，就需要用到哑音。按照实现原理划分，哑音可以分为模拟和数字两种方式。不过不管采用哪种方式，哑音都只是一种去噪技术，而不是加密技术。

2）警用无线对讲机

警用无线对讲机是专门为公安、检察、法院、司法、安全、海关、军队、武警8个部门进行无线通信业务联系的对讲机，在技术防范上不做特殊规定。

3）数据传送无线对讲机

数据传送对讲机是无线数字遥控、遥测的专用设备，广泛应用于水文水利、电力电网、铁路公路、燃气油田、输油供热、气象地震、测绘定位、环保物流等工业自动化控制的监测、监控、报警等系统中。

其使用领域和部门十分广泛，已涉及国计民生的方方面面。如电力负荷监控，电网配变站监控、水文水情监测、水库水量数据收集、城市供水系统监测、污水处理系统监测监控、城市路灯及交通信号灯监控、输油输气网管监控、工业智能仪表的无线抄表（近、远程的水、电、气表）、高速公路交通网监测监控、城市公交车辆调度、铁路信号应急通信系统、GPS定位和GIS数据信息传输、地震专网的数据传输、大气环境的监测、专用行动数据通信系统、金融证券交易通信系统、实时彩票交易系统、邮政系统POS联网、车辆物流仓库的监管、矿山测绘、勘探及生产的监测、冶金化工系统的工业自动化控制、安防消防监控等。

这些系统通过数传电台将远端采集点的数据实时、可靠地发送到各级监控中心，并接收各级监控中心的控制指令和信息，从而实现远端数据实时传送。它是无线通信中专用的无线数据传输通道，是系统中不可缺少的一部分。在多数情况下，它以嵌入式安装在各类仪器仪表及设备中进行工作。

4）船用无线对讲机

专门在海事船舶上用于海上航行的以及与岸上进行无线通信的无线对讲机称为海用无线对讲机，也称为船舶电台。

5）航空无线对讲机

航空无线对讲机，又称为航空器电台，是专门用于地面与飞机之间、飞行员与飞行员之间进行的无线通信联系，它是保证空中飞行安全、有效地进行空中交通管理不可或缺的设备之一。

4.2.2 工作原理

对讲机由发射部分、接收部分、调制信号及调制电路、信令处理几个模块构成，其工作原理如下。

1. 发射部分

电路中锁相环和压控振荡器（VCO）产生发射的射频载波信号，经过缓冲放大，激励放大、功放，产生额定的射频功率，经过天线低通滤波器，抑制谐波成分，然后通过天线发射出去。

2. 接收部分

接收部分将来自天线的射频信号放大后，与来自锁相环频率合成器电路的第一本振信号在第一混频器处混频并生成第一中频信号。第一中频信号通过晶体滤波器进一步消除邻道的杂波信号。滤波后的第一中频信号进入中频处理芯片，与第二本振信号再次混频生成第二中频信号，第二中频信号通过一个陶瓷滤波器滤除无用杂散信号后，被放大和鉴频，产生音频信号。音频信号通过放大、带通滤波器、去加重等电路，进入音量控制电路和功率放大器放大，驱动扬声器，得到人们所需的信息。

3. 调制信号及调制电路

人的话音通过麦克风转换成音频的电信号，需经过从音频到射频的频率调制过程，所以在对讲机中调制电路是不可缺少的。调制电路是把调制信号和载波信号同时加在一个非线性元件上（例如晶体二极管或三极管）经非线性变换成新的频率分量，再利用谐振回路选出所需的频率成分进一步处理。

4. 信令处理

CPU 产生 CTCSS/CDCSS 信号经过放大调整，进入压控振荡器进行调制。接收鉴频后得到的低频信号，一部分经过放大和哑音频的带通滤波器进行滤波整形，进入 CPU，与预设值进行比较来控制音频功放和扬声器的输出。即如果与预置值相同，则打开扬声器，若不同，则关闭扬声器。

有关频率限制和功率限定部分参看有关资料。

5. 简易调频对讲机电路

简易电路易于分析讨论，在此先介绍一个简单的调频对讲机，电路如图 4-7 所示。三极管 V 和电感线圈 L_1、电容器 C_1、C_2 等组成电容三点式振荡电路，产生频率约为 100 MHz 的载频信号。

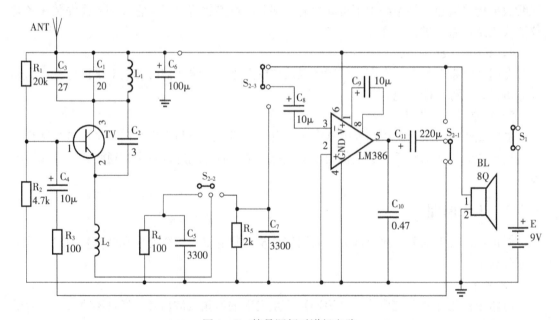

图 4-7 简易调频对讲机电路

集成功放电路 LM386 和电容器 C_8、C_9、C_{10}、C_{11} 等组成低频放大电路。扬声器 BL 兼作话筒使用。电路工作在接收状态时，将收/发转换开关 S_2（三联转换开关）置于"接收"位置，从天线 ANT 接收到的信号经三极管 TV、电感线圈 L_1、电容器 C_1、C_2 及高频

阻流圈 L_2 等组成的超再生检波电路进行检波。检波后的音频信号，经电容器 C_8 耦合到低频放大器的输入端，经放大后由电容器 C_{11} 耦合推动扬声器 BL 发声。

电路工作在发信状态时，S_2 置于"发信"位置，由扬声器将话音变成电信号，经 IC 低频放大后，由输出耦合电容 C_{11}、S_2、R_3、C_4 等将信号加到振荡管 TV 的基极，使该管的 bc 结电容（C_j）随着话音信号的变化而变化，而该管的 bc 结电容并联在 L_1 两端，所以振荡电路的频率也随之变化，实现调频的功能，并将已调波经电容器 C_3 从天线发射。

注：公众免许对讲机说明

公众免许对讲机是指发射功率不大于 0.5 W，工作于指定频率的无线对讲机，其无线电发射频率、功率等射频技术指标也必须符合一定的技术规范。而且公众对讲机还应便于操作，以便用户可在规定频道范围内的 20 个频点中人工选取一个频道进行单对单通信或小组对讲通信；各制造商研制、生产的公众免许对讲机不允许设置编程操作功能，以防止用户随意扩展频率范围，修改发射参数；研制、生产、进口、销售和使用公众对讲机必须经信息产业部无线电管理局进行型号核准。

4.2.3　数字对讲机实例分析

数字芯片 HR－C5000 是宏睿通信公司所开发的，是我国数字对讲机器件中的首款 DMR 数字专用 ASIC 芯片，其设计独具特色、电路结构简单、功能充分、灵活性强，整体性价比高，适合企业的开发生产。DMR，数字移动无线电标准，是欧洲电信标准协会（ETSI）为专业移动无线电（PMR）用户专门制定的数字无线电标准，最早于 2005 年获得批准。

本芯片兼容数字、模拟对讲应用，内置高性能的 4FSK 调制解调器、信道编解码和标准协议处理器，具有高性能、高集成、低功耗特性；射频接口丰富，支持多种原有模拟射频通道方案；无缝对接多种高中低端声码器；集成符合 DMR Tier I/II 标准完整协议栈，采用物理层、数据链路层和呼叫控制层三层开放设计，用户可利用芯片二层协议接口进行 PDT 协议或自定义协议的开发，以满足高端应用需求。

本芯片适用于数字对讲终端、专用集群终端以及低速数据、话音传输终端应用，支持中继和无中心方式下的终端应用。

1. 芯片工作原理

1）芯片架构

芯片的整体架构合理完整，原理清楚明了，功能脚丰富适用，芯片结构如图 4－8 所示。

2）工作原理

（1）数字基带信号的传输：

① 从麦克送来的语音信号，经 A/D 转换为 8 K 采样 16 bit 的数字信号；

② 数字信号通过 SPI 通道交声码器进行压缩，形成 3.6 kbps 的压缩码流；

③ 压缩码流通过多种声码器专用接口（C－BUS、McBSP、CHS、SPI）后进入协议添加；

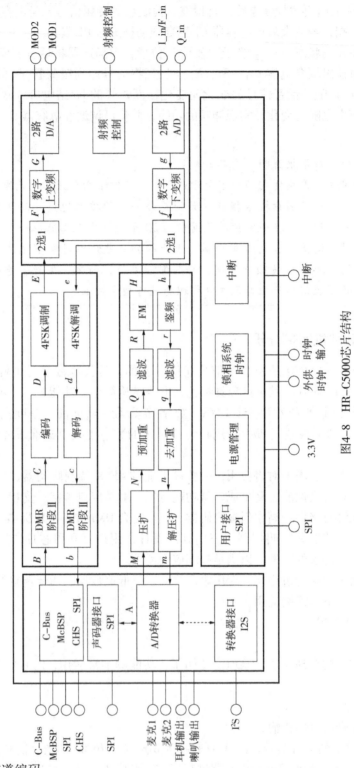

图4-8 HR-C5000芯片结构

④ 进行信道编码；

⑤ 进行4FSK调制；

⑥ 通过2选1选出；

⑦ 对基带码元进行深度内插，实现数字上变频，该信号根据用户的射频通道方案可以形成：Mod1、Mod2（两点调制信道），I、Q（IQ 调制信道）两路信号；

⑧ 两路信号进行 D/A 转换，转换成模拟调制信号输出，如果是两点调制信道，则 MOD1、MOD2 直接与 VCO 和参考本振连接，如果采用 IQ 调制信道，该信号为正交两路 450 kHz 的中频（频率可设）已调制信号。

（2）模拟信号传输：

① 从麦克送来信号由 A/D 转换为数字信号；

② 进行压扩处理（可选）；

③ 进行预加重（可选）；

④ 滤波；

⑤ FM 调制处理；

⑥ 经 2 选 1 选出；

⑦ 进行内插实现上变频；

⑧ 进行 D/A 变换为模拟调制信号输出；

3）图 4-8 中关键点波形说明

D 点波形（图 4-9）：速率 9.6 kbps，即一帧 264 bit 的二进制比特流。

图 4-9　D 点的波形

E 点的波形（图 4-10）：38.4 kbps（9.6×4）采样率的平滑波形。

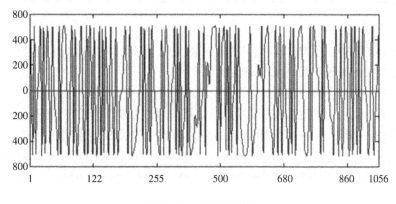

图 4-10　E 点的波形

G 点频谱（图 4 – 11）：是 450（或 455）kHz 的已调制中频信号。

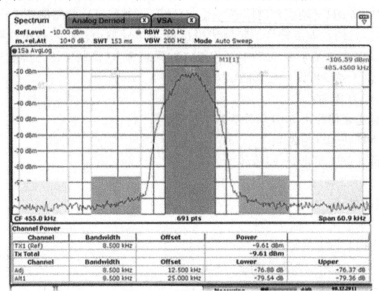

图 4 – 11　G 点的输出频谱

接收通道的工作情况应是逆过程，不再赘述。

4）文中缩写符号说明

缩　写	说　明
C – BUS	与 CML 公司的芯片使用的串行通信接口（如 CMX638）
McBPS	与 AMBE3000 通信使用的串行通信接口
CHS	与 AMBE1000 通信使用的串行通信接口
SPI	串行外围设备接口
I2S	数字音频设备之间的音频数据传输总线标准
Ramp	控制功放的启动与关闭曲线沿

2. 芯片外观

HR – C5000 有 80 只引脚，其 LQFP 的封装（或 VQFN）外观如图 4 – 12 所示。

3. 由芯片组成的数字对讲机设计方案

1）应用芯片的对讲机原理

如图 4 – 13 所示，对于微处理器的选择，用户可以根据整机的功能和自己熟悉的平台来选型，比如做一个 16 信道机，用普通的单片机就可以完成，宏睿公司提供底层的驱动源码，如果是彩屏并且支持丰富的外围设计（如 GPS 等），那么可以选择价位适中、接口丰富的 STM32F103ZE，宏睿公司会提供这个平台下的驱动和 UI 源码。

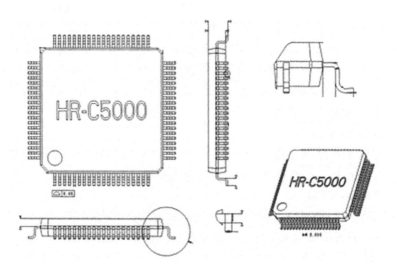

图 4－12　芯片外观图

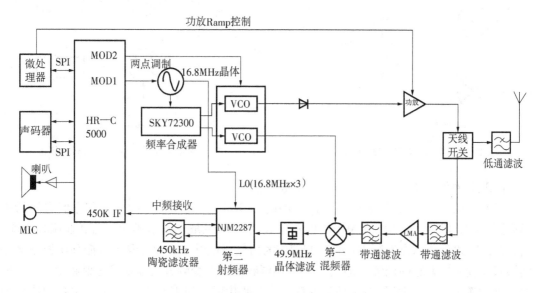

图 4－13　芯片组成的对讲机原理图

2）对讲机性能与指标介绍

HR－C5000 芯片的输入输出信号与原有传统模拟对讲机电路兼容，设计采用了双锁相环电路和功放的 Ramp 控制，用于实现时隙的收发快速切换和消除切换带来的杂散。整机采用 TDMA[①] 技术，能够让终端同时工作在两个信道上，具有语音全双工、数话同传、单频中继、双速率数据以及双信道守候等特点，从而使数字化带来的功能得以提升。芯片全

---

①时分多址（time division multiple access，TDMA）把时间分割成互不重叠的时段（帧），再将帧分割成互不重叠的时隙（信道），与用户具有一一对应关系，依据时隙区分来自不同地址的用户信号，从而完成多址连接。

业务支持 DMR 标准的各类呼叫，短数据、IP 数传等功能，无须处理器干预通信过程。

基于 HR – C5000 芯片制作的整机，具有 70 mA 工作待机电流的性能，接收灵敏度可达 – 120 dBm（5% 误比特率时），邻道功率比低于 – 60 dB，邻道选择性达到 60 dB 以上。设备可在 12.5 kHz 内采用 2 时隙工作，模拟时可工作在 12.5 kHz/25 kHz，频率范围在 30 MHz ～ 1 GHz，工作温度可从 – 40 ℃～ 125 ℃，符合 ETSI TS102 361 标准。

4. 芯片技术中的几个关键问题解答

（1）I、Q 信号的工作原理。

I、Q 信号的工作原理可从正交信号的调制和解调来解释。I、Q 路分别输入两个数据 a、b，I 路乘以 $\cos\omega_0 t$，Q 路乘以 $\sin\omega_0 t$，之后再相加，输出信号为 $S(t)$，这个过程就叫正交调制，如图 4 – 14 所示。

正交调制的 I、Q 信号可以很容易地在接收端恢复。将基带信号 $S(t)$ 乘以 $\cos\omega_0 t$，再经过积分电路，即可还原出 I 路的原始信号数据，如图 4 – 15 所示。

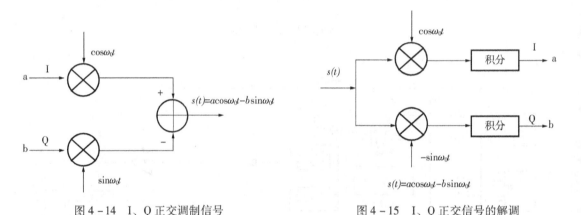

| 图 4 – 14 I、Q 正交调制信号 | 图 4 – 15 I、Q 正交信号的解调 |

同理 Q 路输出为 b，从而完成信号的解调。

（2）在图 4 – 8 的芯片结构图中，MOD1、MOD2 与 I、Q 信号的区别和它们之间的关系如图 4 – 16 所示，MOD1 和 MOD2 信号与 I、Q 信号的取值位置不同，前者在调频之前，后者在调频之后。两点调制方式采用调频前的信号通过对于芯片外参考本振和压控振荡器的协同控制实现射频的调频。IQ 方式则采用混频电路上变频方式实现发送射频信号。A 位置与 B 位置的 IQ 信号差异在于是否承载到一个低载频（如 455 kHz）。而 C 位置的信号则是输出中频信号，对 IQ 信号进行了叠加。可见本部分电路可进行两点调制，也可按用户要求的载波频率送出调制信号（在 E 点），在 C 点则是 455 kHz 的中频调制信号。

（3）图 4 – 8 中信号的 2 选 1 选择判断原则。2 选 1 的判断是基于使用模式的选择（数字/模拟），由 CPU 来配置相应的寄存器参数实现的。

（4）图 4 – 8 中 I_in/IF_in 与 Q_in 的含义解释和联接注意事项。

I_in/IF_in 和 Q_in 是指接收信号可以选择为两类：IQ 信号和中频信号（IF_in），如图 4 – 16 所示的逆向过程，I_in 和 Q_in 信号组成接收的 IQ 信号，在内部直接进行双路解调。接收中频信号（IF_in）在内部进行数字混频成两路 IQ 信号进行双路解调。

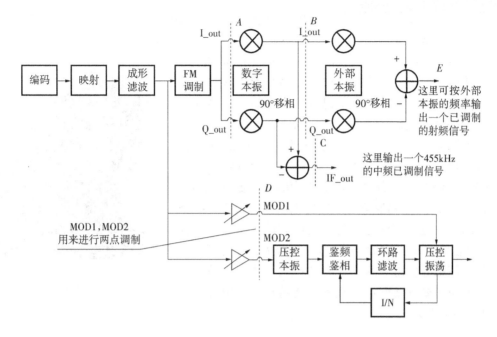

图 4 - 16 发送信号的不同输出设计

上述设计目的在于，采用 IQ 信号的方式，对于发送有助于发送指标的改善，对于接收能够进行直接分路，有利于接收性能的改善。而采用两点调制发送，中频接收，则更多的是考虑电路设计的简单性、低成本和原模拟对讲机电路的兼容性。两种方式均可以达到无线电管理部门对指标的要求。

实训练习

1. 何为数传无线对讲机？它有哪些用途？

2. 对讲机由发射部分、_____、_____、信令处理几个模块构成。

3. 公众免许对讲机是指发射功率不大于_____W，工作于指定频率的无线对讲机，其无线电发射_____、功率等射频技术指标也必须符合一定的技术规范。

4. 特高频 UHF 是指波长范围在 1 dm ～ 1 m 的无线电波，该波段的电磁波又称为分米波。其对应的频率是多少？

5. 由数字芯片 HR - C5000 设计的数字对讲机，它的中频信号频率是多少？

6. 试用芯片 HR - C5000 设计一个输出功率 3 W、工作频率 5 MHz 的数字对讲机。

4.3 移动通信设备——手机

无线通信分为两类：无线移动通信和无线局域网（LAN）通信，它们的传输设施根本不同。无线局域网通信使用发射器和接收器，它们都是放在单位希望的地方，并且属于这家单位所有。无线移动通信需要电话电信局或其它公共服务系统，专为"移动客户"提供通信设施，使用分组无线电、蜂窝网络和卫星站来传输和接收信号。

无线设备可以是单向的，也可以是双向的。目前使用的是双向通信系统，包括分组无线电网络和蜂窝系统。

（1）分组无线电通信（packet-radio dommunication）。分组无线电通信将一次传输分解成许多小的包含源地址和目的地址，以及错误检测信息的数字分组。这些分组被上连到一个卫星，然后再进行广播。接收设备（卫星电话，如图 4－17 所示）只接收编址到它的数字分组。由于这种传输是双向的，因而要使用查错和纠错技术。

（2）蜂窝数字分组通信（cellular digital packet communication）。蜂窝通信是一种提供用户和家庭、办公室或网络之间进行双向通信的移动计算设备。这些设备（典型商品如手机）具有电子函件处理能力，并且可以传输文件、图像等信息。由于这些设备在本质上也是双向的，因而也需要查错和纠错技术的支持。（详情可查阅"蜂窝数字分组数据"）

图 4－17　卫星通信电话

4.3.1　手机的电路结构

ETACS、GSM 蜂窝手机是一个工作在双工状态下的收发信机。模拟手机属模拟网或称 ETACS 系统，GSM 数字手机属 GSM 数字网或称 GSM 系统。其中 AMPS 是第一代移动通信技术，GSM 是第二代移动通信技术，也就是 2G 网络。ETACS 是增强的全接入通信系统；DCS（digital cellular system）数字蜂窝系统，简称 DCS，常见于手机频率，如 DCS1800。一部移动电话（手机）包括无线接收机（receiver）、发射机（transmitter）、控制模块（controller）、人机界面部分 interface）和电源（power supply）。

从电路角度，数字手机可分为射频与逻辑音频电路两大部分。其中射频电路包含从天线到接收机的解调输出与发射的 I/Q 调制到功率放大器输出的电路；逻辑音频包含从接收解调到接收音频输出、发射话音拾取（送话器电路）到发射 I/Q 调制器及逻辑电路部分的中央处理单元、数字语音处理及各种存储器电路等。整机结构如图 4－18 所示。

印刷电路板的结构一般分为：逻辑系统、射频系统、电源系统 3 部分。在手机中，这 3 部分相互配合，在逻辑控制系统统一指挥下，完成手机的各项功能。

1. 信号接收电路

无论哪款手机，其信号的接收皆为：信号→天线→低噪声放大器→频率变换单元→语音处理电路。所以在手机接收机电路中，主要由以下几个不同的功能电路组合而成。

（1）接收天线（ANT）：作用是将高频电磁波转化为高频信号电流。

（2）双工滤波器：作用是将接收射频信号与发射射频信号分离，以防止强的发射信号对接收机造成影响。双工滤波器包含一个接收滤波器和一个发射滤波器，它们都是带通射频滤波器。

（3）天线开关：作用同双工滤波器，由于 GSM 手机采用 TDMA 技术，接收机与发射机间歇工作，天线开关在逻辑电路的控制下，在适当的时隙内接向接收机或发射机通道。

（4）射频滤波器：是一个带通滤波器，只允许接收频段的射频信号进入接收机电路。

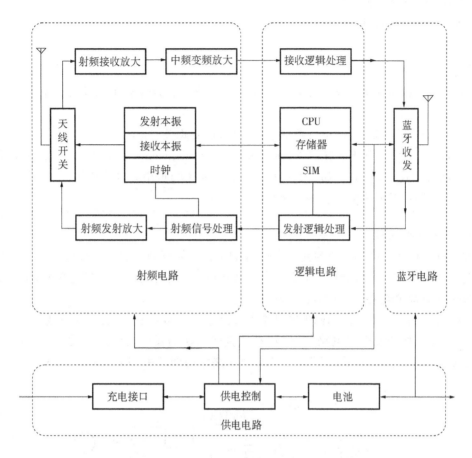

图 4 - 18　手机的结构框图

（5）低噪声放大器（LNA）：作用是将天线接收到的微弱的射频信号进行放大，以满足混频器对输入信号幅度的需要，提高接收机的信噪比。

（6）混频器（MIX）：是一个频谱搬移电路，它将包含接收信息的射频信号转化为一个固定频率的包含接收信息的中频信号。它是接收机的核心电路。

（7）中频滤波器：中频滤波器在电路中只允许中频信号通过，它在接收机中的作用比较重要。中频滤波器防止邻近信道的干扰，提高邻近信道的选择性。

（8）中频放大器：中频放大器主要是提高接收机的增益，接收机的整个增益主要来自中频放大。

（9）射频 VCO：在不同的手机电路中的英文缩写不同，常见的有 RXVCO（诺基亚、爱立信）、PFVCO（三星手机）、UHFVCO（诺基亚手机）、MAINVCO（摩托罗拉手机）等。压控振荡器给接收机提供第一本机振荡信号；给发射上变频器提供本机振荡信号，得到最终发射信号；给发射交换模块提供信号，经处理得到发射参考中频信号。

（10）中频 VCO：通常被称为 IFVCO 或 VHFVCO，若有第二混频器，则给接收机的第二混频器提供本机振荡信号。在一些手机电路中，给 RXI/Q 解调电路提供参考信号。

（11）语音处理部分：语音处理部分包含几个方面，首先 RXI/Q 信号在逻辑电路中进行 GSMK 解调，然后经均衡电路、解密、去交织、信道解码、话音解码、PCM 解码等处理，还原出模拟的话音信号。

> **注：**
> VCO：压控振荡器，多以克拉泼振荡器形式存在，以保证电路工作点和 Q 值的稳定性。
>
> I/Q（同相/正交）：是指射频信号的同相/正交数据。
>
> GSMK：高斯最小频移键控（Gaussian filtered minimum shift keying），是 GSM 系统采用的调制方式。GMSK 提高了数字移动通信的频谱利用率和通信质量。
>
> PCM：脉冲编码调制（pulse code modulation）。

2. 信号发射电路

发射机是移动通信的重要单元，它包括 VCO、发射驱动（TX driver）、功放（PA）及电源调节器（PWR regulator）、功率控制（PA control）等电路。一个完整的移动电话发射机还包括发射音频电路、数字语音处理电路等。

早期的手机发射机电路结构形式基本上都是采用"带发射上变频器的发射机电路"或"带发射变换模块的发射机电路"。但随着"直接变换的发射机电路"的研究应用，新型手机也随之问世，如诺基亚的 8210 手机，其电路结构如图 4-19 所示。

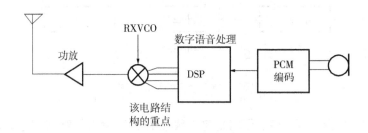

图 4-19　直接变换的发射机结构图

无论何种手机品牌，所有手机的发射电路都有相似之处。所以在手机的发射机电路中，主要由以下几个不同的功能电路组合而成：

（1）话音拾取：为送话器电路，该电路将模拟的声音信号转换为模拟的话音电信号，并通过一个话音频带形成电路，取 300 ～ 3 400 Hz 的信号送到音频处理模块。

（2）PCM 编码：是 GSM 手机中发射机电路的第一级信号处理，它将模拟的话音电信号转换为数字语音信号，是一级 A/D 转换电路。

（3）GMSK 调制：经逻辑电路对数字信号进行一系列处理后，将数码信号调制在 67.707kHz 的信号上。

（4）TXI/Q：逻辑音频电路输出的发射基带信号，所有 GSM 手机的 TXI/Q 信号线都是 4 条，该信号发送到射频电路中的 I/Q 调制器。

（5）TXI/Q 调制：在该电路中，TXI/Q 信号调制在一个发射中频信号上，所有 GSM 手机发射机电路中从话音拾取到 TXI/Q 调制部分的电路结构都基本相似。

（6）发射交换：在这种发射机电路结构中，TXVCO 电路产生一个工作在相应信道上的发射射频信号，该信号在一个混频电路中与 RXVCO 信号混频，得到发射参考中频信号。发射参考中频信号与 I/Q 调制后的发射已调中频信号进行鉴相，得到一个包含发送数据的脉冲直流信号，该信号对 TXVCO 信号进行调制，得到最终发射信号。

（7）功率放大器：该电路将最终的发射信号进行功率放大，以使射频信号有足够的能量从天线辐射出去。

（8）发射上变频器：有发射上变频器的发射机电路中就无发射交换电路，反之亦然。在发射上变频器中，TXI/Q 调制器输出的发射已调中频信号与 RXVCO 信号进行混频，得到最终发射信号。

手机的平均发射功率范围是：最低功率 5 dBm（GSM900），约为 3.2 mW；最大功率 33 dBm（GSM900），约为 2 W。一般来说，在能保证正常通信情况下，手机发射功率越小越好。

4.3.2 发射功能电路

1. 语音信号的调制

按载波参数随调制信号变化的不同，调制可分为两大类：连续调制和脉冲调制。连续调制又分为三种：调幅（amplitude modulation，AM）、调频（frequency modulation，FM）、调相（phase modulation，PM）。

调频电路种类很多，但可分为两大类：①直接调频，用调制信号直接控制载波的瞬时频率。②间接调频，先将调制信号积分，然后再对载波调相，以间接方法实现调频。

在直接调频电路中，常利用变容二极管来实现直接调频。这种电路简单，性能也较好，但其对中心频率的稳定度有一定的影响，而锁相环技术的运用与温度补偿压控晶振的结合减小了这些影响。在相当多的无绳电话电路中，由于没有锁相环（PLL）电路，常采用晶体与变容三极管相结合直接调频。

间接调频不在主振级进行调制，中心频率可获得较高的稳定度，但不容易获得较大的频偏，电路也比较复杂。在蜂窝手机中，常采用锁相调制器，手机中的发射 VCO 既起压控振荡的作用，又起调制器的作用。调相分为直接调相和间接调相，在频率调制电路前加一个微分器可实现间接调相。

模拟手机采用的调制技术基本上是调频，数字手机使用了数字调制技术。数字手机之所以被称为数字手机，就是它采用了数字调制技术 GSMK。

需注意的是，GSM 手机电路中的调制实际上包含几个方面：脉冲编码调制（实际上是一个 A/D 转换）；GSMK 调制（实际上是一个 D/A 转换）；射频电路中的调制。在讲解手机电路时，通常指的是射频电路中的调制。

在射频电路中，不同发射机电路结构的调制方式有所不同。带发射变换模块的发射机电路结构中，67.707 kHz 的信号首先调制发射中频，得到发射已调中频信号。这是一级调制，我们把它称为 TXI/Q 调制。发射已调中频信号在发射变换模块中经处理得到包含发送数据的脉动直流信号。该信号被送到 TXVCO 电路变容二极管的负极，控制 TXVCO 输出信号的频率。这实际上又是一级调制。在带发射上变频的发射机电路结构中，只有一个 67.707 kHz 信号调制发射中频的 TXI/Q 调制级。发射射频信号则来自 RXVCO（或 UHFVCO）和发射已调中频信号的差频。（参见发射机电路结构）

GSM 手机发射信号经上述功能电路，都会发生一些变化。在图 4 – 20 中，信号 1 是送话器拾取的模拟话音电信号，图 4 – 21 所示的波形是用示波器在 cd928 话音放大器输出端所测得的波形。

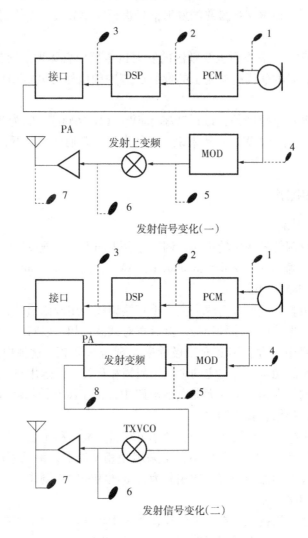

发射信号变化(一)

发射信号变化(二)

图 4 – 20　发射信号的不同通道信号

信号 2 是 PCM 编码后的数字话音信号，如图 4 – 22 所示，测量时可以明显看到有话音输入和没话音输入时 PCM 编码器输出波形的变化（该信号是将 GSM328 设置在测试状态下，在 PCM 编码器测得的）。信号 3 是数字波。信号 4 是经逻辑电路一系列处理后，分离输出的 TXI/Q 波形，真正的发送信息只是包含在 I/Q 波形的顶部。信号 5 是发射已调中频信号，信号 6 是发射最终信号。信号 5、6 需用频谱分析仪才能观察到。

信号 7 是进行功率放大后的最终发射信号。只有具有发射变换功能的电路才有信号 8，该信号去控制 TXVCO 的工作（将发送数据调制在 TXVCO 信号上）。

不论是哪一种发射机的电路结构，TXI/Q 信号从逻辑音频电路输出后，都要进入到射频电路中的发射 I/Q 调制器中。在 TXI/Q 调制器中，67.707 kHz 的 TXI/Q 信号对发射中

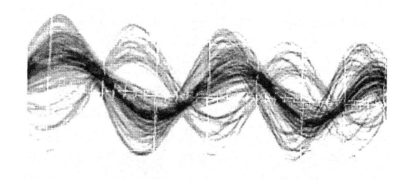

图 4 - 21　发射音频信号的波形

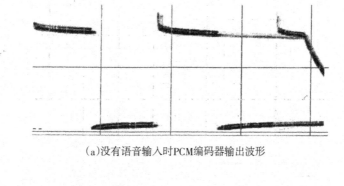

(a)没有语音输入时PCM编码器输出波形

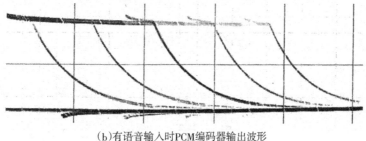

(b)有语音输入时PCM编码器输出波形

图 4 - 22　话音信号 PCM 编码前后波形的比较

频载波进行调制，得到发射已调中频信号。TXI/Q 调制器通常是在一个中频处理模块中，少数发射机则有专门的调制器模块。

　　不同结构的发射机电路对 TXI/Q 调制后的信号的处理有所不同，带发射变换模块的将该信号送到发射交换模块与发射参考中频进行比较，得到调制 TXVCO 的发送数据；带发射上变频器的则将该信号送到发射上变频器，与 RXVCO 或 UHFVCO 等进行混频。

　　在查找 TXI/Q 信号线路或 TXI/Q 调制电路时，通常需注意 TXI/Q、MOD 等字样。当然，在一些手机电路中并无这些标志，但它总有一些规律可寻（参见手机电路的识别），部分手机中的 TXI/Q 及调制电路如图 4 - 23 所示。

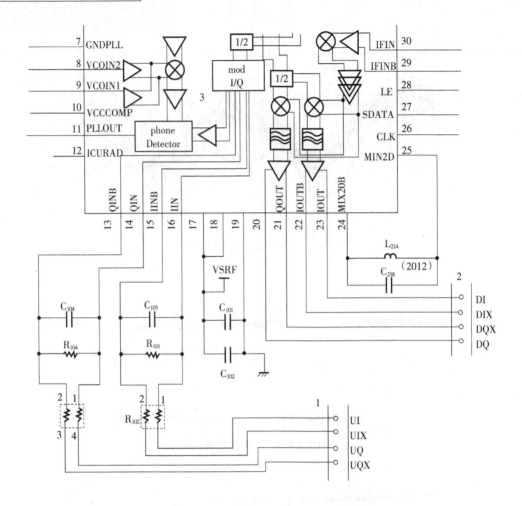

(a)GD90发射I/Q调制电路寻找示意图

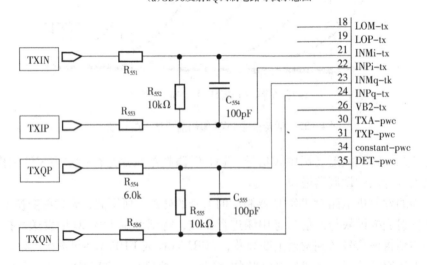

(b)8110TXI/Q调制电路寻找示意图

图4-23　部分手机中的 TXI/Q 及调制电路

2. 发射变换电路

发射变换电路主要是将发射已调中频信号与发射参考中频信号进行处理。发射变换模块通常完成如下的信号处理：发射已调中频信号来自 TXI/Q 调制器；在变换电路中，TXVCO 信号与 RXVCO 信号进行混频，得到发射参考中频信号；发射已调中频信号与发射参考中频信号在发射变换模块中的鉴频器进行比较，输出包含发送数据的脉动直流信号，该信号再经一泵电路（一个双端输入，单端输出的转换电路），输出一个包含发送数据的脉动直流控制电压信号。

图 4－24 所示为摩托罗拉 cd928 和松下 GD90 的发射变换电路图，要确定发射变换电路，必须掌握发射机的电路结构及手机电路的英文缩写。

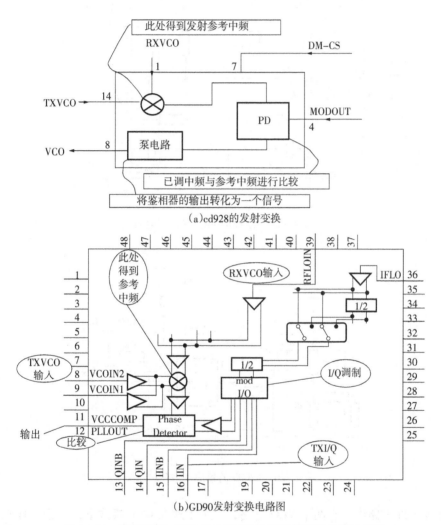

图 4－24　摩托罗拉 cd928 及松下 GD90 的发射变换电路示意图

3. TXVCO

TXVCO 电路通常存在于带发射变换电路的发射机中，带发射上变频器的发射机电路中是没有发射 VCO 的。TXVCO 电路有分离元件和 VCO 组件两种。分离元件的 VCO 电路已显落后，目前的手机大多是由 TXVCO 电路组件构成。分离元件的 TXVCO 电路与其它如

RXVCO、VHFVCO 电路基本相似，只是工作参数不一样。图 4 - 25 所示为 cd928 的 TXVCO 电路（注意圈住的元件，它们是确定该电路是否为 VCO 电路的关键元器件）。发射变换模块输出的包含发送数据的脉动直流信号经低通滤波器后，到达变容二极管 VR_{354} 或 VR_{353} 的负极，通过控制变容二极管的反偏压，完成对 TXVCO 电路输出频率的控制。

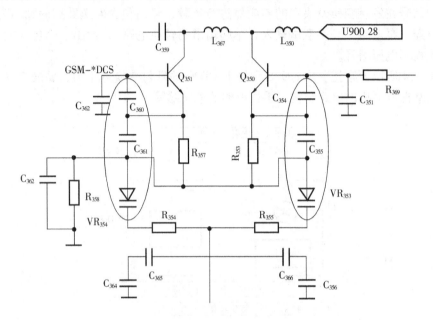

图 4 - 25　分离元件的 TXVCO 电路

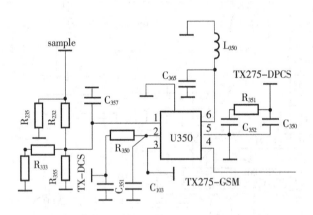

图 4 - 26　L2000 的集成 TXVCO 电路

在图 4 - 25 电路中，有两个 VCO 电路，一个工作在 GSM 模式下，一个工作在 DCS 模式下。双频切换控制电路通过控制两个三极管的基极偏压来达到切换的目的。

图 4 - 26 所示为 L2000 的 TXVCO 电路，它是一个 VCO 组件，可工作在 GSM900、DCS1800 和 PCS1900 频段上。在逻辑电路的频段切换信号控制下，完成工作模式的转换，U350 的 1 脚是输出端；4 脚的输入信号来自发射变换电路；其它分别是电源与频段切换的控制端。

TXVCO 电路是直接工作在相应的信道上的，例如，若 L2000 手机工作在 GSM 的 60 信道，则 TXVCO 模块 U350 输出 902 MHz 的发射信号。TXVCO 电路在发射变换模块输出的信号控制下，完成发送信息的调制工作。

4．发射上变频器

发射上变频器实际上是一个频谱搬移电路，它存在于带发射上变频的发射机电路结构中。在发射上变频器中，发射中频处理电路输出的发射已调中频信号，与 RXVCO、UHFVCO 或 RFVCO 信号进行混频，得到最终发射信号。发射上变频器也是一个混频电路，前面讲混频器时提及，混频器有两个输入信号，一个输出信号。发射上变频器也是一样，它的输入信号是发射已调中频信号与 UHFVCO（RXVCO、RFVCO），输出信号是最终发射信号。

有发射上变频器的电路结构中，没有发射变换与 TXVCO 电路。发射上变频器位于发射 I/Q 调制器之后。图 4－27 所示为诺基亚 8110 的发射上变频器的结构图。116MHz 的 TXIF 信号与 UHFVCO 信号在发射上变频器中混频，得到最终发射信号，送到功率放大电路。

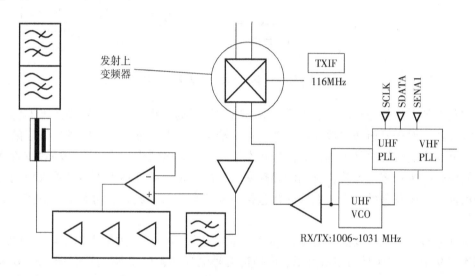

图 4－27　诺基亚 8110 的发射上变频器结构图

5．功率放大器

手机电路中的功率放大器都是高频宽带功率放大器。顾名思义，高频功率放大器用于放大高频信号，并获得足够大的输出功率。它广泛用于发射机、高频加热装置和微波功率源等电子设备中。

根据工作频带的宽窄不同，高频功放可分为窄带型和宽带型两大类。所谓频带的宽窄，指的不是绝对频带，而是相对频带，即通频带与其中心频率的比值。宽带型高频功放是采用工作频带很宽的传输线变压器作为负载的功率合成器。由于采用谐振网络，因此可以在很宽的范围内变换工作频率而不必调制。

传输线变压器是由绕在高导磁率磁环上的传输线构成的。在一些手机电路中，广泛使用微带线电路。图 4－28 所示为诺基亚 6150 的一个功率放大器，图中的短粗线表示微带线，它们在手机 PCB 板上是不同形状的敷铜箔。

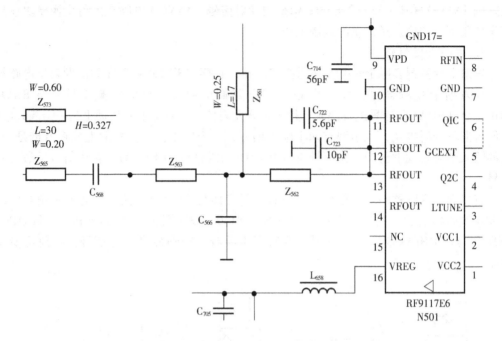

图 4 - 28　诺基亚 6150 的功率放大器

调制后的射频信号经功率放大后，就可以进行传输。我们把这个功率放大器称为发射功率放大器。对于发射功率放大器，需能在一给定频率上或频率范围内输出一定的发射功率。发射功率放大器总是工作在大信号状态下。在移动电话中，常采用硅场效应管和砷化镓场效应管作为功率放大管，它们的导热率比锗高许多，而且越来越多的手机使用功率放大器组件。一个完整的功率放大器通常包括驱动放大、功率放大、功率检测及控制、电源电路等。

对功率放大器的主要要求是输出功率、带宽和效率，其次为输入输出电压驻波比等。在图 4 - 29 中，U104 是功率放大器，8 脚是信号输入端；1、2 脚是控制端；3、6 脚是电源端；4、5 脚是信号输出端。由 4、5 脚的英文缩写（POUTGSM、POUTDCS）及天线开关电路的 TXGSM、TXDCS 可以确定，该手机是双频手机，该功率放大器可工作在 GSM 与 DCS 模式下。

6. 功率控制

手机的发射功率是可控的，它在不同的地理位置，根据系统的控制指令工作在不同的发射功率级别上。如图 4 - 30a 所示为是一般手机功率控制的原理方框图，图 4 - 30b 所示为诺基亚 6110 发射机功率控制的原理框图。

该控制环路工作原理：功率放大器放大的发射信号被送到天线转化为高频的电磁波并发送出去。在功放的输出端，通过一个取样电路（一般为微带线耦合器），取一部分发射信号经高频整流，得到一个反映发射功率大小的直流电平。这个电平在比较电路中与来自逻辑电路的功率控制参考电平进行比较，输出一个控制信号去控制功放电路的偏压或电源，从而达到控制功率的目的。

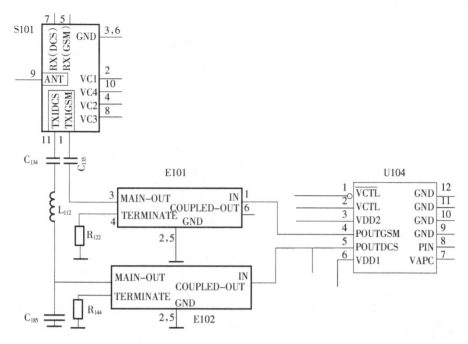

图4-29　集成功率放大器

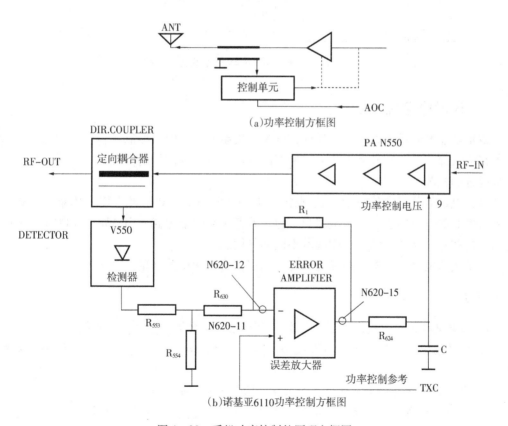

(a)功率控制方框图

(b)诺基亚6110功率控制方框图

图4-30　手机功率控制的原理方框图

在图4-31中，可以看到 AOC（自动功率控制）与 PA-CNL（功率放大器控制）。AOC 信号是逻辑电路提供的一个功率控制参考电平信号，PA-CNL 是功率放大器控制电路输出的一个偏压，给功率放大器提供偏压，通过改变功率放大器的偏压来控制放大器的输出。

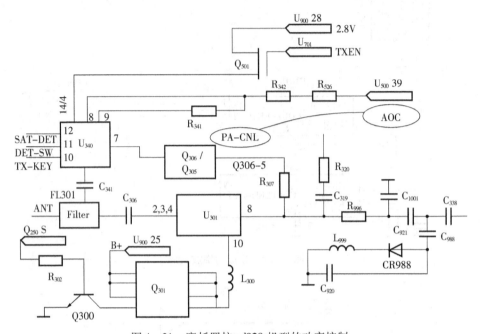

图4-31　摩托罗拉 cd928 机型的功率控制

4.3.3　逻辑功能电路及其它

逻辑功能电路是手机的核心部件，分为手机系统逻辑电路控制及存储器电路、语音处理电路两大部分，它完成手机各电路的控制及数字与语音信号的处理，也是各款手机应用功能区分的根源。

逻辑电路部分通常是由中央处理器（CPU）或被称为 ASIC（专用应用集成电路）的器件为中心的电路构成。在该电路中，包含着各种存储器电路：SRAM、EEPROM 及 Flash 电路，这些存储器在手机电路中起着不同的作用。

关于逻辑电路、电源电路和显示屏等知识，可查阅相关书籍。

实训练习

1. 目前使用的是双向通信系统，包括分组无线电网络和_____系统。

2. 信号接收过程为：信号→天线→_____放大器→频率_____单元→语音处理电路。

3. 手机的平均发射最低功率是5 dBm（GSM900），约为多少瓦？

4. 一个完整的功率放大器通常包括驱动放大、_____放大、功率检测及_____、电源电路等。

5. 简述手机发射功率控制电路的作用和具体方法。

4.4 宽带接入设备——ADSL 调制解调器

ADSL 调制解调器是为 ADSL（非对称用户数字环路）提供调制数据和解调数据的电子设备。Modem，其实是 Modulator（调制器）与 Demodulator（解调器）的简称，中文称为调制解调器（港台称之为数据机）。为适应通信线路的远距离传输，Modem 在发送端通过调制将数字信号转换为模拟信号，而在接收端通过解调再将模拟信号转换为数字信号。

4.4.1 ADSL 技术

ADSL（asymmetric digital subscriber line，非对称数字用户线路，亦可称作非对称数字用户环路），属于 DSL 技术的一种，是一种新的数据传输方式。

传统的电话线系统使用的是铜线的低频部分（4 kHz 以下频段）。而 ADSL 采用 DMT（离散多音频）技术，将原来电话线路中 4 kHz ~ 1.1 MHz 频段划分成 256 个频宽为 4.3125 kHz 的子频带。其中，4 kHz 以下频段仍用于传送 POTS（传统电话业务），20 kHz 到 138 kHz 的频段用来传送上行信号，138 kHz ~ 1.1 MHz 的频段用来传送下行信号。DMT 技术可以根据线路的情况调整在每个信道上所调制的比特数，以便充分地利用线路。理论上，ADSL 的最大通信范围是 5 km，数据传输率为上行 640 kbps、下行 8 Mbps。

改进的 ADSL2 + 技术可以提供最高 24 Mbps 的下行速率，和第一代 ADSL 技术相比，ADSL2 + 打破了 ADSL 接入方式带宽限制的瓶颈，在速率、距离、稳定性、功率控制、维护管理等方面进行了改进，其应用范围更加广阔。

目前比较成熟的 ADSL 标准有两种——G. DMT 和 G. Lite。G. DMT 是全速率的 ADSL 标准，支持 8 Mbps/1.5 Mbps 的高速下行/上行速率，但 G. DMT 要求用户端安装 POTS 分离器，比较复杂且价格昂贵；G. Lite 标准速率较低，下行/上行速率为 1.5 Mbps/512 kbps，省去了复杂的 POTS 分离器，成本较低且便于安装。就适用领域而言，G. DMT 比较适用于小型或家庭办公室（SOHO），而 G. Lite 则更适用于普通家庭用户。

4.4.2 调制解调器的电路结构

计算机上网的 Modem 一般有两种形式，PC 机内插接的卡式结构和具有独立电源的外置盒式结构，但它们的电路组成和工作原理是一致的。Modem 通常由电源、发送电路和接收电路组成。电源提供 Modem 工作所需要的电压；发送电路中包括调制器、放大器、以及滤波、整形和信号控制电路，它的功能是把计算机产生的数字脉冲转换为已调制的模拟信号；接收电路包括解调器以及有关的电路，它的作用是把模拟信号变成计算机能接收的数字脉冲。Modem 的组成原理框图如图 4 - 32 所示，图中上半部分是发送电路，下半部分是接收电路。图中的虚线框用在同步 Modem 中。

4.4.3 ADSL 调制解调器电路分析

ADSL 调制解调器市面上比比皆是，此处以 ADSL 831 为例，介绍这一电信网络应用较为广泛的客户端设备。

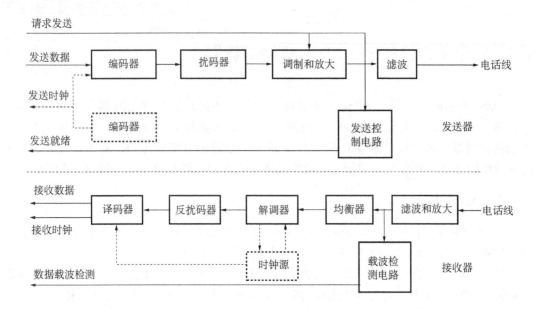

图 4 - 32　Modem 的组成原理框图

ADSL 831 使用标准的 10BaseT 以太网接口与客户计算机连接，支持网桥模式（即 PC 机拨号的标准模式）和路由器/NAT 模式（即用一台 PC 拨号，然后多台 PC 共享上网的模式）；支持固件（firmware）升级，支持最大下行 8 Mbps/上行 1 Mbps 的速率。2.74 版的 firmware 工作稳定可靠，并且提供了 PPPoE 拨号功能，使得其路由器/NAT 功能真正得以发挥作用，不仅可以提供多台电脑共享上网，而且大大增加了客户计算机的安全性。ADSL 831 的内部电路如图 4 - 33 所示，各组成模块介绍如下：

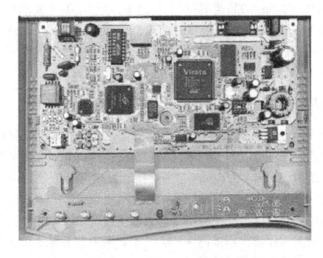

图 4 - 33　ADSL 831 的内部电路

1．通信处理器

通信处理器是 ADSL Modem 的核心单元。它集成了传统意义上中央处理单元（CPU）、I/O 控制单元和总线控制单元的所有功能。有的通信处理器还包含了部分或完整的网络功能。ADSL 831 选择了美国 Virata 公司出品的 Helium 高性能网络处理器，该芯片把整个 CPU、网卡和母板控制芯片组的工作集为一体，从功能、性能、稳定性甚至发热率方面考虑，都取得了较高的水平。

Helium 通信处理器共有 208 个针脚，采用超大规模集成电路常用的塑料方型扁平模式封装（PQFP），采用 3.3 V 标准电压供电，工作温度 0 ~ 70 ℃。Helium 芯片和系统结构如图 4 - 34 所示。该芯片内部包含两个 48 MHz 的 ARM RISC 中央处理器，类似于 PC 机的双 CPU 构架，但 Helium 的 CPU 管理策略并不是人们平常所推崇的那种 CPU 直接互相协作的"对称模式"，而是一般情况下效率很低的"非对称模式"。在非对称模式下，CPU 之间不会像对称模式那样互相分担负载（即不会自动做负载平衡），所以经常会出现一个 CPU 繁忙，而另一个空闲的情况。这种设计的缺点，不单浪费了 CPU 资源，还严重影响了系统的稳定性和健壮性，可能会因一个 CPU 连续高负荷运转而死机。

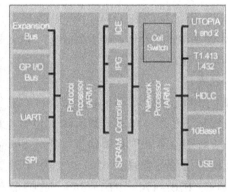

图 4 - 34　Helium 芯片实物和系统结构

Virata 作为从英国剑桥在 AT&T 的实验室中分离出来的一家专门从事网络芯片和通信软件设计的公司，当然不会不知道什么是"对称模式"。那么他们为什么要如此顽固地坚持使用"非对称模式"呢？因为这里有一个很特殊的情况：Helium 的全部使命就是帮助系统通过 xDSL 链路访问远程网络中的资源，这使它的功能十分单一，执行的任务也非常固定，以至于我们完全可以事先为这两个 CPU 分别指派相应的任务而达到人工实现负载平衡的目的。Virata 的这种做法使 Helium 既有了"对称模式"的效率，又省去了实现对称模式需要的高昂的软、硬件成本。

Virata 的两个处理器分别称为"协议处理器"（protocol processor）和"网络处理器"（network processor）。网络处理器专门负责处理所有物理方面的通信连接问题，而协议处理器则专门负责解决在物理连接之上的数据通信问题。两者密不可分，一起工作、一起休息，在网络信息处理的工作中实现动态负载平衡。此外，先进的微内码结构和 8 K 微码 RAM 保证了 Helium 的 CPU 指令集可以在机器语言的级别进行修改，甚至扩充。

其次，网络处理器还负责设备的 I/O 接口统一调度管理。首先，Helium 内置了一个已经分配有 MAC 地址的 10BaseT 接口；另有一个完全独立的，符合 Q. 921 标准，频率为 20 MHz 的 ADSL T1. 413 接口处理器，这个 ADSL 接口处理器还自带了一个 16 位 CRC 发生器。

同时被 Helium 支持的接口规范还有：

USB、Utopia 1/2、HDLC、GPIO、总线扩展、UART（831 上的 Console 口就通过它控制）、SDRAM（内存接口）、Flash PROM（连接到 831 存储操作系统）、EEPROM。其中，内存接口支持 16 bit 或 32 bit 字宽的内存总线（831 中使用 16 bit 模式），支持 2～32 MB SDRAM（831 中是 8 MB）。

在软件设计方面，利用协议处理器和网络处理器两个硬件核心的结合，扩展出很多协议，它们都是通过存储在 Flash ROM 中的软件实现的，这些协议在每次 831 启动时会被调入内存而加载执行。具体功能软件有：

ATM[1] 设备驱动器、IP 路由和桥接、PPTP、L2TP（VPN 功能）、RFC1483 PVC/SVC、传统 IP PVC/SVC、PPP over、ATM PVC/SVC、Q. 2931、SSCOP、UNI 3.0/3.1/4.0 信号发生功能、SNMP、TFTP、telnet、BOOTP、AAL5 SAR、ATM 步量策略和 OAM、ATMOS 轻量实时内核，还有最近新增的 PPP over Ethernet。可见这块 Helium 芯片功能之强大。

图 4－35　DSP/Framer 芯片

2. ADSL 收发器

ZXDSL 831 用的是 Globe Span 出品的 GS7000 系列 ADSL/ATM 可编程芯片组。该芯片组实际上包含了两块芯片，一块用于数字信号处理和帧调节（DSP/Framer），另一块是处理模拟信号的前端（AFE）。其中 DSP 芯片是 7000 系列的 GS7070－174（图 4－35），支持最高下行 8 Mbps/上行 1 Mbps 的速率。而 AFE 芯片用的是 GS3771—174，支持多种复用模式和调制解调方法。该芯片组支持当今所有的 ADSL ATM 标准，并且有 3.3 V/5 V 的双工作电压，工作温度可以达到 -40～85 ℃ 的超宽范围。

那么，一段数据如何从 831 Modem 通过 ADSL 线路发出去？假设有一封 E-mail 要通过 ADSL 发往 Internet，首先计算机需把这封 E-mail 转换成一条长长的比特流，并源源不断地"流"进 831 Modem，传输到 Internet 的具体过程如下：

协议处理器（控制 RFC1483）→网络处理器（控制 ADSL T1. 413 接口处理器）→GS7070 DSP 芯片→GS3771 AFE 芯片→UMEC UT20209S/UT20226S→ADSL 集中器→……，以上流程是基于 831 工作在桥模式下的简要说明。

其中，UMEC UT20209S/UT20226S 是两个 ADSL 传输模块，实际上就是一个电感耦合器件，起到变换信号强度和隔除直流的作用。

3. 内存

831 Modem 的内存选用了韩国现代（HY）的 64 Mbit（8 MB）/PC100（10 ns）内存模块。这块内存的型号是：HY57 V641620HG0102 A - T - P，是 4 M × 16 bit 的模块形式。主板上还有一块由 ISSI 出品、型号为 IS61LV256 - 15T 的 256 KB 高速同步静态缓存，如图

_____

[1]ATM（asynchronous transfer mode），即异步传输模式，是实现 B-ISDN（宽带综合业务数字网）的业务的核心技术之一。

4 - 36a 所示。

(a)IS6ILV256-15T缓存　　　　　　　(b)29F800BTC-90闪存

图 4 - 36　Modem 内所用的高速缓存和闪存

4．闪存

831 Modem 使用了台湾旺宏（Maronix，缩写为 MX）公司的 29F800BTC - 90 闪存模块（图 4 - 36b），容量为 1 MB，存取速度 90 ns，工作温度 - 40 ℃～125 ℃（军用级标准），也就是说 831 Modem 的操作系统最大不能超过 1 M。831 Modem 一直没有提供基于 Web 的管理界面，也许是因为 Falsh 存储器容量的限制。

5．电源

虽然 831 Modem 是使用了配套变压器直接提供的 12 V 直流输入，但还是可以看到电路板上有一个 Π 型 LC 滤波电路、一个 AMC7805 12 V 线性稳压模块和一些稳压二极管，以及一个 AMC7660 1.5 A 直流 - 直流电压变换模块。此外，母板上还提供了一个 8 针脚的 DIP 插槽，为增添一个内部电源模块备用。

在滤波电路设计中，采用了一个环形电感，由于工作电流较大，该电感会有发热和嗡嗡响现象。故在原件选用上，要求环形电感的线径不能太小，铜线绕制要紧密。电源电路如图 4 - 37 所示。

图 4 - 37　831 Modem 的稳压电路模块

6. 其它相关电路

831 Modem 的系统总线和网络模块的时钟脉冲是由两个石英晶振分别提供的，这样的双时钟电路有助于保持整个系统的稳定性。另外，ZXDSL 831 的线路输入部分加装了一个保险管，以防雷击和其它随时有可能袭来的电涌而损坏系统。

实训练习

1. ADSL 采用频分复用技术把普通的电话线分成了电话、_____和_____三个相对独立的信道，从而避免了相互之间的干扰。

2. 最新的 ADSL2＋技术可以提供最高_____ Mbps 的下行速率。

3. 通信处理器集成了_____、I/O 控制单元和_____控制单元的所有功能。

4. ZXDSL 831 的电路中采用了_____存储器和_____存储器。

5. 简单介绍调制解调器的工作原理。

4.5　无线路由器

　　Wi-Fi 俗称"无线宽带"，是一种短程无线传输技术，能够在200 m 范围内支持互联网接入的无线电信号，一般通过连接无线路由器等设备连接到无线局域网（WLAN）。Wi-Fi 通常使用 2.4G UHF 或 5G SHF ISM 射频频段，连接到无线局域网通常是有密码保护的，但也可以是开放的，这样就允许任何在 WLAN 范围内的设备都可以连接上网。

　　Wi-Fi 原意为无线保真，是一个无线网络通信技术的品牌，由 Wi-Fi 联盟所持有，目的是改善基于 IEEE 802.11 标准的无线网路产品之间的互通性。有人把使用 IEEE 802.11 系列协议的局域网就称为无线保真，甚至把无线保真等同于无线网际网路。目前，Wi-Fi 已是 WLAN 的重要组成部分。

4.5.1　相关参数

　　Wi-Fi 的信号来源是由有线网提供的，比如家里的 ADSL、小区宽带等，只要接一个无线路由器，就可以把有线信号转换成无线保真信号。我国的许多地方实施"无线城市"工程，机场、宾馆、酒店等场所提供 Wi-Fi 信号的标示随处可见，社会需求使这项技术得到了广泛推广。下面介绍它的部分参数。

1. 有效工作距离

　　有效工作距离是无线路由器的重要参数之一。顾名思义，只有在无线路由器的信号覆盖范围内，计算机等其它设备才能进行无线连接。"室内100 m，室外400 m"同样也是一个理想值，它会随网络环境的不同而各异。通常室内在 50 m 范围内都可有较好的无线信号，而室外一般来说都只能在 200 m 范围内，无线路由器信号强弱同样受环境的影响较大。

2. 频率、速率与发射功率

　　无线上网现已非常普及，虽然由 Wi-Fi 传输的无线通信质量不是很好，数据安全性能比蓝牙通信差一些，传输质量也有待改进，但传输速度非常快，可以达到 54 Mbps，符合个人和社会信息化的需求。Wi-Fi 最主要的优势在于不需要布线，因此非常适合移动办公用户，并且由于发射信号通常使用 2.4 G UHF 或 5 G SHF ISM 射频频段，其功率一般小于100 mW，低于手机的最大发射功率，所以 Wi-Fi 上网相对也是安全健康的。

3. 增益天线

在无线网络中，天线可以达到增强无线信号的目的。天线对空间不同方向具有不同的辐射或接收能力，而根据方向性的不同，天线有全向和定向两种。

（1）全向天线：在水平面上，辐射与接收无最大方向的天线称为全向天线。全向天线由于无方向性，所以多用在"点对多点"通信的中心台。比如想要在相邻的两幢楼之间建立无线连接，就可以选择这类天线。

（2）定向天线：有一个或多个辐射与接收能力最大方向的天线称为定向天线。定向天线能量集中，增益相对全向天线要高，适合于远距离"点对点"通信，同时由于具有方向性，抗干扰能力比较强。比如一个小区里，需要横跨几幢楼建立无线连接时，就可以选择这类天线。天线与接口示意如图 4 - 38 所示。

图 4 - 38　天线、接口与电路板

4. 接口

常见的无线路由器一般都有一个 RJ - 45 口为 WAN 口（wide area network 广域网），也就是 UPLink 到外部网络的接口；其余 2～4 个口为 LAN 口（local area network，本地网或局域网），用来连接普通局域网。内部有一个网络交换机芯片，专门处理 LAN 接口之间的信息交换。通常无线路由器的 WAN 口和 LAN 口之间的路由工作模式一般都采用 NAT（network address transfer）方式。所以，无线路由器也可以作为有线路由器使用。

4.5.2　EA - 2204 路由器电路分析

Wi-Fi 由路由器和发射单元构成，下面以台湾产 EA - 2204 型 ADSL/Cable 路由器的电路为例，说明其电路结构和组成原理（图 4 - 39）。外置的 AC/DC 电源适配器将市电变换成直流，再经过 DC 稳压滤波给整个电路提供 5 V 和 3.3 V DC 稳定工作电源。时钟电路为 CPU、RAM 和各种控制芯片提供 7.372M、20M、25M、50M 的工作时钟信号。EA - 2204 的核心器件是 ARM7 处理器，通过系统总线连接 Flash 和 SDRAM，路由器上电后，CPU 从 Flash 中读取程序和配置数据进行初始化，SDRAM 为程序运行和数据处理提供临时存储空间。CPU 复位电路在系统上电或电源异常又恢复时使 CPU 自动复位，用户在必要时可通过按后面板上的复位开关来使 CPU 复位。CPU 控制广域以太网控制芯片，通过一个 RJ - 45 接口或 RS - 232 接口，连接国际互联网来处理数据。一个 4 端口交换控制器，通过 4 个 RJ - 45 连接局域网集线器、交换机或连接电脑，直接进行数据交换或通过 CPU 控制与广域网连接进行数据处理。

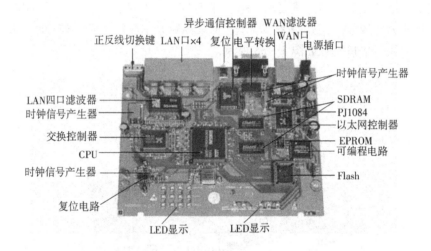

图 4 - 39　EA - 2204 路由器的电路结构

各部分电路的详细介绍如下：

1. 电源电路

EA - 2204 路由器采用外置电源适配器连接市电供电，电路结构如图 4 - 40 所示。该电源适配器内部采用开关电源，具有 AC 电压适应范围宽、重量轻、输出电压稳定、效率高等特点。它适用于世界各地，在交流电压 95 V 到 240 V 范围能正常工作，提供稳定的 5 V 直流输出。

5 V 直流经路由器背板电源插座输入，经过电感滤波，分两路给整个电路供电。一路直接供给工作电压为 5 V 的电路，另一路通过集成电路 PJ1084 进行电压变换，得到部分电路工作所需要的 3.3 V 电压。

PJ1084 是一种低压差线性电压调整集成电路。低压差线性稳压器（LDO）是新一代的集成电路稳压器，它与三端稳压器最大的不同点在于，LDO 是一个自耗很低的微型片上系统（SOC）。它可用于电流主通道控制，芯片上集成了具有极低线上导通电阻的 MOSFET、肖特基二极管、取样电阻和分压电阻等硬件电路，并具有过流保护、过温保护、精密基准源、差分放大器、延迟器等功能。低压差线性稳压器通常具有极低的自有噪声和较高的电源抑制比（power supply rejection ratio，PSRR）。

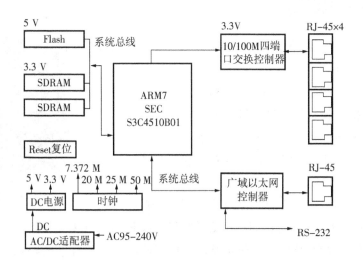

图 4-40 EA-2204 路由器的电路结构和外置电源适配器供电

其主要参数如下：

电压输入：最大 12 V；

输出电流：最大 5 A；

输出电压：通过外部电路可调，固定 2.5 V 或 3.3 V；

输入输出电压差：最大 1.3 V；

稳压精度：1%。

该稳压集成电路有 TO-220 和 TO-263 两种封装，TO-220 在功耗较大时可加装散热片，TO-263 是贴片型封装，因 EA-2204 的电路功耗较小（实测工作电流仅 500 mA），所以使用的是 TO-263 封装，直接贴装在 PCB 上即可。

> 注：LDO（low dropout regulator），是一种低压差线性稳压器，相对于传统的线性稳压器而言。传统的线性稳压器，如 78xx 系列的芯片都要求输入电压要比输出电压高出 2~3 V，否则就不能正常工作。但是在一些情况下，这样的条件显然太苛刻，如 5 V 转 3.3 V，输入与输出的压差只有 1.7 V，显然是不满足条件的。针对这种情况，诞生了 LDO 类的电源转换芯片。

2. 复位电路

CPU 复位电路分为 2 部分，一部分是在系统上电或电源异常又恢复时使 CPU 自动复位；另一部分是在软件运行异常出现系统死机的情况下，用户可通过按后面板上的复位开关来使 CPU 复位。

复位信号由一个十分简单的 RC 电路、按钮开关来产生。当系统上电或人为按下复位开关，会产生一个低电平脉冲，该脉冲经过数字门电路整形后使 CPU 复位，进行初始化。

HC132 是一个 CMOS 逻辑门电路，工作电压 2~6 V。在路由器电路中，利用门电路的输入高电平有电压最小值、输入低电平有电压最大值的特点，以及门电路的整形作用，与周边二极管和电容、电阻组成上电脉冲产生电路，产生系统复位脉冲信号。

3．时钟信号

EA－2204 电路中，共用了 4 个晶体振荡器，分别提供各部分 IC 工作所需的时钟信号。

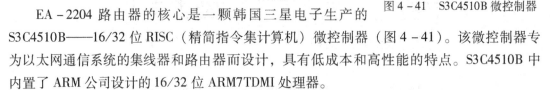

50 M——CPU 电路 S3C4510B01 主时钟；

25 M——交换控制器 RTL8305S 时钟；

20 M——以太网控制器 RTL8019AS 时钟；

7.372 M——异步串口通信芯片 TG16C550CJ 时钟。

4．CPU

EA－2204 路由器的核心是一颗韩国三星电子生产的

图 4－41　S3C4510B 微控制器

S3C4510B——16/32 位 RISC（精简指令集计算机）微控制器（图 4－41）。该微控制器专为以太网通信系统的集线器和路由器而设计，具有低成本和高性能的特点。S3C4510B 中内置了 ARM 公司设计的 16/32 位 ARM7TDMI 处理器。

S3C4510B 提供了 8 K 字节的 Cache（高速缓存）和以太控制器，内置 2 通道的 HDLC（高级数据链路控制），2 个 UART（通用异步收发）通道，内置 32 位定时器和 18 个通用可编程 I/O 端口。S3C4510B 内部采用 32 位系统总线，有 I2C 接口，还集成了中断控制器、DRAM/SDRAM 控制器、ROM/SRAM 和闪存控制器。以上功能特点均集成在此单芯片中，作为路由器的核心，可大大减少系统成本。

软件方面，S3C4510B 因内置 ARM7TDMI 核，可以执行 32 位的 ARM 指令，也可执行 16 位的 THUMB 指令。

S3C4510B 采用 3.3 V 电压供电，208 脚的 QFP 封装，操作频率最高达 50 MHz。EA－2204 中采用 5 MHz 外部频率，因 S3C4510B 内部有锁相环电路，可将外部振荡频率提升 5 倍作为内部系统时钟，所以内部最高频率实际上已达 25 MHz。

5．Flash 闪存

S3C4510B 使用 8/16/32 位的外部总线，可支持 ROM、SRAM、闪存、DRAM。EA－2204 路由器使用 EON 公司的闪存 EN29－F040－70J 存储数据。该芯片在 PCB 上使用插座安装，而不是直接焊接到 PCB 上，以方便生产过程中将程序数据先写入芯片，再将芯片装入插座中。系统升级或芯片重写数据操作容易。

6．SDRAM

S3C4510B 支持 EDO 内存和普通的 SDRAM。EA－2204 中使用了 2 颗 ESMT 公司的 M12L16161C——512 K 字节、16 位、2Banks 同步 SDRAM（图 4－42）。该 SDRAM 采用 3.3 V 供电，自动自主刷新，刷新周期为 32 ms，接口为 LVTTL 电平，

图 4－42　M12L16161C 存储器

采用 CMOS 工艺制程，50TSOP 封装。细心观察可见该 2 颗 SDRAM 上有 "－6T" 字样，表示其最高工作频率可达 166 MHz。

7．以太网控制器

以太广域网控制电路通过系统总线连接微控制器，通过 RJ－45 和双绞线连接广域网

（WAN），该部分电路还提供 RS – 232 串口连接广域网，电路的核心是以太网控制芯片 RTL8019AS（图 4 – 43）和异步通信控制芯片 TG16C550CJ。

图 4 – 43 RTL8019AS

RTL8019AS 中集成了 16 K 字节的 SRAM 和全双工以太网控制电路，兼容 EthernetII 和 IEEE802.3、10BASE – T 等协议，支持全双工和即插即用功能。还有一个重要特点是通过连接 EEPROM 可在线编程，在工厂生产 PCBA（printed circuit board assembly，装配印刷电路板）组装时，先将空白内容的 EEPROM 装到 PCB 上，在出厂前将工厂设置数据写入其中，方便了生产。

EA – 2204 路由器中使用台湾 HOTEK 公司的串行 EEPROM 芯片 HT93LC46，其容量为 1 K，可重复写 10 万次以上，通过芯片时钟、数据出入/输出共 3 根线即可控制其读写，用微控制器操作非常方便。

EPM3032 ALC44 – 10 是一种电可编程的逻辑电路，内含 32 单元、600 门、34 个 I/O 口。通过 PCB 上预留的插头接口，在工厂生产过程中，对该芯片进行编程，使之实现特定的逻辑功能（代替很多通用门电路，节省空间且具有保密作用，如在不同通信状态下驱动 LED 显示等）。

EA – 2204 路由器还提供了 RS – 232 接口，以方便在 ADSL 断线时连接 56 K Modem 或 ISDN TA 上广域网。RS – 232 串口的通信主要通过异步通信芯片 TG16C550CJ 和 RS – 232 接口芯片 HIN208CB 来完成。

TG16C550CJ 工作于交替模式（先进先出），将接收的 CPU 数据进行并行 – 串行转换后通过 RS – 232 电平转换发送至串口 Modem；或将从串口接收的数据进行串行 – 并行转换，发送给 CPU 进行处理。其内置一个可编程的波特率发生器，根据外接晶体振荡频率（EA – 2204 中使用的是 7.372 M）进行分频得到所需的各种串行通信速率。

芯片 HIN208CN 的作用是 RS – 232 接口电平转换。因 TG16C550CJ 异步通信芯片工作电压为 5 V，为了提供 RS – 232 接口，必须将信号进行电平转换到 12 V 左右。HIN208CN 内含电压变换电路，通过外接 4 个 0.1 μF 的电容，可将电压由单 5 V 变换到双 10 V，满足 RS – 232 串口通信的要求。

8. 交换控制器

EA – 2204 路由器有 4 个 LAN 端口，可连接到 10/100BaseT 以太网，各端口之间有交换功能。交换控制芯片采用台湾瑞昱公司最新设计的 5 端口 10/100 Mbps 高速以太网络交换器 RTL8305S。该芯片集成了 5 个 MAC（媒体存取控制器）、5 个实体层收发器、1 M 位的 SRAM 和 1 K 个 MAC 地址记忆区，适合局域网的交换器、广域网的路由器的应用。

RTL8305S 的每一个端口均可支持 100 Mbps 的 100BASE – TX 高速以太网传输或 10 Mbps 的 10Base – T 的以太网传输。在 EA – 2204 路由器电路中，其第 5 端口设定为一个 MII（独立媒体接口）来衔接微控制器 S3C4510B 中的以太网控制器。RTL8305S 提供自动协商电路，自动设定是 100 Mbps 或 10 Mbps、全双工或半双工工作和是否进行流量控制。

RTL8305S 的一个重要特点是提供了连接、激活、冲突、全双工、10 Mbps 或 100 Mbps 的指示灯功能。通过 LED 显示，使用者很容易判定网络的连接状态。RTL8305S 集成度高，耗电小，采用 128 脚的 PQFP 封装。

图 4 - 44 所示为 RTL8305S 连接局域网的示意图，图中所示为一个 LAN 端口，EA - 2204 共有 4 个 LAN 端口。左边为 RTL8305S，中间为隔离变压器，右边为 RJ - 45 插座，通过双绞线连接到局域网。

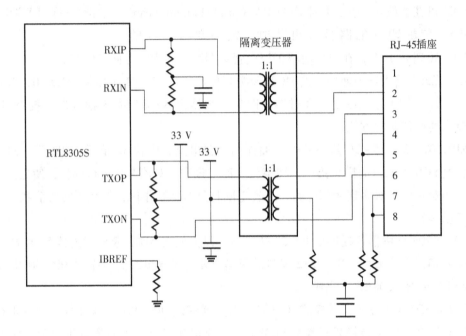

图 4 - 44　RTL8305S 连接局域网示意图

关于 10/100Base - T 4 端口磁性组件、10Base - T 滤波器和 LED 显示等电路从略。

实训练习

1. Wi-Fi 通常使用_____ UHF 或 5G SHF ISM 射频频段。

2. 无线路由器的室外覆盖范围一般来说只能达到_____米左右。

3. 无线路由器的发射功率一般小于_____ mW，低于手机的最大发射功率。

4. LDO 是一种特殊的_____线性稳压器，它是相对于传统的线性稳压器而言。

5. 简述高速以太网络交换器 RTL8305S 的功能和外部电路方式。

⑤ 监 测 与 遥 控

遥控技术是对受控对象进行远距离控制和监测的技术。它是利用自动控制技术、通信技术和计算机技术形成的一门综合性技术，一般都是指对远距离的受控对象单一或两种极限动作进行控制的技术。在现代生产和生活、国防和军事中具有广泛的应用。

完成遥控任务的整套设备称为遥控系统。遥控系统既可传送离散的控制信息（例如开关的通断），也可传送连续的控制信息（例如控制发动机油门大小）。一般用无线电信道传输控制信息（指令），如遥控距离较近或被控对象在低空飞行（如反坦克导弹），也可用光通信线路或有线电通信方法传输控制信息。

遥控与监测是一个复杂的系统，不是单一部件所能完成的，通常由多个功能部件组合而成。遥控系统可分为飞行器遥控设备（系统）和地面遥控设备（系统），它们一般由指令程序机构（或计算机）、传输设备和监测设备组成。

（1）控制指令产生：根据预定状态数据和被控对象的实时数据，由操纵人员人工发出，或由程序机构或计算机自动产生各种控制指令。

（2）传输设备：实质上是多路通信设备，能把指令信号送往远距离的被控对象。

（3）监测设备：用以监测被控对象的状态和参数变化，使控制台站及时了解控制效果。

5.1 智能设施的眼睛——光电传感器

光电传感器是采用光电元件作为检测的传感器，广泛应用于智能小车或移动运载设备中。它首先把被测量的变化转换成光信号的变化，然后借助光电元件进一步将光信号转换成电信号。光电传感器一般由光源、光学通路和光电元件三部分组成。光电检测方法具有精度高、反应快、非接触等优点，而且可测参数多，传感器的结构简单，形式灵活多样。因此，光电式传感器在检测和控制中应用非常广泛。

5.1.1 常见的几种光电传感器

1. 反射式光电传感器

反射式光电传感器在机器人中有着广泛的应用，可以用来检测地面明暗和颜色的变化，也可以探测有无接近的物体。反射式光电传感器的基本原理是，自带一个光源和一个光接收装置，光源发出的光经过待测物体的反射被光敏元件接收，再经过相关电路的处理得到所需要的信息。相应地，光谱范围、灵敏度、抗干扰能力、输出特性等都是反射式光电传感器的重要参数。

2. 简单比较型光电传感器

简单比较型光电传感器如图 5-1 所示。图中 JP1 是光电管，接收光强在上面转换成电流，在 R 上成为电压信号，与 RA1 的标准值进行比较，从 LM339 输出逻辑电平给单片机。

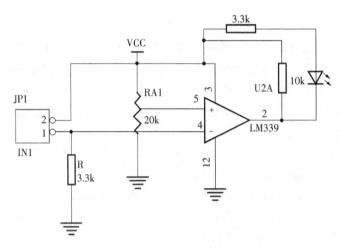

图 5-1　比较型光电传感器

R 越大，光电流产生的电压变化越大，传感器也就越灵敏。但是若 R 过大，当光比较强的时候，R 上的电压会达到 V_{CC} 而不再变化，这就是所谓的饱和。在这种比较型的传感器电路中，饱和只会使强光与强光难以分辨，但仍可以区分强光和弱光，它并不是影响比较结果的重要因素。但在后面介绍的几种调制型传感器中，饱和是必须避免的，因为它会掩盖交流分量。高灵敏度与饱和是一对矛盾，后续会提出一些相关的解决方案。

LM339 是开路输出的，10 kΩ 的电阻是为了使输出电压正确。如果后面是 51 之类开路输入的单片机，这个电阻可以省略。假如把光敏管放在下边，电阻放在上边，则当光线较暗时比较器输入电压接近 V_{CC}，超过比较器 LM339 能够正常工作的最高输入电压 V_m，比较器不能正常工作（LM339 的共模输入电压最低能低到 0，但是最高达不到 V_{CC}），因此灵敏度不高。为了使比较器正常工作，电阻值应使得光照时比较器输入电压 V_i 大幅下降，满足 $V_{CC} - I \times R < V_m$（$I$ 是光电流），就是 $I \times R > V_{CC} - V_m$。当光再强一点，$I \times R$ 接近 V_{CC}，V_i 就会降到 0 左右，光敏管就会饱和，降低了区分颜色的可靠性。

现在把光敏管放在上边，电阻放在下边，就可以解决这个问题：这时 $V_i = I \times R$，使用较小的 R 可以保证 $V_i < V_m < V_{CC}$，不会发生电压范围溢出或光敏管饱和。这时为了保证光照与输出有相同的逻辑关系（光照时输出低电平，指示灯亮），比较器的同相和反相输入端要互换。

图 5-2 所示为给发光管供电的恒流电路（$I = 0.9 \text{ V}/R_1$），恒流的工作过程是：D_{11} 起稳压作用，如果电流偏大，R_1 分压变大，T_1 的 V_{BE} 降低，使电流减小；反之亦然。这个负反馈过程使电流恒定，R_1 上的电压恒定在 D_{11} 压降和 V_{BE} 之差，约 0.9 V。改变 R_{20} 对地的通断也可以控制发光管的亮灭。这样可以使用很小的 R 或设置比较高的基准电压，只有很强的光输入才能触发电路。这时在恒流源中三极管的发射极电阻上并联一个电容后，就可

以用单片机控制探头照明的 LED 发出短而强的光脉冲并进行随机调制和解调，提高抗干扰能力，成为调制型传感器电路的一种。

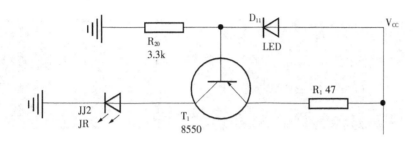

图 5 - 2　发光管供电的恒流电路

3. 高通滤波型光电传感器

图 5 - 3 所示为高通滤波型光电传感器，光源是用一个脉冲振荡电流去点亮发光二极管（在电路图中没有画出）。可以使用任何一种振荡电路，平均电流根据发光二极管的参数可以取值为 20 mA 左右。

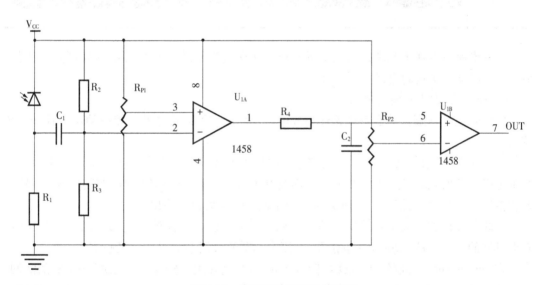

图 5 - 3　高通滤波型光电传感器

接收部分工作过程：传感器信号先经过 CR 高通网络，滤除直流和低频成分，并通过 R_2、R_3 的分压电路，加入一个直流 offset。也就是一个稳定的直流分量叠加一个交流分量，再与一个设定的直流分量进行比较，如果交流分量的峰值超过 offset 与设定值之差，比较器就会输出一个方波脉冲，否则输出 0；然后通过 RC 低通网络，使方波脉冲的交流分量尽可能地减小，变成某个直流电压 V（>0），再与另一个设定值（$<V$）比较，输出低电平。如果没有交流输入，第一级比较器输出 0，第二级比较器输出高电平，如表 5 - 1 所示（电路仿真结果）。

表 5 - 1 光电传感器的高通滤波仿真图形

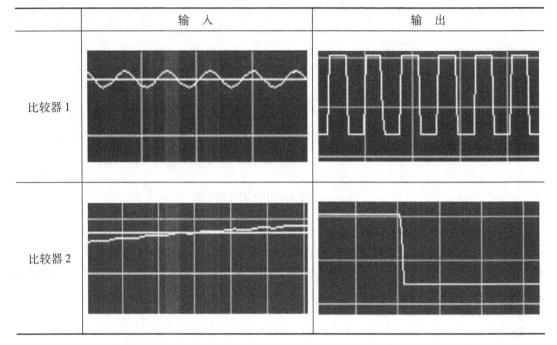

	输　入	输　出
比较器 1		
比较器 2		

这种电路可以在未饱和的情况下抵御外界非交流光以及瞬间光（如闪光灯）的干扰，但受到高频光的干扰时会产生误动作。

4. 使用 LM567 的调制传感器

LM567 是一种廉价的音频锁相环集成电路，利用它可以构造性能较好的反射式光电传感器。

如图 5 -4 所示，由 LM567 的内部振荡器提供方波信号，点亮探头的 LED，由探头的光敏管接收反射光。经三极管放大，转换成电压信号后送到 LM567 的内部鉴相器 2（输出鉴相器）同步解调，然后由 LM567 内部的比较器转换为数字输出。

并联负反馈放大电路有着稳定的增益和低的输入阻抗，能消除光敏管结电容的影响，获得良好的高频特性。200 kΩ 电位器 R_6 用于调节放大器增益以调节灵敏度。

在 outi 和 outo 之间的 510 kΩ 电阻和 1 000 pF 电容用于给比较器添加 50 mV 的滞回，消除调制频率纹波造成的输出抖动。其中 1 000 pF 电容的作用是补偿 C_1 的影响，加快输出跳变。

这个电路的缺点是当多个探头同时使用时因为频率接近，一旦相邻单元的光斑出现部分重合就会有差拍干扰造成输出抖动。另外，LM567 输出鉴相器的参考信号从振荡电容端引出，与发射和接收信号几乎是正交的，解调效率非常低，前级需要高倍放大。

为了解决上述多个探头临近的问题，在使用多组传感器时，做了如图 5 -5 所示的改动。

单独用一个单元（图 5 -5 中右边的 LM567）作振荡，给其余 4 个单元（图中只画了一个）提供同步的时钟信号，消除了差拍问题。而且时钟信号既接到振荡电容端又用来控制输出放大管点亮探头照明的 LED，使得参考信号与发射和接收信号相差非常小，解调效率大大提高，最大探测距离有所增加。

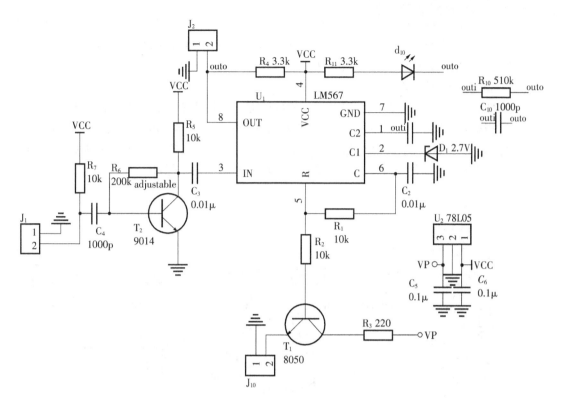

图 5-4　使用 LM567 的调制传感器

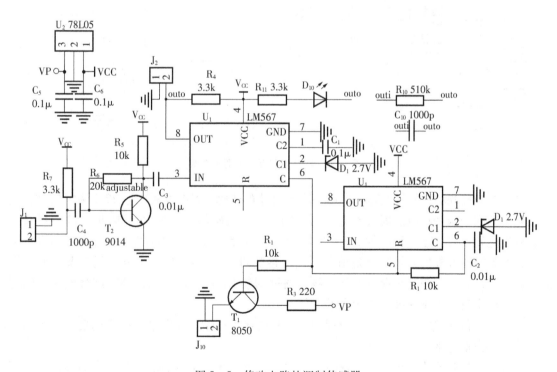

图 5-5　修改电路的调制传感器

注意探头的连线要短，如果连线较长要分别屏蔽，最好把电路板跟探头做在一起。否则发射管连线上大幅度的脉冲信号会感应耦合到接收端，导致在没有接收光的情况下也误认为收到了光信号，这种同频干扰无法用电路板上的设计来消除。

5. 38k 红外避障电路

本电路采用左右两个红外传感器。红外传感器，是目前使用比较普遍的一种避障传感器，其处理电路如图 5 - 6 所示，通过调节 R_{23}、R_{24} 两个电位器，可调节两个红外传感器的检测距离为 10 ~ 80 cm，开关量输出（TTL 电平），简单、可靠。采用这种电路，能可靠地检测左前方、右前方、前方的障碍情况，为成功避障提供了保证。

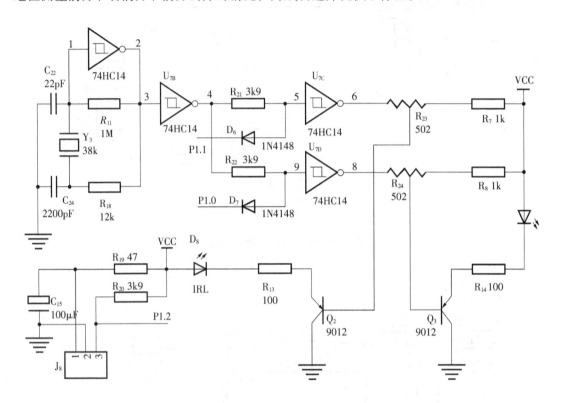

图 5 - 6　红外发射及接收处理电路

（1）38K 调制和发射电路。使用一个定时器的快速 PWM 模式产生 38K 调制信号，通过剩余的四个施密特触发器（有 2 个已经用在光电编码部分）缓冲，推动 8050 三极管和红外发光管来发射已经调制的红外线（图 5 - 7）。其中 2 个 1N4148 二极管接单片机 I/O 脚，控制左右红外发光管轮流发射。后面串接的可见光 LED 是为了方便用户调试而设置的，让用户知道当前是否在发射红外线。通过调节 PWM 的占空比，调节红外发光管的亮度，从而实现调节感知障碍物距离的功能。

（2）一体化接收部分。这部分很简单，平时接收头输出高电平，检测到反射回来的红外线后输出低电平（图 5 - 8）。

（3）发现障碍物指示部分。通过单片机接收到一体化接收头的信号，判断障碍物在哪边，然后点亮 2 个 LED（图 5 - 9），方便调试，这 2 个 LED 和发射部分的指示 LED 可以使用贴片 LED 做在主板上。

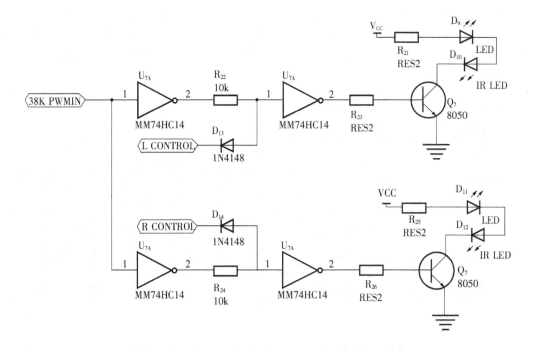

图 5 - 7　38K 调制和发射电路

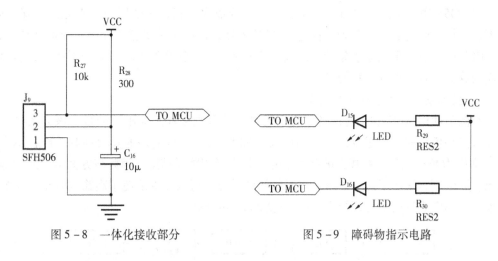

图 5 - 8　一体化接收部分　　　　图 5 - 9　障碍物指示电路

6. 伪随机编码的调制传感器（方案）

该方案的硬件比较简单，不加详述，总体结构如下：

发端：2051→驱动→LED

收端：光电管→（放大）→高通→过门限检测→2051

关键的问题是怎样判断是否有反射。比如向发光管发送一串 8 bit 的随机数，从接收管读出，如果相符，说明有反射；如果无关（具体判断的算法有待设计）说明无反射；如果部分相关，则保持原状。具体算法的实现可能要设计一个较为简单快速的判断相关度的程序。

7. 使用 ADC 的传感器电路

这种方案是让发光管的亮灭交替，用 ADC（模数转换器）分别检测亮暗时光电流的值，然后送到单片机进行相减，再根据某些标准进行判断。这样，就抵消了环境噪声，消除了干扰。光电管的饱和问题仍旧是这个电路的问题。并且，当干扰频率接近发光管调制频率时会产生差拍或出错。图 5 - 10 是一个利用 ADC 做的 RGB 三分量颜色传感器电路。

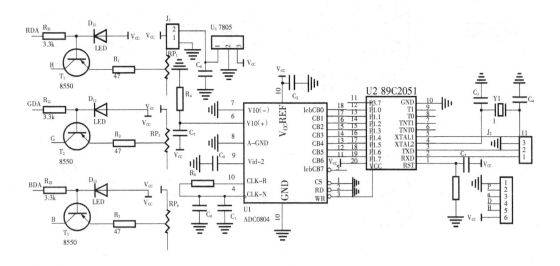

图 5 - 10　利用 ADC 做的 RGB 三分量颜色传感器电路

89C2051 作为主控，控制红绿蓝三个发光管依次点亮，一个周期分别是红、绿、蓝、全灭。在每次改变之前，对光电管进行 ADC 采样，读取相关颜色的分量，分别是红、绿、蓝、暗分量，然后用三原色分量分别减去暗分量，这样就消除了环境光的干扰。最后通过相应的算法，判断出反光物的颜色。

8. 模拟差动放大型传感器电路（方案）

类似于使用 ADC 的方案，该方案也是对亮暗分别采样。但不同的是，该方案采用了采样保持和模拟相减。运放作为差动放大（图 5 - 11），有良好的共模抑制功能，不会像 ADC 那样为减小饱和，照顾大的共模信号而扩大量程降低精度。因此该方案可以兼顾饱和现象和灵敏度，解决了这一矛盾。对于较快的采样，可以简单地使用高输入阻抗的运放本身加一个小电容进行保持，缺点是仍不能抑制高频干扰。

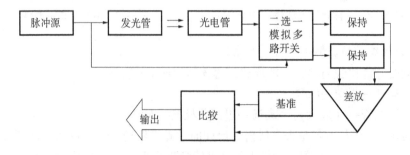

图 5 - 11　模拟差动放大型传感器电路框图

9. 使用 D 触发器进行边沿检测的传感器电路

使用 D 触发器进行边沿检测的传感器电路也是让发光管亮暗交替，但亮的时间很短，电流很大，亮度很高，把接收端门限调得很高，然后用 D 触发器进行边沿检测。这样可以屏蔽外界一般强度光（可以是高频的）的干扰，而耗电不会增加。但如果使用简单的比较型电路，加大电流就会增大功耗，甚至烧毁发光管。

10. 成品光电开关范例

图 5 - 12 所示为 ES18 - D03NK 型光电开关电路原理图，其工作原理为：光电管→两级交流放大→CD4013 检测。CD4013 的另一个单元 D 触发器作方波振荡源，通过驱动电路带动 LED。可以看出，LED 的限流电阻是 20 Ω，短时间通过 LED 的电流很大。

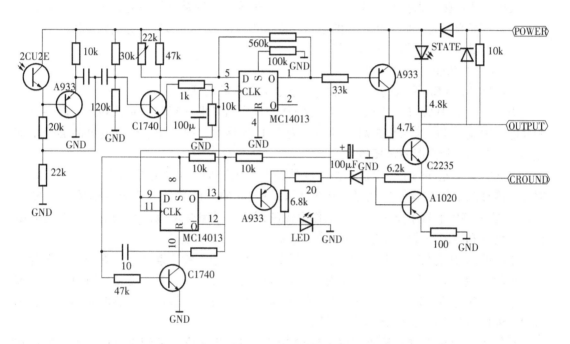

图 5 - 12　ES18 - D03NK 型光电开关

5.1.2　传感器的输出接口问题

（1）TTL 电压工作的推挽输出传感器接 5 V 电源的单片机。TTL 电压工作的传感器可以直接输出到单片机，但为了避免不慎从单片机该端口输出低电平，可以在传感器和单片机之间接一个 1 kΩ 左右的电阻。

（2）开路输出的传感器接 51 单片机

如果完全开路输出，可以直接接到单片机上，如果使用 P0 口应该加上拉电阻；如果传感器内置上拉电阻而且高电平时高于 5 V，可以从单片机到传感器端口接一个肖特基二极管，防止高压灌入单片机。

（3）非 TTL 电压推挽输出的传感器接 51 单片机。这种接口的基本做法就是串入电阻进行限流防止输出冲突；单片机端用稳压二极管进行限压防止输入过压。

上述 3 种情况的电路特点如图 5 - 13 所示。

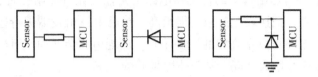

图 5 - 13　传感器输出接口的处理

5.1.3　反射式光电传感器探头的制作要求

反射式光电传感器探头是应用最广泛的一种模式，无论是每年一度的大学生机器人比赛，还是厂矿自动化车间，机器人的道路寻迹探头通常采用的都是反射式光电传感器，故在本节中对其制作要求做一侧重介绍。

1. 发光二极管（LED）

做传感器的 LED 要求亮度高、颜色合适、光斑形状合适。

为了防止 LED 损坏，应该注意：①LED 的伏安特性曲线很陡，测试和使用时一定要串联电阻限制电流。②氮化镓材料的高亮度 LED 容易被反向电压、静电或电源尖峰击穿损坏，电源电压较高时不可反接。

不同的管子允许的工作电流不同。红外的平均电流最大可以用到 100 mA，用作调制时几十微秒的窄脉冲峰值甚至可以接近 1 A。3 mm 的白色高亮度管子持续最大电流 20 mA，一般低亮度的管子要小一些。工作电流的限制一是发热限制的平均电流，二是高电流下亮度饱和限制的峰值电流。有些管子电流大了之后还会变色。

常用的 LED 有红外、红、橙、黄、黄绿、纯绿、蓝、紫、紫外、白等颜色。作为成品销售的"变色 LED"是在一个管壳（通常是乳白色的，用于使光线混合均匀）里封装了多个不同颜色的 LED，红、绿、蓝三色的 LED 非常适合作颜色传感器的照明。颜色识别时，乳白色管壳比无色透明管壳还要好。

红外线 LED 配合红外接收管抗干扰能力强，但是不适合用于识别颜色，因为物体在可见光下的颜色不能很好地代表它对于红外线的反射率。验钞用的管子发光含有紫色光和紫外线，点亮时不要正对着眼睛长时间观看。

管壳无色透明的管子透光性能好一些，散射小，易做指示灯。直径 5 mm 的管子品种较多，亮度较高，发出的光束比直径 3 mm 的管子要集中（顶角小），照在物体上光斑小，更适合用来识别白线。LED 的伏安特性曲线很陡，可以作稳压用，给电路提供基准电压。红色的大约 1.8 V，蓝色的可以超过 3 V。

LED 发光的原理是半导体 PN 结中的电子与空穴复合时产生光子。不同的材料由于能带宽度不同，导致发光颜色和导通电压不同。另外，不同材料的发光效率（一般以量子效率衡量，量子效率 = 发射的光子数/流过的电子数）也有极大的差别。各种 LED 的材料、颜色与亮度的关系如表 5 - 2 所示。

表 5 - 2　LED 材料颜色与亮度的关系

材料		发光颜色	量子效率（与工艺有关，此处为典型值）
砷化镓（GaAs）		红外	高，30%
磷砷化镓（GaAsP）		红	中，10%（购买时称为普通）
		橙、黄	随含磷量增加，波长变短，效率递减
磷化镓掺杂氮（GaP：N）		黄绿	低，不到 1%（购买时称为普通）
磷化镓掺杂氧化锌（GaP：ZnO）		红到黄	中低（购买时称为普通）
铝砷化镓（AlGaAs）		鲜红	中高（购买时称为高亮度）
铝镓铟磷（AlGaInP）		橙红	高，30%（购买时称为超高亮度）
氮化镓（GaN）	含 In	从纯绿到紫外	高，20%（购买时称为高或超高亮度）
	管芯外涂荧光粉	紫 + 黄 = 白	高（购买时称为高或超高亮度）

2．光电接收管

常用的接收管有硅光电二极管、硅光电三极管、光敏电阻三种。

光电二极管产生的电流小（微安级），需要高倍放大，但是速度很高，可以高频调制。在遮光状态下的特性类似普通二极管。使用时加反向电压，输出与光照强度近似成正比的光电流。光电三极管一般基极不引出，只有两根管脚，购买时叫作光敏管。光电三极管产生的电流较大（几百微安以上），无须前置高倍放大，但是速度较低，调制频率低于 100 kHz。遮光状态下正反向电阻都很大，用强光（比如台灯）照射，可以测出一个方向的电阻明显变小，这个方向是正向。使用时加正向电压大于 1 V，输出与光照强度近似成正比的光电流。这些光电接收管的外壳有无色透明和黑色两种，黑色管壳几乎只透过红外光，与红外发光管配套使用。

光敏电阻的电特性是电阻而不是恒流，受到光照后电阻值大幅度减小，输出电流也较大，数量级类似光电三极管。工作频率一般较低，但也有高的。在使用上最重要的区别在于光敏电阻接受光照的是一个平面，没有管壳聚光，方向性差。一般用在不区分光照方向或者降低成本的电路里。

接收管的光谱特性：

光电二极管、光电三极管都是半导体 PN 结光电元件，靠内光电效应接收光线，因此入射光子能量超过材料能带宽度才能被接收，表现在它的光谱 - 灵敏度特性在长波方向有一个陡的截止。在短波方向如果波长太短，灵敏度也会下降。一般的硅管最适合用在红外到红黄光的范围内，但可以一直用到近紫外。

另类的应用：用发光二极管当光电二极管，它的材料能带较宽，只接收短波的可见光，理论上可以用于识别颜色。某些光敏电阻对于可见光中间部分的灵敏度较高，加装滤色片（可以用玻璃纸）可以方便地改变管子的光谱特性以制造各种颜色传感器。

3．传感器探头的实际制作

（1）识别白线

可以用白色管子，如果背景是绿色，红光比较好用，红外也行。但是背景有红、绿、蓝各种颜色，特别是红色时，红光的区分度就不大了。比如 Robocon 比赛红色或蓝色的出发区，有参赛校队就因为没有注意这个问题而吃了大亏。在这种情况下可以用蓝色、红色或紫色（验钞用，含紫外线）的管子。

几何形状是发射管和接收管一个直立一个倾斜，指向同一个位置以消除镜面反射光。这些管子可以焊在一小块电路板上，在前端套上热缩套管减小光线发散做成探头。但是这样既不坚固准确又不抗干扰，最麻烦的是多个探头做成阵列使用时性能不一致。较好的做法是在一个铝块或木块上打孔后把管子插在里面，周围围上黑胶布遮光。探头的光斑要小，这样识别白线才准确。相邻的探头距离要合适。

探头的布置是出于控制方便的考虑，一般是中间放一排探头跟踪白线，两边各一个竖横线。中间的这一排探头要放在驱动轮前面，距离尽量远，数量尽量多。因为车身偏离白线时是先有角度偏差再累积（积分）为横向偏差，两个相加后构成探头与白线的偏差。

探头越靠前，角度偏差占的比例越大，反馈的相位滞后越小，环路越容易稳定，振荡越小。相反，探头靠后就会产生比较大的振荡甚至发散。探头在最前面，驱动轮在最后面，用 2 个探头就能用。考虑到转弯时可能产生比较大的横向偏差，最好置放 3 个探头。

有高校参赛队伍比赛失败的直接原因就是清障的小机器人跟踪白线的探头只有两个，而且有两个万向轮，驱动轮打滑严重。在自己搭建的场地上从来没出问题，但是到北京比赛就频出问题，结果障碍物无法清除，把冲顶机器人挡住了……。

探头靠后了就要多放几个，如果放在两个驱动轮之间就要放一长排，用 PID 算法。

为了避免镜面反射，如果使用平行的发光管和接收管，在指向待测点的前提下，不要垂直于待测表面，应该有个倾角。另外，探头的安装离待测点的距离要根据电路灵敏度和信噪比来定，非调制的传感器探头要注意遮光。

（2）识别各种颜色

如果要识别各种颜色，可以用带不同滤色片的接收管，或者几个不同颜色的发射管轮流点亮（包括全部熄灭的状态），用一个接收管接收，再作 A/D 转换后由单片机处理。几个管子必须是识别同一个地方的颜色，并且相对距离不能变动，否则会把黑白认成彩色。

（3）接近开关：识别有物体靠近，可以采用红外对管 + 调制的方式，或直接购买成品。

实训练习

1. 遥控技术是对受控对象进行远距离_____和_____的技术。它是利用自动控制技术、通信技术和计算机技术而形成的一门综合性技术。

2. 一般雷达不能发现低于_____的低空的目标，即雷达的盲区。

3. 已知超声波发射与接收的时间差为 6 ms，试计算车尾离障碍物的距离 s。

4. 本节中带通滤波器的核心部件是什么？

5. 简述 MCU（AT89C51）电路的作用和工作过程。

5.2 雷达探测

雷达是 Radar 的音译，源于 radio detection and ranging，原意为"无线电探测和测距"，即用无线电的方法发现目标并测定它们的空间位置。因此，雷达也被称为"无线电定位"，是利用电磁波探测目标的电子设备。

雷达的出现，是"二战"期间，英国和德国交战，英国亟须一种能探测空中金属物体的雷达（技术）在反空袭战中帮助搜寻德国飞机。"二战"期间就已经出现了地对空、空对地（搜索）轰炸、空对空（截击）火控、敌我识别功能的雷达技术。

雷达是从蝙蝠仿生学得到的启示，利用了电磁波反射的原理。从雷达站发射出的电磁波脉冲在传播中遇到物体反射回来，雷达站接收到反射波后，经过测量计算，由此获得目标至电磁波发射点的距离、距离变化率（径向速度）、方位、高度等信息。

雷达工作时，一个脉冲的反射脉冲到达雷达站的时间必须在发射下一个脉冲的时间之前。所以探测雷达一秒内可以发射脉冲次数，每一次脉冲可以持续的时间等性能，决定了该雷达能监测的距离。一般的雷达对海、对低空目标的探测高度通常只有 20～30 km，并且不能发现低于百米的低空的目标（此即雷达的盲区）。所以一般的基地雷达，当飞行物在几十米以下或 30 km 以上的高空飞行时，将不会被监测到。一般把距地面 20～100 km 的空域，处于现有飞机的最高飞行高度和卫星的最低轨道高度之间的区域叫临近空间。

我国的军事雷达 JYL - 1 是远程三坐标警戒引导雷达，是我国最先进的军事引导雷达，专门用于引导己方飞机到目标区域去截击敌方飞机。引导雷达可以实时、多批和精确地测定敌机的高度、方位和距离，并将数据报知指挥系统与己方截击飞机，使截击飞机尽可能早地发现敌机，进行截击。引导任务一般由三坐标引导雷达担任，也可以用警戒雷达和测高雷达的组合系统担任。由于这类雷达应具有实时、多目标和高精度的测量能力，因此采用相控阵雷达体制较为理想。

本节以民用汽车雷达为例，介绍其工作原理和电路结构。

5.2.1 工作原理

汽车雷达又称泊车辅助系统，一般由超声波传感器（俗称探头）、控制器和显示器等部分组成。汽车雷达属于短距离监测，大多采用超声波测距原理。利用超声波测量距离，精度比较高，能达到厘米级，完全满足汽车驾驶员的要求。驾驶者在倒车时，启动倒车雷达系统，在控制器的作用下，由安装于车尾保险杠上的探头发送超声波，遇到障碍物，产生回波信号，传感器接收到回波信号后经控制器进行数据处理，判断出障碍物的位置，由显示器显示距离并发出警示信号。从而使驾驶者倒车时做到心中有数，预防事故发生，从而达到安全泊车的目地。

超声波探测系统的工作原理是利用超声传感器产生的超声波对车后发射（图 5 - 14），如在一定范围内碰到物体，就会有部分反射波返回发射源（超声传感器的表面），主机利用发射波和反射波之间的延迟时间和声波速度就能测得距离。

设离障碍物的距离为 s，发射时间为 t_1，接收时间为 t_2，音速为 v，则计算式为：

$$s = \frac{1}{2}(t_2 - t_1) \times v \qquad (5 - 1)$$

雷达系统的微控制器单元（microcontroller unit，MCU）通过预定设计的程序，控制相应电子模拟开关驱动发射电路，使多探头超声波传感器按序工作，其电路结构和工作原理如图 5 - 15 所示，工作过程由发射和接收组成。

（1）超声波信号发射。当汽车处于倒车状态时，倒车雷达系统开始工作，控制器控制

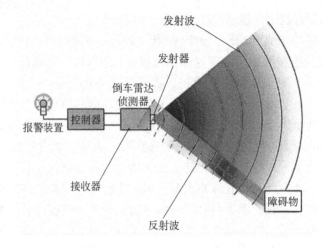

图 5 – 14   汽车雷达工作原理示意图

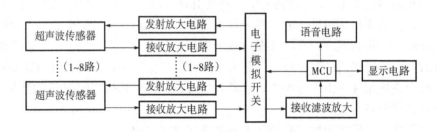

图 5 – 15   倒车雷达工作原理框图

探头发射超声波信号后，再检测超声波的回波信号。超声波的发射是由控制器发射一串脉冲信号，经放大电路放大后，通过探头发射出去。

（2）超声波的接收。当超声波发射完成后，控制器立即检测是否有经障碍物反射回来的超声波信号，若有回波信号，通过主机上的专有的接收滤波放大电路进行处理后，由MCU 的 I/O 口对其进行检测，系统立即计算出发射信号与返回信号的时间差，利用上式得出距障碍物的距离，并发出警示。

5.2.2   超声波传感器介绍

超声波传感器是整个倒车系统的最核心部件，其作用是发出超声波及接收超声波。影响其性能的主要参数有外形尺寸与工作频率。

1．工作频率

超声波传感器工作频率有：40 kHz、48 kHz、58 kHz 等。不同的工作频率其辐射波瓣也不同，图 5 – 16 给出的是 48 kHz 的传感器侦测范围。图中的黑线表示超声波传感器的水平侦测参数；浅灰线表示其垂直侦测参数。并且，超声波传感器的工作频率越高，其波瓣越窄。所以，可选用不同频率的传感器以满足不同车型的实际要求。

2．性能与高度、仰角的关系

倒车雷达的性能与传感器的安装高度、安装位置的保险杆仰角关系最为密切。由上述

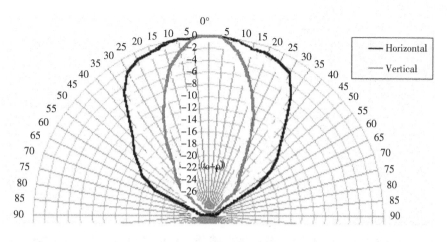

图 5 - 16　频率为 48 kHz 传感器侦测范围图

传感器的原始特性，可以了解到其基本侦测角度水平垂直的比值为 2∶1，而且约为 120°∶60°。即水平探测角度约为 120°；垂直探测角度以半边计算约为 30°。在相同安装高度时，探测距离较远时容易探测到地面（照地）。

　　一般而言，驾驶员不希望地面上那些比较小的障碍物（直径小于 2 cm）被侦测到，那样就会使得汽车在不平整的碎石路面泊车时，产生一些"误动作"的报警。

　　图 5 - 17 所示为探测雷达的安装高度与垂直侦测范围示意图。

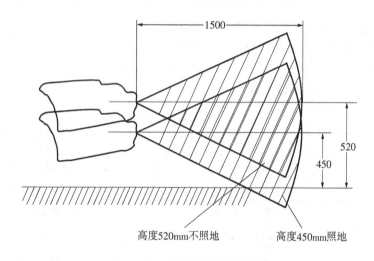

图 5 - 17　垂直侦测范围示意图

5.2.3　89C51 单片机超声波雷达系统

　　89C51 单片机超声波雷达系统采用 AT89C51 单片机作为主控单元，配合时基振荡器和超声波探头等构成整机功能电路，其倒车防撞报警系统工作框架如图 5 - 18 所示，各单元电路分析如下。

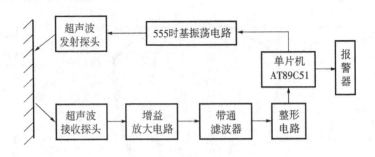

图 5 - 18　倒车防撞报警系统工作框图

1. 超声波换能器

汽车雷达一般采用的是压电式超声波传感器。压电式超声波发生器实际上是利用压电晶体的谐振来工作的，超声波发生器内部结构如图 5 - 19 所示，它有两个压电晶片和一个共振板，当它的两极外加脉冲信号，其频率等于压电晶片的固有振荡频率时，压电晶片将会发生共振，并带动共振板振动，产生超声波。反之，如果两电极间未外加电压，当共振板接收到超声波时，将压迫压电晶片作振动，将机械能转化为电信号，这时它的工作就成为超声波传感器。

压电陶瓷晶片有一个固定的谐振频率，即中心频率 f_0。发射超声波时，加在其上面的交变电压的频率要与它的固有谐振频率一致。当所用压电材料不变时，改变压电陶瓷晶片的几何尺寸，就可非常方便地改变其固有谐振频率。本电路采用的是收发分体式超声波传感器，它由一支发射传感器 UCM - T40K1 和一支接收传感器 UCM - R40K1 组成，其参数详见表 5 - 3。

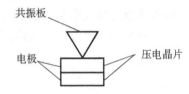

图 5 - 19　压电式超声波传感器结构

表 5 - 3　传感器特性参数

使用方式	发射	接收
谐振频率	40 kHz ± 1 kHz	40 kHz ± 1 kHz
频带宽	2 kHz ± 0.5 kHz	2 kHz ± 0.5 kHz
灵敏度	$\geqslant -70$ dB/V/μbar	$\geqslant -70$ dB/V/μbar
外形尺寸	16 mm × 22.5 mm	16 mm × 22.5 mm
温度范围	$-20 \sim +60$ ℃	$-20 \sim +60$ ℃
相对湿度	(20 ± 5)℃时达 98%	(20 ± 5)℃时达 98%

注：压强是单位面积上所受作用力的法向分量，国际单位是帕斯卡（Pa），$1 \text{ Pa} = 1 \text{ N/m}^2$。$1 \text{ bar} = 10^5 \text{ Pa}$，所以 $1 \text{ μbar} = 0.1 \text{ Pa}$。

2. 555 时基振荡电路

采用 555 芯片的时基振荡电路（多谐振荡器）可以实现宽范围占空比的调节，并且电路设计简单、占用面积小。555 多谐振荡器（图 5 - 20），输出 40 kHz 的高频电压信号，该信号加至超声波换能器发射探头，逆压电效应，换能器产生频率 40 kHz 的超声波。

3. 增益放大电路

超声波接收器包括接收探头信号放大电路、滤波电路、波形变换电路、扬声器。由于超声回波信号十分微弱，只有 10 mV 左右，因此要使用放大电路（图 5 - 21）。放大器宜选用有足够增益和较低噪声的宽带放大器，以保持脉冲信号尤其是前沿不发生畸变，提高测距的精度。增益放大电路采用两级集成运放进行反向放大，$A_1 = R_4/R_3 = 10$，$A_2 = R_7/R_5 = 10$，$A = A_1 \times A_2 = 100$，所以放大电路共放大增益为 100。

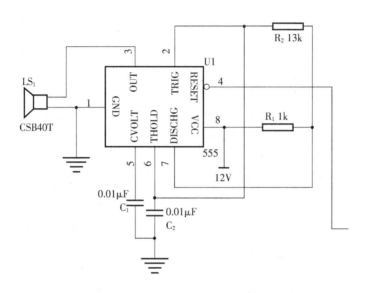

图 5 - 20 555 芯片的时基振荡电路

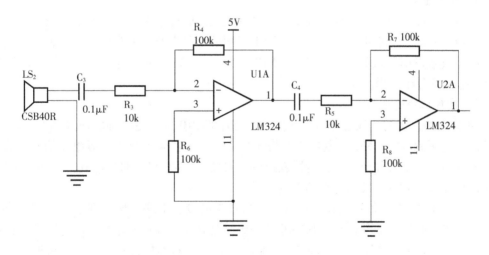

图 5 - 21 增益放大电路

4. 滤波电路

在传感器接收的信号中，除了障碍物反射回来的回波信号外，还混有杂波和干扰脉冲等环境噪声。而前端放大电路在放大有用信号的同时，会将一部分的噪声信号同时放大，

S/N 较小。噪声产生主要包括 50 Hz 的工频干扰和高频段的接收机内部噪声，可用运算放大器构成带通滤波器，如图 5 – 22。通带中心频率为 40 kHz 的有用信号频率。$A_{uf} = 1 + R_{12}/R_{10}$，$A_{uf} = 3.5$。下限截止频率 $f_{p1} = 31$ MHz，上限截止频率 $f_{p2} = 51$ MHz。

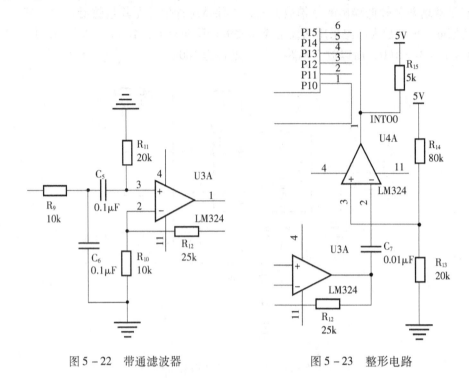

图 5 – 22　带通滤波器　　　　　　　　　图 5 – 23　整形电路

5. 整形电路

超声波接收电路要求保证每次接收信号都能被准确地鉴别出来，通常利用比较器将输入信号与某一固定电平进行比较，利用输出不同的电平来产生上升或下降沿触发，转换成数字脉冲去触发单片机的外中断引脚 INT0。如图 5 – 23 所示，电容 C 起到滤波的作用，R_{13} 和 R_{14} 起到分压作用。

6. 单片机外围电路

MCU 电路使用的处理芯片是 AT89C51，芯片的 P10 口产生时钟脉冲（图 5 – 24）。当脉冲的高电平到来时，555 时基振荡电路开始工作，产生 40 kHz 的高频电压信号，芯片同时开始计时。该信号使超声波换能器发射探头振荡产生 40 kHz 的超声波。每来一个脉冲，超声波换能器发射探头发出一个超声波。

芯片的 INT0 端口负责接收中断信号，当超声波接收电路一接收到信号，芯片产生中断，芯片停止计时。单片机经过程序处理，按照公式 $S = 340t/2$ 计算出车与障碍物的距离 S。当 $S > 1.5$ m 时，单片机 P27 端口输出低电平，扬声器不报警；当 $S < 1.5$ m 时，单片机 P27 端口输出高电平，驱动扬声器报警；并且随着与障碍物距离的缩小，报警声的频率越高、声音越大。

晶振电路结合单片机内部的电路，产生单片机所必需的时钟频率，为系统提供基本的时钟信号，单片机的计时与其相关。

复位电路的作用是重启电路。

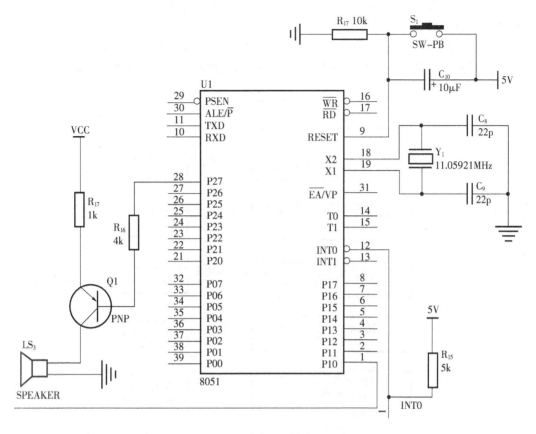

图 5-24　单片机及其外围电路

5.2.4　常见问题处理

以 LG-1 为例，简要说明其维修原理。

1. 倒车雷达在倒车时不工作

（1）故障现象：倒车时倒车雷达显示器无显示，蜂鸣器无提示音发出。

（2）故障原因：①汽车电瓶电压不足；②连接线束与控制器接触不良；③连接线束与显示器接触不良；④连接显示器到控制器的线束损坏；⑤倒车雷达控制器损坏或倒车雷达显示器损坏。

（3）故障诊断与排除：

① 检查 ACC 及倒车灯电压是否在 9～16 V 范围内，如小于此电压，请及时调整。

② 检查车身线束与控制器连接是否牢靠，如连接正常时，用手触摸探头传感器时，会有轻微的振动感。如没有，请检查控制器线束的供电端口电压是否正常。

③ 检查车身线束与显示器连接是否牢靠，如连接正常时，在通电的瞬间显示器上的 LED 灯会全部点亮大概 1 s 的时间，如没有此现象，请检查显示器线束的供电端口电压是否正常。

④ 如果显示器通电时能正常工作，且倒车时控制器所接的探头传感器有振动，但显

示器无法显示倒车数据，请检查显示器到控制器间的连线是否正确连通，可使用万用表进行断路及短路测试。

⑤ 如经过上述检查后，仍无法排除故障，即可判断为控制器或显示器损坏。可分别以好的部件进行替换，从而判断出正确的部件故障。故障排查流程如图 5 – 25 所示。

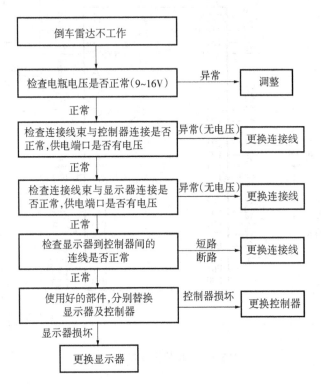

图 5 – 25　倒车雷达不工作故障排查流程

2. 倒车雷达误报

（1）故障现象：倒车时雷达显示器始终显示固定的数字，不会随着障碍物的远近变化而改变。

（2）故障原因：①探头安装有误；②探头连接线束损坏；③探头或控制器损坏。

（3）故障诊断与排除：

①根据显示器的方向指示灯确定出相应的有故障的探头（左边指示灯亮时，代表左边两个探头探测到物体；右边指示灯亮时，代表右边两个探头探测到物体；而当左、右指示灯同时亮起时，则代表中间两个探头探测到物体）。检查探头是否安装歪斜，如存在此现象请及时调整（如果显示数据一直为 0.6 或是 0.7，则是探头方向装反，须将上下方向和左右方向进行对调）。

②使用万用表检查相应的探头到控制器的连接线束，是否有短路或断路的现象。

③如经过上述检查后，仍无法排除故障，即可判断为控制器或探头本身损坏。可以好的探头代替相应的存在问题的探头，如还存在同样问题则可判断为控制器损坏。

故障排查流程如图 5 –26 所示。

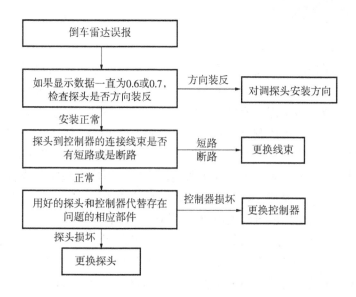

图 5 – 26 倒车雷达误报故障排查流程

实训练习

1. 遥控技术是对受控对象进行远距离_____和_____的技术。它是利用自动控制技术、通信技术和计算机技术而形成的一门综合性技术。

2. 一般雷达不能发现低于_____的低空的目标，即雷达的盲区。

3. 本节中带通滤波器的核心部件是什么？

4. 简述 MCU（AT89C51）电路的作用和工作过程。

5.3 智能安防系统

本节介绍的是一种基于单片机的智能防火防盗安全防范系统。系统采用单片机为核心控制器件，对红外热释电传感器对一定空间内出现异常现象进行检测，当有人出现在布防区时，单片机通过控制 GSM 模块，对安保或警察发送短信报警。

智能防盗系统由硬件和软件两部分组成。硬件设计包括对系统的电源电路、单片机最小系统、传感器采集电路、按键电路、GSM 通信电路的器件选型和电路原理设计；软件设计包括系统主程序和模块控制子程序。通过软件和硬件的协调工作，保证了系统的正常运行与安全防范功能的实现。

5.3.1 红外热释电传感器

智能安防系统的关键是入侵者的探测。安防工程的警戒方式通常有两种，一是通过红外发射和接收对管的配套使用，其检测输出信号经反相器后输入至单片机；二是采用红外热释电传感器，可非接触式采集生物辐射的红外线。红外热释电传感器的默认输出值为低电平，当防范探测区域内有生物活动时，传感器输出高电平，单片机通过检测电平变化实现对人体存在的感测判断。

1. 探测人体辐射的红外传感器

红外传感器也叫作红外探测器，主要是由一种高热电系数的材料制成，如锆钛酸铅系陶瓷、钽酸锂、硫酸三甘钛等材料，制成尺寸为 2mm×1mm 的探测元件。红外成品通常是在每个探测器内装入两个探测元件，并将两个探测元件以反极性串联，以抑制由于自身温度升高而产生的干扰。由探测元件将探测并接收到的红外辐射转变成微弱的电压信号，经装在探头内的场效应管放大后向外输出。为了提高探测器的探测灵敏度以增大探测距离，一般在探测器的前方装设一个菲涅尔透镜，该透镜用透明塑料制成，将透镜的上、下两部分各分成若干等份，制成一种具有特殊光学系统的透镜，它和放大电路相配合，可将信号放大 70 dB 以上，这样就可以测出 20 m 范围内人的行动。

菲涅尔透镜利用透镜的光学原理，在探测器前方产生一个交替变化的"盲区"和"高灵敏区"，经过这一特殊制作以后，红外探测器的接收灵敏度得以提高。当有人从透镜前走过时，人体发出的红外线就不断地交替从"盲区"进入"高灵敏区"，使接收到的红外信号以忽强忽弱的脉冲形式输入，经整形后的数字信号清晰明了，后期控制灵敏度高。

人体辐射的红外线中心波长为 9 ～ 10 μm，而探测元件的波长灵敏度在 0.2 ～ 20 μm 范围内几乎是稳定不变。红外传感器产品在传感器顶端开设了一个装有滤光镜片的窗口（图 5 –27），这个滤光片可通过光的波长范围为 7 ～ 10 μm，正好适合于人体红外辐射的探测，而对其它波长的红外线由滤光片予以吸收，这样便形成了一种专门用作探测人体辐射的红外线传感器（PIR）。

红外线热释电传感器对人体的敏感程度除波长限制以外，还和人的运动方向关系很大（图 5 –28）。红外传感器对于径向移动反应最不敏感，而对于横切方向（即与半径垂直的方向）移动则最为敏感。在安防工程现场选择合适的安装位置是避免红外探头误报，求得最佳检测灵敏度极为重要的一环。

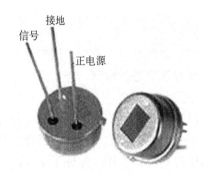

图 5 – 27　人体辐射专用红外线传感器

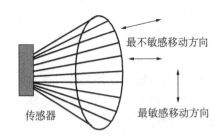

图 5 – 28　红外传感器的特殊性能

热释电红外传感器在结构上引入场效应管，其目的在于完成阻抗变换。由于热电元输出的是电荷信号，并不能直接使用，因而需要用电阻将其转换为电压形式。故引入的 N 沟道结型场效应管应接成共漏形式来完成阻抗变换。热释电红外传感器由传感探测元、干涉滤光片和场效应管匹配器三部分组成。设计时应将高热电材料制成一定厚度的薄片，并在它的两面镀上金属电极，然后加电对其进行极化，这样便制成了热释电探测元。

2. 红外传感器特点

（1）优缺点

优点：①红外传感器只是被动接收信号，本身无辐射，器件的体积小、功耗很小、隐蔽性好、价格低廉；②与红外线对管模式相比，热释电传感器无红外发射模块，具有电路设计简单、易安装、响应快的优点。

缺点：①容易受各种热源、光源干扰；②被动红外穿透力差，人体的红外辐射容易被遮挡，影响接收；③当环境温度和人体温度接近时，探测和灵敏度下降，有时会造成短时失灵。

（2）抗干扰性能

①防小动物干扰：探测器安装在推荐的使用高度（>2 m），对探测范围内地面上的小动物，一般不产生报警。

②抗电磁干扰：探测器的抗电磁波干扰性能符合国家标准 GB10408 中 4.6.1 款的要求，一般手机的电磁干扰不会引起误报。

③抗灯光干扰：探测器在正常灵敏度的范围内，受 3 m 外的 H4 卤素灯透过玻璃照射，不会产生报警。

5.3.2　安防系统结构设计

本系统的设计采用由 ST89C52 单片机小系统、报警和声光提示模块、电源模块、按键模块、远程数据传输模块、人体检测模块六部分组成，系统结构框图如图 5 - 29 所示。

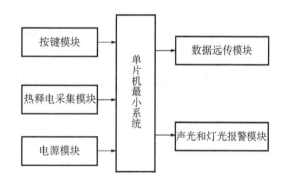

图 5 - 29　系统结构框图

（1）单片机的选择：芯片 ST89C52 具有速度快、功耗低、加密性强、可靠性高、抗干扰能力强、性价比高等优点，指令代码与传统的 8051 单片机完全兼容。因此在系统设计中选择 STC89C52 作为主控制部件。

（2）电源模块选择：采用变压器和三端稳压器 7805，将交流 220 V 转换为直流 5 V。

（3）按键模块：采用三个独立按键实现布防、撤防和强制报警输出功能。

（4）数据远传模块：选择 SIM900A 模块，单片机通过串口和模块相连，通过发送 AT 指令实现报警数据远程发送。

（5）报警和声光提示模块：该部分由蜂鸣器、PNP 三极管和限流电阻组成。单片机通过控制引脚电平的高低，使 PNP 三极管处于开关状态，从而实现开启或关闭蜂鸣器；声光提示模块用于显示布防指示和消息发送指示。

（6）入侵信号采集电路：HP - 208 - N - L 属于红外技术产品，特点是可靠性强，目前已经被大范围用于感应器当中。

5.3.3 电路设计与分析

本系统的硬件由电源电路、单片机最小系统、红外传感器采集电路、数据远传电路、按键电路、蜂鸣器报警电路、GSM 通信模块、声光报警电路组成，图 5-30 所示为系统硬件结构框图。

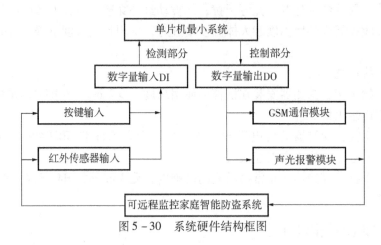

图 5-30 系统硬件结构框图

1. 电源模块

AC220 V 经电源变压器后为 9 V 交流，经过桥式整流电路后为脉动直流，需加接一个容值较大的电解电容滤波。单片机和大多数功能芯片的输入电压是 DC5V，所以稳压元件选用 LM7805。

LM7805 最大输出电流为 1 A。三端稳压器后面接一个 104 pF 的瓷片电容，起滤波和阻尼作用。直流供电模块如图 5-31 所示。

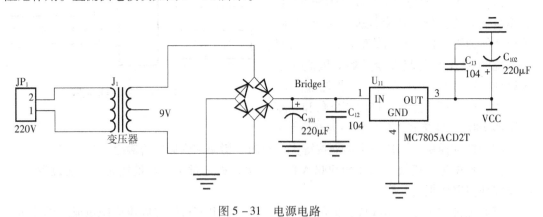

图 5-31 电源电路

2. 单片机最小系统

（1）STC89C52

ST89C52 的程序存储器大小为 4 K，是高性能的 8 位微处理器，内部随机存储器大小为 128 字节，可控输出的 I/O 口有 32 根，内部可编程的定时/计数器有两个，集成了一个五向量二级中断、一个全双工异步通信串口、内部振荡器和时钟电路。

芯片可以通过编程，控制芯片进入两种不同节电工作模式。它们分别是空闲工作模式和掉电工作模式。空闲模式 CPU 被停止正常工作，但是随机存储器、定时计数器、异步串口和中断系统都能够正常工作；在掉电模式下随机存储器的内容已被保存，但振荡器工作被禁止，其它所有外部器件在下一个硬件复位到来时可以正常工作。

芯片的工作电压为 4.5～5.5 V 之间，标准的工作电压为 DC5V。芯片内部 4 组 I/O 口中，P0 口作为正常输出功能时需要接外部上拉电阻。P1～P3 口内置上拉电阻，在电路设计中可以直接进行输入采集和输出控制操作。/PSEN 引脚是外部 Flash 的选通信号端。/EA 是访问外部存储器的控制信号端，当/EA 为低电平时，单片机执行访问外部存储操作。

XTAL1 和 XTAL2 是外部时钟输入引脚，RST 是芯片的复位引脚。

（2）单片机最小系统设计

单片机最小系统如图 5-32 所示。单片机、晶振电路、复位电路和下载电路组成了单片机的最小工作系统。晶振电路由一个无源晶振和两个 20 pF 的电容组成，通过晶振的振荡为最小系统提供需要的工作时序。复位电路的作用是让单片机执行的程序返回到初始状态，复位电路分为上电复位和按键两种方式，其作用是在单片机程序运行受到外界干扰的情况下，可以通过复位，使系统回到初始的工作状态。

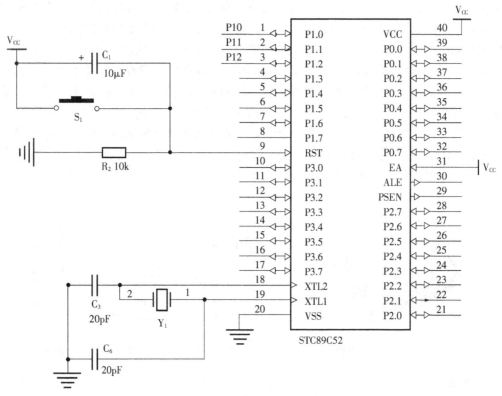

图 5-32 单片机最小系统

单片机执行的指令都由时钟周期决定，若外接的晶振荡频率为 f_{osc}，时钟周期可根据公式 $T_{osc} = 1/f_{osc}$ 进行计算。51 单片机中的 12 个时钟周期构成一个机器周期。单片机的晶振电路如图 5-33 所示，图中 C_2 和 C_3 为起振电容，XTAL1 和 XTAL2 接在单片机时钟输入引脚。

本例中，复位电路采用阻容复位电路由 10 kΩ 电阻和 10 μF 的滤波电容组成复位电路。在单片机的复位引脚加上两个周期以上的高电平可以完成系统的复位，S_1 为按键，当系统运行受到干扰时，按下 S_1 几秒时间，系统将进入复位状态。复位完成后，主程序初始化重新开始执行。复位电路如图 5 – 34 所示。

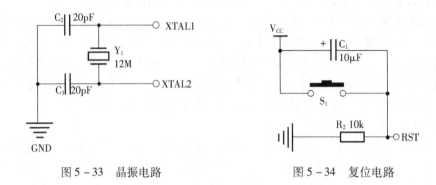

图 5 – 33   晶振电路   图 5 – 34   复位电路

3. 入侵检测电路

HC – SR501 红外热释电传感器，它是广泛应用于安全防盗系统中的探测元件。传感器的工作电压在 DC 5 ～ 20 V 之间，静态电流只有 60 μA，输出为脉冲信号，常态时输出信号为低电平。报警的触发方式可设置，可以设置为重复触发和非重复触发两种方式，可以根据实际的设计要求进行选择。传感器的检测范围在小于 120°的锥角情况下，可以对 7 m 以内的环境进行监控。热释电传感器的实物如图 5 – 35 所示。热释电传感器的采集实质上是单片机对外部输入电平的读取。热释电传感器的输出引脚经过 10 kΩ 的上拉电阻和单片机的 P15 相连。在无人闯入监控区时，Q_1 的基极为低电平，集电极为高电平，P15 口上采集的高电平使程序默认为无人进入安全状态。当有入侵者在监控区活动时，传感器输出的信号翻转，P15 口监测到低电平报警信号，在程序设计中定义为有非法人员进入到监控范围。热释传感器采集接口电路如图 5 – 36 所示。

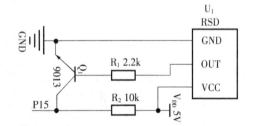

图 5 – 35   HC – SR501 实物图   图 5 – 36   热释电传感器采集接口电路

4. 按键电路

按键电路功能是实现布防、撤防和强制报警，仅需 3 个按键。单片机对按键的采集通常有两种方式，分别是独立按键和矩阵式键盘。独立式按键用于按键数量较少的电路中，可以节省单片机的 I/O 开销；矩阵式是通过行、列扫描方式实现对输入按键的识别。因此，矩阵式键盘扫描电路适合按键较多的电路中使用，如计算机键盘。

本例中的三个按键，K_1 代表布防，接在单片机的 P32 口上；K_2 代表撤防，接在单片机的 P33 口上；K_3 代表紧急报警，接在单片机的 P34 口上。按键检测电路中，以 K_2 按键的检测为例，K_2 处于非触发状态下，单片机 P33 口的电平始终为高，单片机在进行按键检测时，如果该引脚始终保持高电平不变，程序中默认为 K_2 键处于未触发状态。相反，如果按下 K_2，P33 引脚的电位被拉低，单片机引脚检测到低电平输入状态，程序中默认 K_2 按键处于触发状态，采用这种方法，实现对输入按键的检测。按键检测电路如图 5 - 37 所示。

5．GSM 模块

本系统设计的功能是，在有警事时需要防盗系统向用户的手机发送报警信号，则与手机通信依靠的是 GSM 无线模块来完成。本例中选择了一款结构紧凑、性价比高的模块，即 SIMCOM 公司推出的 SIM900A 芯片。该模块采用 ARM926EJ - S 架构，能实现 GSM 各种强大的性能，并

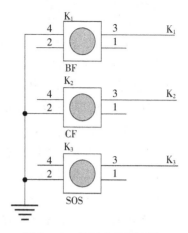

图 5 - 37　按键电路原理图

且支持用户的二次开发。此模块已经广泛被应用于车载跟踪、手持 PDA、智能抄表与电力监控等各个有/无线通信领域。

SIM900A 模块（图 5 - 38）尺寸紧凑，外观采用 SMT 封装，方便生产安装。SIM900A 模块的供电电压范围是 $3.2 \sim 5$ V，可以选择低功耗模式，待机电流低于 18 mA，sleep 模式低于 2mA，支持 GSM/GPRS 工作的 900 MHz/180 MHz 两个频段。开发者在模块内部加入了回声抑制算法，用户只发送 AT 指令即可实现调节回音。

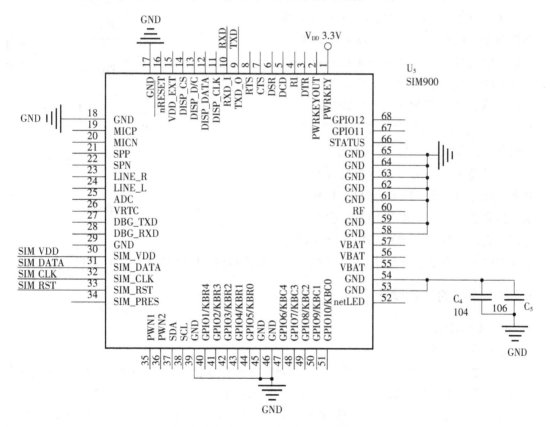

图 5 - 38　SIM900A GSM 无线模块电路

在安防系统电路中，采用了单片机通过 TTL 串口来控制 SIM900A 模块的结构，SIM 模块的串口输出电压为 5 V，单片机 I/O 口高电平电压在 3～5 V 之间，因此在两者之间最好不要直接连接，可以通过三极管隔离的方式连接或串入一个小电阻，调整两者之间引脚电压的匹配。本例选择串入 300 Ω 电阻，这一阻值可根据实际电路的需要调试得出。否则，阻值不合理时可能导致 MCU 端的电流串至模块，导致模块开机不正常现象。

SIM900A 模块的 SIM 卡可根据 SIM 卡的类型选择 5 V 的输出电压，输出电压在 10% 上下浮动，最大输出电流能力约为 10 mA。SIM 卡通常比较易受高频信号干扰。因此在 PCB 布局时，SIM 卡座尽量接近模块，数据线尽量短。电路设计如图 5 - 39 所示。

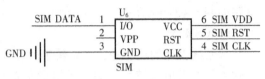

图 5 - 39　SIM 卡座电路

6. 报警、提示模块

利用蜂鸣器作为系统的发声器件时通常工作电流较大，仅凭单片机控制电路中的 TTL 电平无法驱动蜂鸣器工作，需要增加相应的电流放大电路才可以驱动其正常工作，所以本控制电路中添加了一个 PNP 三极管来增加通过蜂鸣器的电流，以驱动其工作。报警电路设计是将 DC 5 V 电源接在蜂鸣器的正极上，一个引脚接在 PNP 三极管的集电极，控制引脚 P04 和三极管的基极连接。当控制引脚 P04 输出为低电平时，蜂鸣器的电源被接通，实现发声。控制该引脚输出高电平时，三极管不导通，蜂鸣器未供电，停止声音信号输出。

声光提示模块用于显示系统处于布防和消息发送的转态，LEY（P23）口用于显示布防状态，当系统处于布防状态时 LED₃灯被点亮；LEDG（P20）口用于显示消息发送的状态，当发送消息时，LEDG 被点亮。报警和提示电路设计如图 5 - 40 所示。

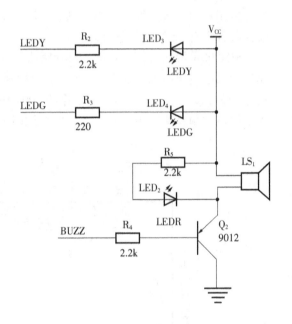

图 5 - 40　报警电路设计

5.3.4　系统的软件设计

1. 主函数流程

系统主流程如图 5 - 41 所示。

主函数首先实现单片机、按键设定、GSM 模块的初始化工作。单片机的初始化包括引脚的初始化，时钟定时器的初始化，中断优先级的设置等。

主控部分在初始化结束后，程序进入 while（1）的无限循环，在循环中不断轮询是否处于布防状态，如果处于布防状态，程序执行流程如下：

主要是判断是否有布防状态切换的事件发生，如果没有布防事件的切换发生，检测强制报警按键是否按下，如果按下执行蜂鸣器报警。如果强制报警按键未按下，判断是否有撤防按键按下，有撤防按键按下取消报警，撤防按键未按下返回到该步操作开始继续执行。如果发生撤防按键按下，布防键按下，开始检测红外热释电传感器的输出；如果检测到有人接近，置位报警标志位，将报警信息发送到主人手机。随后检测强制报警和撤防键的工作状态，根据按键状态，执行相应的操作。执行完成后回到第1步，重新执行以上操作。

2. GSM 模块流程

（1）AT 指令介绍

单片机的串行通信口实时以位为单位收发，根据协议预规定的起始位、校验位和停止位决定数据帧的封装格式。字符格式的 AT 指令通过 ASCII 编码转为二进制数后存储在 MCU 的 ROM 中，然后通过串口进行收发数据，由于 AT 指令和返回字符串中含有不能打印字符，例如 AT 指令的控制字符 < CR >、短信发送的指令符 < Ctrl + Z >。

本系统设计利用串口调试助手 STC - ISP 对 AT 指令格式进行探究，以发送 AT 返回 OK 为例。

发送：AT

返回值：0D 0 A 4F 4B 0D 0 A

对上述串口调试过程进行分析，可以确定 AT 指令发送的实质是以字节发送，以"回车"代表指令的完成，GPRS/GSM 模块接收到回车符后执行指令，回复握手信号。GPRS/GSM 模块执行指令的一切返回值都是以回车换行字符"0D0 A"开始和结束。

本设计中需要用到短信的收发功能，下面对模块短信收发指令进行简要说明：

①读取短消息的指令为：AT + CMGR = INDEX < CR >。例如：AT + CMGR =4 表示读取第4条短消息。

②删除短消息的指令为：AT + CMGD = = INDEX < CR >。

③发送短消息的指令为：AT + CMGS = N < CR > 字节数为 N。

④GSM 模块关机指令为：AT + CPOF < CR >。

⑤挂断一切连接指令为：ATH < CR >。

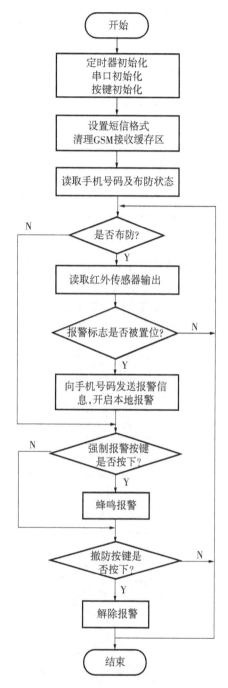

图 5 - 41 主程序流程图

常用的 AT 指令如表 5 - 4 所示。

表 5 - 4　常用的 AT 指令表

AT 指令	功　能	AT 指令	功　能
ATE	简化显示，不回显	ATE1	回显
AT + CMGF	选择短消息信息格式：0—PDU；1—文本	AT + CMGD	删除 SIM 卡内存的信息
AT + CMGR	读短消息	AT + CMGS	发短消息
AT + CNMI	显示新收到的短消息	AT + CSCA	短消息中心地址
AT + CSQ	信号质量	AT + CREG	查询注册情况
ATD	拨号命令	ATH	挂机命令

（2）GSM 通信流程

短信收发中首先是 GSM 模块初始化，打开串口中断。编辑好要送的信息、指令和电话号码后将报警信息发送出去，然后检验接收的信息中的状态位。如果状态位为"ERROR"，表示信息发送失败；如果状态位为"OK"，表示信息发送成功。根据状态位的标志，返回短信发送是否成功代码，提示系统报警信息发送是否正确。GSM 发送流程如图 5 - 42 所示。

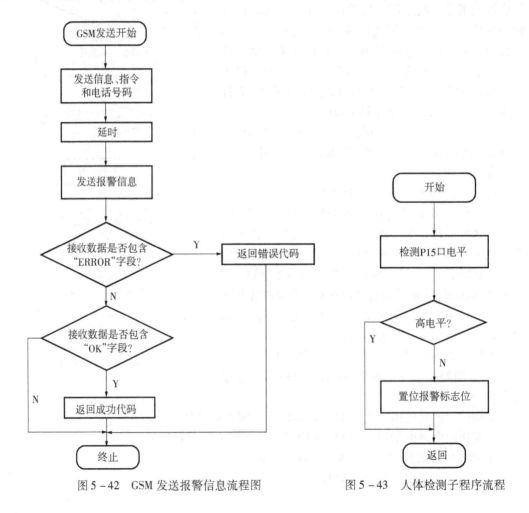

图 5 - 42　GSM 发送报警信息流程图　　　　图 5 - 43　人体检测子程序流程

3. 人体接近采集程序

系统检测的检测程序是利用定时查询方式，采集 P24 口的电平状态，如果输入电平为高电平，说明检测范围无人出现；相反，如果输入电平为 0，则表示检测范围内正常为物体出现。如果检测到 P24 口状态为低，就置位标志位报警，从人体接近程序跳回到主函数上次执行的位置，继续向下执行。人体检测流程如图 5-43 所示。

5.3.5 系统调试

1. 硬件调试

（1）热释电调试

热释电报警模块在有人出现时，传感器会输出高电平，硬件调试过程中，遮挡热释电传感器窗口，同时用万用表检测 P25 口是否有高电平出现，如果测试到高电平，说明此部分电路正常工作；若输出低电平，表明该部分电路不具备监控功能，检测电路焊接和热释电传感器的接线，接线无误时，重复执行第 2 步开始的操作，直至该部分电路正常工作。

（2）GSM 模块调试

系统的硬件调试主要是 GSM 模块。GSM 模块要实现串口通信，首先配置单片机的串口寄存器，设置相应的通信波特率、奇偶校验位和位数等。调试过程中可以借助示波器观察串口收发线的波形，如果有不规则的方波出现，说明串口数据线上有数据出现。

总之，在硬件焊接调试时，应该分步完成，注意元器件安装顺序，不要一次把所有的器件都焊接完成。如果一次性将元器件安装焊接，一旦电路板出现问题，不严重，可能难查找错误原因；严重，可能会烧毁板子。

元件的安装焊接的顺序应该是先焊接电源部分；再焊接单片机和其它功能模块。所以焊接顺序应该是焊接一个功能模块，调试好以后再安装焊接下个功能模块。

2. 软件调试

软件调试首先是编写各功能模块的测试程序，根据程序流程图工作过程，利用 Keil 编译软件对系统硬件进行在线调试。

单片机最小系统的系统调试，通过编写程序测试程序控制 LED 灯的亮灭，首先将单片的 P11 口先和 LED 灯相连，通过在 P11 口输出高电平，来观察 LED 灯是否被点亮。如果被点亮，说明最小系统软件、硬件都能正常工作；如果未点亮，先在 LED 等正极接 DC 5 V 电平，灯点亮说明 LED 灯部分正常工作，问题出现在最小系统，先检查硬件、晶振和复位电路工作情况，上述电路都正常，再检查软件的程序。

按键程序调试：首先编写按键程序代码，编写完成后，按下每一个按键，看是否有对应的键名信息输出，如果有输出，说明按键调试程序正确。若有问题，先检查硬件，按照硬件调试过程方法依次排查，如果硬件都正常，则说明软件有问题。可根据在软件程序中调试按键去抖时间和行列的扫描时间，继续进行调试，直至每个按键对应的输出均正确。

3. 系统设计实物简介

系统实物如图 5-44 所示，包括单片机最小系统、GSM 模块、热释电报警模块、按键模块、报警模块。系统上电后，用手遮住热释电传感器模拟嫌疑人侵入现场，此刻设定的用户手机会收到报警短信，说明系统正常。

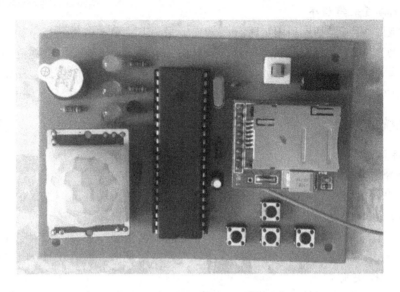

图 5 – 44   智能安防系统实物图

附: 系统程序设计提要

```
#include<reg52.h>
#include <intrins.h>
#include <absacc.h>              //头文件
#define uint unsigned int
#define uchar unsigned char    //宏定义
//按键
sbit key1=P3^2;      //布防
sbit key2=P3^3;      //撤防
sbit key3=P3^4;      //紧急报警
sbit BUZZ=P0^4;      //蜂鸣器
sbit rsd=P2^4;       //热释电输入
sbit LED_B=P2^3;     //布防指示灯
sbit LED_S=P2^0;     //发送消息指示灯
uchar code PhoneNO[] ="15046397767";     //接收号码
uchar code somebody[] ="8BF76CE8610FFF0167094EBA8FDB516562A58B66830356F4FF01";
//请注意! 有人进入报警范围!
uint TIME_50ms=0;        //计时的最小分辨率50 ms
uint time_continue;       //蜂鸣器鸣响时计时数据暂存
bit flag=0, flag_BF=0; //flag:值为0时,是布防计时模式,值为1时,是一分钟等待模式。flag_BF:布防标志位
bit flag_time_start=0; //开始计时标志位
bit again=0;            //一分钟等待标志位(当发送一条短信后,不能马上发送第二条,所
                        //以等待一分钟后再检测是否有人,有人再发送短信)
bit flag_alam;          //报警标志位
bit SOS;                //发送短信时是否是按下紧急按键
bit flag_continue;      //继续计时
```

```
bit into_BF=0;

void delay(uint z)          //延时函数
{
    uint x,y;
    for(x=z;x>0;x--)
    for(y=110;y>0;y--);
}

void Uart_init()
{
    TMOD= 0X20;          //T1,方式2,8位,自动重装
    TH1=0Xfd;
    TL1=0Xfd;     //9600波特率
    TR1=1;             // 定时器1启动
    SM0=0;          // 设置串口的工作模式
    SM1=1;          //方式1
    REN=0;             // 允许串口接收数据
    ES=0;            // 串口中断允许
    EA=1;            // 开启中断
}

void SendASC(uchar d)      //串口发送字符
{

    SBUF=d;                   //数据赋值到缓冲区
    while(!TI);        //发送完
    TI=0;             //清零
}

void SendString(uchar *str)    //串口发送字符串
{
    while(*str)             //判断是否发送完
    {
        SendASC(*str) ;          //发送字符
        str++;                 //字符位置加
        //delay_uart(1);
    }
}

void TIME()                              //计时函数
{
    if(flag==0)                   //布防计时模式
```

```
{
        delay(50);                          //50 ms
        TIME_50ms++;                        //50 ms变量加1
        if(TIME_50ms%10==0)                 //每500 ms(50 ms×10)
        LED_B=! LED_B;                       //布防指示灯取反一次

        if(TIME_50ms>=400)                  //加到400次,也就是50 ms×400=20000 ms=20 s
        {
            TIME_50ms=0;                    //计时变量清零
            flag_BF=1;                      //进入布防状态
            LED_B=0;                        //布防指示灯长亮
            flag_time_start=0;              //停止计时
            again=1;                        //关闭一分钟等待
        }
    }
    else                                    //一分钟等待模式
    {
        delay(50);                          //50 ms
        TIME_50ms++;                        //变量加
        if(TIME_50ms%10==0)                 //每加500 ms
        {
            LED_B=! LED_B;                   //布防指示灯闪烁
            if(flag_alam==1) //报警
            {
                if(flag_continue==0)         //进入报警时
                {
                    flag_continue=1;         //此标志位置一,防止报警时进入
                    time_continue=TIME_50ms;  //将进入报警时的计时数据暂存
                }
                BUZZ=! BUZZ;                 //蜂鸣器取反,也就是闪烁响
                if(TIME_50ms>=time_continue+100)  //当报警时间达到5s时
                {
                    BUZZ=1;                          //关闭蜂鸣器
                    flag_continue=0;                 //标志位清零,等待下次报警
                    flag_alam=0;                     //报警变量清零,停止报警
                    time_continue=0;                 //暂存计时数据清零
                }
            }
        }
        if(TIME_50ms>=1200)                 //计时达到60 s
        {
            LED_B=0;                        //布防指示灯长亮,准备检测热释电信号
            TIME_50ms=0;                    //计时变量清零
```

```
                flag_time_start=0;          //停止计时
                again=1;                    //关闭一分钟等待
            }
        }
}

//按键扫描函数
void keyscan()
{
    if(key1==0&&flag_BF==0)    //在非布防状态时布防按键按下
    {
        delay(5);               //延时去抖
        if(key1==0)             //再次判断按键是否按下
        {
            LED_B=0;            //点亮布防LED灯
            flag=0;             //变量清零
            flag_time_start=1;  //开始计时变量置一
        }
        while(key1==0);         //按键释放
    }
    if(flag_time_start==1)      //开始计时
    {
        TIME();                 //调用计时函数
    }
    if(key2==0)                 //撤防按键按下
    {
        delay(5);               //延时去抖
        if(key2==0)             //再次判断按键是否按下
        {
            BUZZ=1;             //关闭蜂鸣器
            flag_alam=0;        //报警变量清零
            flag_BF=0;          //布防变量清零
            flag=0;             //变量清零
            flag_time_start=0;  //开始计时变量清零
            LED_S=1;            //关闭发送短信指示灯
            LED_B=1;            //关闭布防指示灯
        }
        while(key2==0);         //按键释放
    }
    if(key3==0)                 //紧急按键按下
    {
        delay(5);               //延时去抖
        if(key3==0)             //再次判断按键是否按下
```

```
        {
            SOS=1;                      //手动发送短信变量置一,准备发送短信
            flag_alam=1;                //报警变量置一
        }
        while(key3==0);         //按键释放
    }
}

void GSM_work()                 //发送GSM短信
{
    unsigned char send_number; //定义发送手机号的变量
    if(rsd==0&&flag_BF==1)          //布防状态且热释电有信号时
    flag_alam=1;                    //报警变量置一

    if((rsd==0&&flag_BF==1&&again==1)||SOS==1) //布防状态且热释电有信号时且不在
                                        一分钟等待时间内或者手动按下紧急按键
    {
        LED_S=0;                                //打开发送短信指示灯
        BUZZ=1;                                 //关闭蜂鸣器
        SendString("AT+CMGF=1\r\n");            //设置文本模式
        delay(1000);                            //延时,让GSM模块有一个反应时间
        SendString("AT+CSCS=\"UCS2\"\r\n");     //设置短信格式,发送汉字模式
        delay(1000);                            //延时
        SendString("AT+CSMP=17,0,2,25\r\n");  //设置短信文本模式参数(具体内容参考开发资料内
                                                的模块资料)
        delay(1000);                            //延时
        SendString("AT+CMGS=");  //信息发送指令 AT+CMGS=//
        SendASC('"');                           //引号
        for(send_number=0;send_number<11;send_number++)  //在每位号码前加003
        {
            SendASC('0');
            SendASC('0');
            SendASC('3');
            SendASC(PhoneNO[send_number]);              //接收手机号码
        }
        SendASC('"');                           //引号
        SendASC('\r');          //发送回车指令//
        SendASC('\n');          //发送换行指令//

        delay(1000);            //延时
        SendString(somebody);   //发送短信内容
        delay(1000);            //延时
        SendASC(0x1a);          //确定发送短信
```

```
            if(SOS==0)                              //不是紧急按键发送短信
            {
            again=0;          //again清零,也就是进入一分钟等待,当计时到一分钟后,该变量重新置一
            flag_time_start=1;              //开始计时
            flag_alam=1;                    //报警
            }
            else if(SOS==1&&flag_time_start==1)      //紧急按键发送短信后
            {
                TIME_50ms=0;                    //计时数据清零
                flag_BF=1;                      //布防变量置一
                LED_B=0;                        //点亮布防指示灯
                flag_time_start=0;              //停止计时
                again=1;                        //不进入一分钟等待
            }
            LED_S=1;                            //熄灭发送短信指示灯
            SOS=0;                              //紧急变量清零
            flag=1;                             //变量置一
        }
}


void main()                                 //主函数
{
    Uart_init();                            //调用中断初始化函数
    while(1)                                //进入while循环
    {
        keyscan();                          //按键函数
        GSM_work();                         //发送短信函数
    }
}
```

实训练习

1. 智能防盗系统由硬件和软件两部分组成。硬件包括系统的电源电路、_____系统、传感器采集电路、按键电路、_____电路等功能单元电路;软件包括系统主程序和模块控制子程序。

2. 菲涅尔透镜是利用透镜的光学原理,在探测器前方产生一个交替变化的_____和"高灵敏区",经过这一特殊制作以后,红外探测器的接收灵敏度大幅提高。

3. 芯片 ST89C52 具有速度快、功耗低、加密性强、可靠性高、_____强、性价比高等优点,指令代码与传统的_____单片机完全兼容。

4. 简述"报警和提示模块"的电路结构和工作原理。

5.4　道路监控——电子警察

"电子警察"出现在 20 世纪 90 年代。那时，部分城市的交通路口设置了胶片式闯红灯拍摄系统，俗称电子警察。"电子"一词涵盖了这类设备和系统所具有现代化的先进技术，包括：视频检测技术、计算机技术、现代控制技术、通信技术、计算机网络和数据库技术等。

2004 年颁布实施的《中华人民共和国道路交通安全法》第一百一十四条规定："公安机关交通管理部门根据交通技术监控记录资料，可以对违法的机动车所有人或者管理人依法予以处罚。"至此，确立了交通监控技术在交通管理，特别是交通执法领域的法律地位，极大地促进了交通监控技术行业的发展。本节着重介绍道路监测类型与违章拍摄之方法。

5.4.1　道路监测模式

我国地广路多，道路监管设施复杂多样。究其原因，一方面与设备本身的工作原理和性能指标密不可分；另一方面也与设备成本、各地气候与路况、各地交通监管政策和交管部门采购产品时的多样性有着密切关系。目前，道路监测比较常用的方式有以下几种：地感线圈、视频检测、微波雷达、超声波检测、红外线检测和激光检测等。

1. 地感线圈

地感线圈即地面埋设的感应线圈，感应线圈也称感应棒。地感线圈检测方式是一种基于电磁感应原理的车辆检测方式，由车辆检测器和地感线圈及引线两部分组成。它通常在同一车道的路基下埋设环形线圈，通以一定的工作电流，作为传感器。当车辆通过该线圈或者停在该线圈上时，车辆本身的铁物质将会改变线圈内的磁通，引起线圈回路电感量的变化，检测器通过检测该电感量的变化来判断通行车辆的状态（图 5 - 45）。

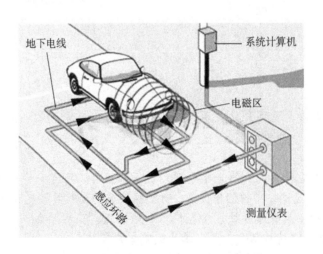

图 5 - 45　地埋线圈的电磁感应道路监控系统示意图

地感线圈测速一般要用到两个线圈，两个线圈之间的区域即超速监测区域。当机动车进入第一个线圈时会在电路中产生电磁感应，同时触发计时器开始计时；走出第二个线圈后，计时结束，根据两个线圈之间的距离和产生电磁感应的时间差算出车辆通过监测区域时的速度。有时为提高测速准确度，会加入第三个线圈，以取得车辆经过两组线圈时的平均值，将其作为测量值和超速拍摄的阈值。

地感线圈检测方式具有技术成熟、易于掌握、计数精确、性能稳定等优点。但线圈施工的过程对其可靠性和路面寿命影响很大，需要对路面进行切割，影响路面寿命。在线圈安装和修复时需要中断交通，地感线圈易被重型车辆、路面修理等损坏。另外，高纬度开冻期和低纬度夏季路面、柏油铺装路面以及水泥路面质量不好的地方对线圈的维护工作量比较大，一般使用 2～3 年就需要更换线圈，实际维修养护费用高于其它监控设备。

2. 视频监测

视频监测方式是一种基于视频图像分析和计算机视觉技术，对路面运动目标物体进行检测分析的视频处理方法。采用运动目标识别与目标跟踪技术，利用牌照定位分析、车辆运动轨迹跟踪、车灯运动轨迹跟踪等算法，其原理是通过学习建立道路的背景模型，将当前帧图像与背景模型进行背景差分得到运动前景像素点，然后对这些运动前景像素点进行处理而得到车辆信息。

视频监测能实时分析输入的交通图像，通过判断图像中划定的一个或者多个检测区域内的运动目标物体，获得所需的交通数据。其优点是安装和维护简单方便、无须破坏路面，而是通过在道路上方架设摄像头来检测交通数据，是新一代的道路车辆检测方式。

视频监测方式的精度不高，容易受环境、天气、照度、干扰物等影响，对高速移动车辆的检测和捕获有一定困难。这是因为，拍摄快速移动车辆需要有足够高的快门，至少是 1/3 000 s。

通常，在路口、道口及高速路进出口，车辆的速度普遍较慢，多见的违章行为是闯红灯、并线违章和错误选择车道等，这些违章行为不需要雷达触发配合高速摄像机，采用较慢的快门速度就可达到监控目的。

3. 微波雷达

如上所述，路口通常为多车道，并且具有多车辆、多行人的复杂性，单纯只使用多普勒效应的微波雷达对路口违章车辆的监测同样具有较大困难。而对于速度较快、方向统一的分离车道或高速公路，微波雷达则是目前配合高速摄像机的最佳搭档。高速摄像机接收到微波雷达所监测到的高速移动车辆信息，迅速进入快速抓拍状态，配合高速快门进行违章取证。国际上的主流产品就是微波雷达配合高速摄像头拍摄超速违章现象，它的工作原理将在本节重点介绍。

4. 红外线检测和激光检测

红外线与激光检测具有类似之处，由于激光为点测量行为，从理论上讲是可行的，并且检测精度相当高，但与微波雷达（波束宽）相比，同样面临路口多道路、多车辆和多行人的"三多"影响，点测量的效率无法满足监管要求。最重要的是，激光检测中的激光束对人眼的伤害是其在使用中极为严重的问题。在欧美等国家有用激光测速的交通测速仪器，其性能指标不仅要达到国际 Class1 安全标准，同时在使用中必须人工操控，以避免对人眼造成伤害。在日本则严格禁止用激光作交通检测设备。

当前，市场上的激光检测设备采用的是红外线半导体激光二极管，发射出一定频率极窄的光束精确地瞄准目标，以光速到达目标物后反射回来被接收单元接收，通过测量红外线光波在激光检测设备与目标之间的传送时间来决定与目标物的距离，进而由连续测量的距离得到某段时间内的平均速度。因为这个测量时间极短，所以这个平均速度可认为是瞬时速度，即实现激光的测速。

由于激光检测设备采用了一级人眼安全激光，属于近红外不可见光谱，对人体健康无害。它综合了地感线圈检测和视频检测的优势。以深圳砝石激光 FS – ITS10 V 激光车辆检测器为例，它满足：

（1）检测精度高、测量范围大、检测时间短。车辆捕获率达到 99% 以上，车辆触发位置精度可达 ±0.25 m，测速误差 ±3 km/h。

（2）非机械接触测量，避免了车辆轮轴挤压而造成的线材损伤，也保证了传感器的精度。稳定性好，安装和维护简单方便，无须破坏路面。

（3）全天候工作，能够在恶劣天气条件下正常使用。

（4）采用一类安全激光，对人眼安全。工作波长为 905 nm，可称为"安全"的激光。

这些优势使得它被广泛应用于智能交通领域车辆检测。它的缺点在于价格较贵，但其适用范围广阔，应用前景光明。随着硬件技术的飞速发展，激光检测设备成本也将不断下降，所以激光检测技术必将在 ITS 领域得到广泛的应用，并代表车辆检测技术的发展趋势。

5．超声检测

超声检测主要是利用超声测距原理。超声波传感器探头若在乡村、城郊路口这种灰尘极大的恶劣环境中使用，其寿命非常短，有人说"也就几周"，此检测方法不实用。

5.4.2 监控分类及工作原理

道路交通监控技术从用途上，主要可以分为：治安卡口监控类和交通违法监控类。

1．治安卡口监控类的工作原理

治安卡口监控类，主要是指公路车辆智能监测记录系统，俗称"治安卡口监控系统"，是对受监控路面的车辆信息进行自动采集和处理的设备。系统可实现 24 h 不间断地对行驶的车辆进行监控，实时记录每辆车的车牌号码和车牌分类等信息；可以设置布控缉查车辆号牌，能实现现场报警和远程报警功能；并且可以提供车流量数据统计、车辆超速记录、车辆逆行记录等。

以常见的两个车道公路车辆智能监测记录系统的情况为例，介绍其工作原理（图 5 – 46）。

系统类型：双感应线圈检测车辆、摄像机组（2 个）采集图像。

工作原理：当车辆通过检测区域时，依次通过 2 个感应线圈，车辆检测器会产生 4 个触发信号，分别是：车辆进入第一个线圈、车辆离开第一个线圈、车辆进入第二个线圈和车辆离开第二个线圈。系统可以根据摄像机有效视频区域的位置，任意选择其中两个触发信号，分别拍摄一个全景图像和一个特征图像。其中，全景图像应包含车辆全貌、车型、颜色及装载情况等，特征图像是用于号牌识别的彩色图像，图像中应包含车辆前部特征。当车辆通过第二个线圈后，系统根据车辆通过两个线圈间的时间和线圈之间的对应距离，可计算得到车辆通过线圈时的平均速度。

需要说明的是，随着近年来高分辨率摄像机在公路车辆智能监测记录系统中的逐步应

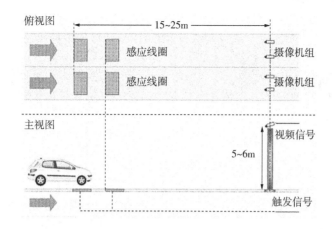

图 5 - 46 公路车辆智能监测记录系统工作示意图

用，其较高的清晰度、更宽的监控区域，已经成为不少地方建设该类系统的首选。

2. 交通违法监控类的工作原理

交通违法监控类，主要包括：闯红灯自动记录系统、机动车测速仪、违反禁行标志（违法闯单行车道、违法闯公交车道、违法闯应急车道等）记录系统、路口违法变向记录系统等。

闯红灯自动记录系统，是应用时间最早、应用范围最广的交通违法监控系统，它是安装在具有交通信号控制的交叉路口和路段上，对机动车闯红灯行为进行不间断自动检测和记录的系统。以双线圈检测车辆、摄像机（视频）采集图像的方式为例，具体介绍闯红灯自动记录系统的工作原理：首先，在对应红灯相位，机动车进入第一个线圈时，摄像机拍摄第一个位置的全景照片，照片信息能够清晰辨别闯红灯时间、车辆类型、红灯信号和机动车压在停止线的情况，如图 5 - 47 所示。

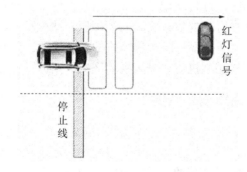

图 5 - 47 闯红灯自动记录系统工作原理图（第一个位置）

需要指出的是：考虑到机动车在第一个位置未越过停止线的要求，可以将一个线圈设置在停止线上或停止线内 $0.5 \sim 1$ m 处，用于提供摄像机拍摄第一个位置的触发信号。

其次，在对应红灯相位，机动车离开第一个线圈时，摄像机拍摄第二个位置的全景照片，照片信息能够清晰辨别闯红灯时间、车辆类型、红灯信号和整个车身已经越过停止线的情况，如图 5-48 所示。

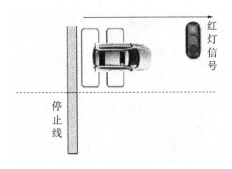

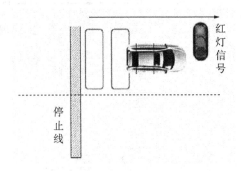

图5-48　闯红灯自动记录系统工作原理图
　　　　　（第二个位置）

图5-49　闯红灯自动记录系统工作原理图
　　　　　（第三个位置）

　　需要指出的是：通常选择在这个位置时，同时另一个摄像机拍摄一张对应的特写照片，图片信息能够清晰辨别机动车的车牌号码。

　　最后，在对应红灯相位，机动车进入（或离开）第二个线圈时，拍摄第三个位置的全景照片，能够清晰辨别闯红灯时间、车辆类型、红灯信号和整个车身已经越过停止线的情况，如图 5-49 所示。

　　这样就形成了一组完整的机动车闯红灯过程的图片。

　　需要指出的是：在这个过程中，如果机动车进入第一个线圈后没有离开（实际上相当于红灯压线），或相应的红灯相位有变化（变为绿灯相位或黄灯相位），系统不能将其视为闯红灯行为。

　　对于仅采用一个线圈进行检测车辆的模式，其前两个位置的情况与双线圈模式相同。如果需要采集第三个位置的信息，可以采用拍摄第二个位置图片后延时拍摄第三个位置图片的方式。

　　对于视频检测方式的闯红灯自动记录系统，通常采用以下两种车辆检测方式：一种是采用模拟线圈的方式，即在有效的视频区域内模拟感应线圈检测，设置 1～2 个模拟线圈进行车辆检测；另一种是基于车辆号牌识别模式的车辆检测，即对进入视频区域的图像进行车辆号牌分析，当视频检测有机动车进入视频区域，则进行相应的视频采集动作。

5.4.3　交通测速雷达系统设计概要

　　交通雷达（警用雷达）是连续波（CW）雷达技术的一种应用，便于携带、隐蔽性强。众所周知，连续波雷达可以根据多普勒效应测量目标速度，经过积分运算还能测量出目标距离，便于军事火器的操作瞄准。雷达的优点有很多，其一是设备简单，发射带宽窄。窄的发射带宽减少了无线电干扰问题，并使所有微波预选、滤波等变得简单，因为中频电路所要求的频带很窄，使接收波形的处理也就容易。其二是不论目标的速度有多大，距离有多远，它都能处理而没有速度模糊问题。

　　本例是基于连续波雷达提出的交通雷达设计方案，所选用的微波源工作频率是 24.15 GHz，在这个频率上，100 km/h 相当于 4374 Hz，此频率处在很方便放大频带的范围内。微波源利用可控泄漏的方式将回波信号馈送到晶体混频器中，得到的携带多普勒信息的中频信号经过正交双通道低噪声放大器实现对信号的放大，经模/数转换电路将模拟信号转换为数字信号，再将数字信号传送到数字信号处理器（DSP）中，通过对数字信号处理器的软件编程来完成对信号的数字滤波、快速傅里叶变换以及在频域内对目标信息进行提取的功能，从而实现对交通工具的运行速度进行测量。

1. 测速雷达的性能分析和频谱分析

（1）连续波雷达系统

最简单连续波雷达的方框图如图 5 - 50 所示。频率为 f 的连续波发射机的输出经环行器后加至天线。天线发射的电波传播到动目标上并由之散射回来后再由天线接收。电波的频率现在为 $f+f_d$，它通过环行器后加到接收机。因为环行器不能对发射机和接收机进行完全的隔离，所以一些频率为 f 的信号还会漏入接收机。

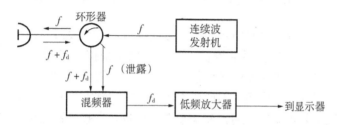

图 5 - 50　具有零差拍接收机的简单连续波雷达系统原理框图

在接收机前端的混频器，将接收信号与发射信号进行差拍以形成频率为 f_d 的差拍信号。该信号经低频放大器放大后便送至显示器。这种将接收信号和发射信号进行差拍的接收机称为零差拍或零中频接收机。

简单的连续波雷达发射非调制波，它是以多普勒效应为基础来检测目标的，但不能确定目标的距离。在图 5 - 50 所示的简单连续波雷达中，对发射/接收间环行器隔离度的要求取决于发射信号的功率电平和接收机的灵敏度。在高功率雷达中，往往会要求比环行器所能提供的还要高的隔离度。而在这些雷达中，就必须采用其它的隔离技术，例如双天线方式。

简单零差拍连续波雷达的主要缺点是灵敏度差。这是由于闪烁噪声（来自雷达内部的电子器件）的缘故，其功率谱强度会随频率的倒数变化。因此，在低的多普勒频率上，闪烁噪声非常强，并在低频放大器中与多普勒信号一起被放大。避免这一问题的一个办法是在中频上放大接收信号，这时的闪烁噪声可忽略不计，而后再经差拍降为低频率信号。图 5 - 51 所示的简单双线结构连续波雷达系统便是这样做的，该系统的接收机称为超外差式接收机。

在超外差式接收机中，因所获得的中频信号频率相当高（60 MHz），所以闪烁噪声便可以忽略不计。中频放大器的输出信号与本振的中频信号混频后就可获得基带（多普勒频率）信号。这类雷达经常应用于交通测速、汽车防撞、武器寻的、人员探测等，因为它们不需要距离信息。

警用雷达是连续波零差拍雷达技术的一种直接应用，利用可控泄漏将所要求的本振信号馈送到单独的晶体混频器中，在多普勒频率上进行放大。而这个频率正处在便于放大的频带范围内。

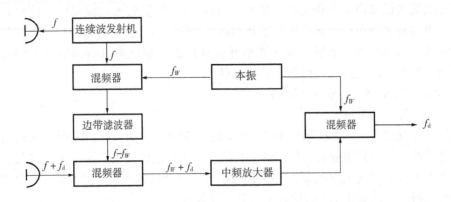

图 5 – 51　采用超外差式接收机的连续波雷达系统的原理框图

该装置采用噪声抑制电路来防止随机信号或噪声进入计数器。雷达可调节与抑制噪声有关的三种放大电平可产生合适的增益，它们分别用来探测近距离、中距离和远距离汽车。再对装置中的多普勒放大器的输出信号进行限幅、微分和积分。每个脉冲经微分后都对后面的积分起一定的确定作用，因此频率越高，输出越大。此直流数值使一个直接刻度为速度的仪表或记录装置动作。用音叉来校准该设备。有些装置提供了猝发模式，在汽车改变速度之前就可以测出它。

2．FFT 频谱分析技术与速度测量

给定模拟回波信号 $x_d(t)$，如果对 $x_d(t)$ 在时刻 nT_s 时进行采样，可获得一个 N 点数字信号序列

$$x(n) = x_d(nT_s) \quad n = 0, 1, 2, \cdots, N - 1 \tag{5 – 2}$$

式中，T_s 称为采样时间间隔，其倒数 $f_s = \dfrac{1}{T_s}$ 称为采样频率，该序列的快速傅里叶变换（FFT）为

$$X(k) = \sum_{N-0}^{N-1} x(n)h(n)W_N^{nk} \quad k = 0, 1, 2, \cdots, N - 1 \tag{5 – 3}$$

式中，$h(n)$ 为窗函数；W_N^{nk} 为旋转因子。由 $X(k)$ 可计算出在 N 个频率值处的信号功率谱值

$$P(f_k) = |X(k)|^2 \quad k = 0, 1, 2, \cdots, N - 1 \tag{5 – 4}$$

该值等效于信号 $x(n)$ 通过一组 N 个中心频率为 f_k 的数字滤波器后的输出，当目标的多普勒信号频率落在第 m 个滤波器的通带内时，对应的 $P(m)$ 就表现为一个峰值，且表明目标的多普勒频率为

$$f_d = mf_s/N \tag{5 – 5}$$

由 f_d 的值即可求出目标在时间 $[0, (N-1)T_s]$ 的径向速度为

$$v_d = f_d\lambda/2 \tag{5 – 6}$$

其它计算公式的相关推导过程从略。

3．硬件设计

（1）工程设计的技术指标

微波源的工作频率：（24.15 ±0.1）GHz（K 波段）；

测量的距离范围：50～300 m（可以调节）；

雷达目标显示的刷新率：不大于 500 ms（可以调节）；

测量的误差：不大于 ±1.0 km/h；

电流强度：不大于 250 mA；

电源电压可调节范围：8～16 V；

雷达测速的范围：20～250 km/h；

测试的角度：6°；

测试的方向：同向（雷达发射波的方向与被测目标的运动方向相同），反向（雷达发射波的方向与被测目标的运动方向相反）；

测试时雷达的状态：静止（雷达固定在一个点不动，即雷达本身处于速度为 0 的状态），运动（雷达是运动的，即雷达装载到运动的载体上，雷达本身已经有了运动速度）；

雷达检测结果的显示：通过显示界面显示的速度值为两个。如果设定为显示最快的目标，则可以显示两个速度最快的目标；如果设定为显示最强的目标，则可以显示一个回波最强的目标和一个速度最快的目标。如果只检测出来一个目标，那么则无论设定的是最快或最强，输出的目标的速度都只有一个。如果没有检测出来目标，那么输出的只能是 0。

运动相向状态下，当目标车速在 30～150 km/h 之间时，雷达自身的速度（雷达载体的运动速度）和目标车速之间的差值不小于 5 km/h。

（2）硬件电路的总体设计框图

硬件电路的系统设计框图如图 5-52 所示，主要分为微波源模块、正交双通道模块、A/D 转换模块、DSP 及其外围电路模块、DART 串行接口（电平转换）模块以及电源模块等几部分。

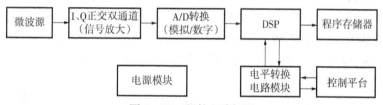

图 5-52　硬件电路框图

（3）电源模块

本设计中要求的工作电压有 5 V、3.3 V、2.5 V 三个电压值，因而需要三个电平转换芯片来实现将市电转换为所需要的电压值：即使用芯片 l7805CV 来实现 8～12 V 电压向 5 V 电压的转换（图 5-53 所示的芯片 U_{10} 输出的电压为 5 V）；使用 3338A33 来实现 5 V 电压向 3.3 V 电压的转换（图 5-53 所示的芯片 U_{11} 输出的电压为 3.3 V），经过一个滤波网络可以将数字的 3.3 V 电压转换为模拟的 3.3 V 电压（模拟的 3.3 V 电压通过 A3.3 V 输出）；使用 3338A25 来完成 3.3 V 电压向 2.5 V 电压的转换（图 5-54 所示的 3338A25 的第 2 管脚输出 2.5 V 电压）。三个电源电压转换芯片的外围电路（图 5-53 以及图 5-54 所示的电阻、电容网络）要实现的是滤除电源纹波。

大小不同的电容分别滤去不同频率的噪声：1～10 μF 电容滤除 50 Hz 噪声；0.01～0.1 μF 电容滤除 100 Hz 噪声。

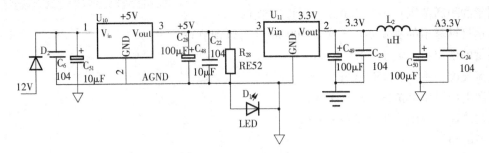

图 5 – 53 电源电压（12 V 转换为 5 V、3.3 V）转换模块

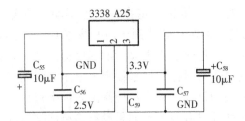

图 5 – 54 电源电压（3.3 V 转换为 2.5 V）转换模块

特别应该注意的是微波源由于对电源的稳定度要求特别高，因此本设计中采用的抗干扰的办法是使用独立的电源对微波源进行供电。

（4）正交双通道电路模块

本子模块要完成的是使用两级运算放大器构建一个有源滤波器。在本工程中欲实现技术要求的滤波器需采用如图 5 – 55 所示的电路方案。其中第 1 级（由 U_1 及其外围电路组成）放大滤波网络得到的放大倍数大约为 200 倍，第 2 级（由 U_2 及其外围电路组成）放大滤波网络的放大倍数为 51 倍。正交双通道的输入分别为 I_{in} 以及 Q_{in}，输出分别为 I_{out} 以及 Q_{out}。在电路中使用的两级运算放大器均采用的器件是 OP2910。

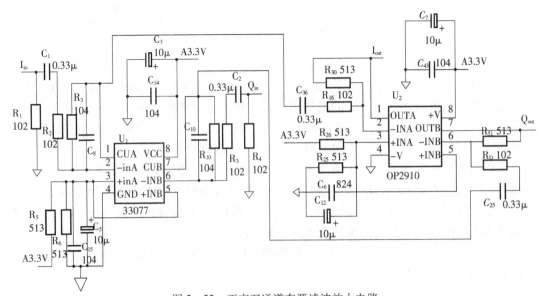

图 5 – 55 正交双通道有源滤波放大电路

（5）A/D 转换模块

AD73322 器件的内部结构是一个双向的前后端连接器，并且能广泛应用于语音和电话等领域的处理器。它的应用领域包括低速率高质量的语音压缩、语音增强、语音识别以及语音合成等领域。器件各个模块的延时较小，使得其能很好地完成对单个或多个通道的控制。A/D 和 D/A 的转换通道增益是可以通过编程进行调节的，这两种通道的增益的可调节范围分别为 38 dB 和 21 dB。AD73322 的工作电压为 3.3 V 和 5 V，本芯片的抽样率也是可以通过编程进行调节的。可编程调节设定的四个频率点分别为 64 kHz、32 kHz、16 kHz 和 8 kHz。此片的串口数据传送速率是可编程调节的，可方便地使其与不同速率的 DSP 芯片进行接口匹配连接。其接口与 DSP 接口连接的方式如图 5 - 56 所示。

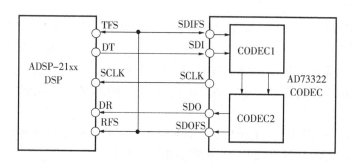

图 5 - 56　AD73322 与 DSP 接口的典型连接方式

图 5 - 57 所示是本工程中采用的模拟/数字信号转换模块的电路图，其中 I_{inc} 以及 Q_{inc} 为正交两路信号经过放大滤波后输入到 A/D 模块的模拟信号，转换后得到的数字信号由 AD73322 芯片的 14 脚（SDO 管脚）传送到 DSP 中 SPORT0 的 DR 管脚，从而实现数据的传送。AD73322 的 15、16 管脚（SDIF，SDOF 管脚）与 DSP 的 SPORT0 口的 32、33 管脚（TFS0、RFS0 脚）相连接，即由 DSP 的 SPORT0 口的帧同步信号来控制 AD73322 的数据传输速率，从而使这两个芯片的数据传输速率得到匹配。

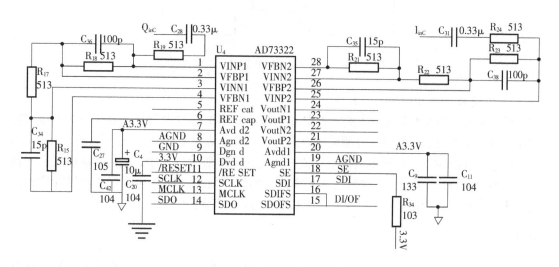

图 5 - 57　A/D 转换电路模块

（6）DSP 及其外围电路模块

DSP 在本工程中要完成的工作主要有以下几部分：从 AD 器件读取回波信息、对信号进行滤波、计算功率谱、进行目标信息的检测、与控制界面进行通信。DSP 功能主要依靠软件编程来实现，DSP 的编程开发这里不做介绍。

本工程中选用的 DSP 芯片的信号是 DSP2186M，其内部的程序存储区以及数据存储区大小均为 8 K，最快可以达到 75 MIPS，正常的工作电压为 3.3 V，工作时的内核电压为 2.5 V。

DSP2186M 的核心结构中的元件有：算术/逻辑单元（ALU）、乘法/累加器（MAC）、桶形移位寄存器（Shifter）、两个数据地址产生器（DAG）、程序控制器（PS）、PMD - DMD 总线交换单元（PX 寄存器）等。

本工程采用的是利用 EPROM 来存储程序，具体采用的是 AM29LUOlOB，此片的存储容量是 1MB，存储单元为 16 位。EPROM 的功能是为 DSP 提供固化的程序代码。目前流行的 DSP 在片内 ROM 中固化了引导加载程序（bootloader），加电复位后，DSP 启动这一程序，将片外 EPROM 内的程序指令放到 DSP 内部的程序 RAM 中，从而实现了程序的加载过程。

图 5 - 58 所示为 EPROM 与 DSP 芯片的典型连接方式。根据典型连接方式的示意图可得到的 DSP 及其外围电路模块的实际电路如图 5 - 59 所示。

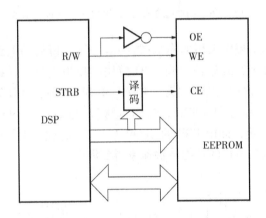

图 5 - 58　EPROM 与 DSP 的典型连接方式

4. 雷达静止时目标的检测程序

图 5 - 60 是雷达测试系统软件的整体结构框图，系统的 DSP 程序主要包括 FIR 滤波器模块、FFT 并求功率谱模块、检测模块以及速度转换模块等 4 部分。

雷达静止时对目标进行检测的程序流程如图 5 - 61 所示。其中，n 点为被检测点在功率谱上的点数信息；Mn 为被检测点在功率谱上的幅度信息；Thr0 为由雷达与目标的距离范围所决定的初始门限；Thr 为在 CFAR 规则下得到的检测门限。

总结

道路交通技术监控系统作为当前交通管理的有力助手，在"降事故、保安全、保畅通"方面发挥了积极的作用，较大地缓解了警力。为公正执法，还需要进一步加强系统的

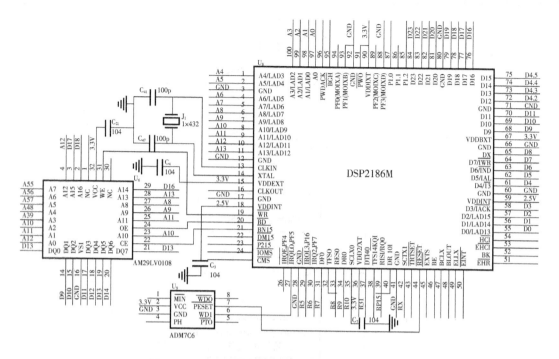

图 5-59 DSP、外部存储器及其相配套的外围电路

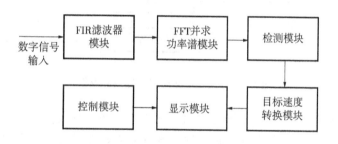

图 5-60 软件部分总体流程图

工作可靠性、执法证据的严密性和系统使用的便捷性等方面的研究和技术改进，使道路交通技术监控技术在公安交通管理中发挥更大的积极作用。①

实训练习

1. 当发射源（或接收者）相对介质运动时，接收者接收到的电磁波的频率和发射源的频率不同，这种现象被称为_____效应。

2. 由于激光检测设备采用了一级人眼安全激光，属于近红外_____光谱，对人体健康无害。

3. 测速雷达硬件电路系统主要分为_____模块、_____模块、A/D 转换模块、

①篇幅所限，其它从略。有关本节课内容的详细资料可参看文章《交通测速雷达系统的设计》。

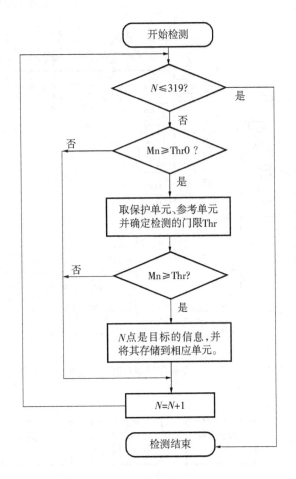

图 5 - 61 雷达静止时目标检测的流程图

DSP 及其外围电路模块、DART 串行接口（电平转换）模块以及_____模块等几部分。

4. 物体辐射的波长因为波源（目标物）和观测者的相对运动而产生变化。在运动的波源前面，波被压缩，波长变得较短，频率变得_____（蓝移）。在运动的波源后面，产生相反的效应，波长变得_____，频率变得较低（红移）。

5. 雷达测试系统软件（DSP 程序）主要包括 FIR 滤波器模块、FFT 并求_____模块、检测模块以及_____转换模块等四大部分。